Boiling Heat Transfer

沸腾传热

陈永平　刘向东　施明恒　著

化学工业出版社

·北京·

内容简介

本书在介绍沸腾传热发展简史、研究方法及沸腾基本理论的基础上，结合国内外沸腾传热前沿研究成果，系统阐述了池沸腾及流动沸腾相关理论，沸腾传热模型及强化技术，小通道重力热管的沸腾传热特性和泵驱小通道沸腾传热特性及控制的基本原理等内容，并指出了沸腾传热研究领域尚存在的问题及其发展方向，以期深入推进沸腾传热的研究工作。

本书可作为能源与动力工程、核科学与技术工程以及建筑环境与能源应用工程等相关专业师生的教学参考书，也可供从事沸腾传热研究的科技工作者参考。

图书在版编目（CIP）数据

沸腾传热 / 陈永平，刘向东，施明恒著. —北京：
化学工业出版社，2023.4
ISBN 978-7-122-42758-8

Ⅰ.①沸… Ⅱ.①陈… ②刘… ③施… Ⅲ.①流动沸
腾传热-研究 Ⅳ.①TK124

中国国家版本馆 CIP 数据核字（2023）第 022594 号

责任编辑：刘　军　孙高洁　　　　　　　　装帧设计：王晓宇
责任校对：王鹏飞

出版发行：化学工业出版社
　　　　　（北京市东城区青年湖南街 13 号　邮政编码 100011）
印　　装：三河市延风印装有限公司
710mm×1000mm　1/16　印张 15¼　字数 279 千字
2023 年 9 月北京第 1 版第 1 次印刷

购书咨询：010-64518888
售后服务：010-64518899
网　　址：http://www.cip.com.cn
凡购买本书，如有缺损质量问题，本社销售中心负责调换。

定　　价：98.00 元　　　　　　　　　　　　版权所有　违者必究

沸腾传热是工程热物理学科发展非常迅速的分支学科之一，这是因为沸腾传热不仅与常规的动力、冶金、石油、化工、机械、轻工、制冷和低温技术等有密切联系，而且对航空航天、军工、集成电路、核反应堆和新能源等国家重大需求领域有着重要影响。

国内外学者对沸腾传热领域已进行了广泛深入的理论和实验研究，发表了大量的科技论文和研究报告，并出版了一些有价值的学术著作。但是，由于沸腾传热这种相变对流传热过程中涉及热力学、传热学和两相流体动力学，过程中变量很多，使得沸腾传热过程尤其是流动沸腾过程变得错综复杂。总体来说，沸腾传热研究仍处于发展阶段，沸腾相变传热过程涉及本质规律及其机制非常复杂，例如沸腾传热涉及气泡动力学行为、气液两相流动、流型转换条件、不稳定性发生机制、相变传热机理、尺度效应等，目前尚不明确清晰。此外，沸腾传热的机理模型、强化技术方法及其工程应用，特别是沸腾两相流过程的主动控制，这些都需要长期深入的研究。因此，总结和概括现有的研究工作，对沸腾传热过程的基本概念及基本规律进行比较系统的分析和讨论，指出存在的问题和今后的发展方向，以促进沸腾传热研究工作的深入发展，是本书主要的目的。

全书共分 8 章：第 1 章比较系统地概述了沸腾传热过程的发展历程和研究方法；第 2 章着重介绍了沸腾工况、沸腾的三种主要形态（核态沸腾、膜态沸腾和过渡沸腾的物理机制）和莱顿弗罗斯特现象及应用；第 3 章叙述了池沸腾的基本概念，主要介绍了三种主要形态传热机制和临界热流密度机理；第 4 章叙述了流动沸腾的基本概念，着重介绍了流动沸腾的流型演变、传热原理和两相流动不稳定性抑制机理；第 5

章系统介绍了沸腾传热模型；第 6 章着重介绍了沸腾传热的强化技术及其原理，并分析了它们在工程上的适用性；第 7 章和第 8 章则从应用角度分别介绍了小通道重力热管的沸腾传热特性和泵驱两相回路中小通道沸腾传热特性及主动控制。

随着国内外学者在沸腾传热领域的深入研究，在沸腾传热的基本原理、强化机理和工程应用方面形成了显著的成果。为紧跟专业发展方向，扩展研究视野，激发学习兴趣，本书在介绍沸腾传热基本理论和方法的同时，密切关注了沸腾传热近年来发展的新原理、新方法和新研究热点。例如本书在介绍莱顿弗罗斯特（Leidenfrost）现象基本原理的基础上，引入了 Leidenfrost 液滴自驱动及相关应用重要的前沿研究进展。鉴于目前计算流体力学和计算传热学理论的日趋成熟，沸腾传热数值模拟方法得到了迅速发展，例如基于宏观守恒方程的宏观方法以及基于格子玻尔兹曼方程的介观方法等，这些新的模拟方法已在本书中引入介绍。沸腾传热强化是近些年沸腾传热研究的热点，本书较详细地介绍了池沸腾和流动沸腾的强化技术方法，也简要陈述了液态金属强化沸腾传热。此外，面向航空航天、军工和集成电路等国家战略新兴领域涉及的高热流电子元器件高效热管理需求，本书专门介绍了小通道重力热管的沸腾传热特性和泵驱两相回路中小通道沸腾传热特性及主动控制。

在本书编写过程中，课题组老师张程宾、李文明、吴苏晨、华丹和研究生王贺、李冠儒、张玉峰、卢悦、赵陶程、韩群、陈霞、杨瑞雪等在文献整理、插图制作和文字校稿等方面提供了很多帮助，在此表示感谢。研究工作还得到了"叶企孙"科学基金(No.U2241253)、国家杰出青年科学基金(No.51725602)的支持，在此一并感谢。

由于著者水平有限，本书不妥之处在所难免，敬请广大读者予以批评指正。

著者

2022 年 12 月

目 录

第4章　流动沸腾

第5章　沸腾传热模型

第6章　沸腾传热的强化

第 7 章　小通道重力热管的沸腾传热特性

第 8 章　泵驱两相回路中小通道沸腾传热特性及主动控制

第1章
绪论

1.1　研究对象和研究方法

　　液体沸腾是伴有相变的对流传热传质过程，其传热特性与单相对流传热过程有明显差别。在经历了近百年的研究和发展之后，沸腾传热已成为工程热物理学科中的一个重要分支。近几十年来，蒸汽动力工程向高温高压、大容量机组方向发展，核动力在常规动力中所占比例不断增长[1,2]，火箭发动机等高热负荷壁面冷却需求愈加强烈[3]，而在石油化工、食品和低温工程等领域内各类新型蒸发器与相变换热器也不断涌现[4,5]，这些都促进了沸腾领域研究工作的蓬勃发展。特别是近年来半导体技术的快速发展，电子元件的尺寸不断缩小且功率密度增加，高热流电子器件的高效热管理已成为宇航、军工和集成电路等领域的挑战性难题。例如，半导体激光器中热流密度已达到 500W/cm^2，而未来电子器件负载是高度瞬态和高功率的，热流密度将达到 $500 \sim 1500 \text{W/cm}^2$ 的水平[6~8]。沸腾相变冷却是实现高热流电子设备器件高效热管理的重要途径。此外，高效的沸腾传热性能在改善能源系统效率、安全性及降低系统花费等方面也具有重要意义。因此，沸腾传热至今仍是国际上传热传质研究工作者最热衷的重要研究方向之一。

　　沸腾传热主要研究在一定的传热温差下出现液体和气液相变过程的基本规律，探究发生气液相变过程中传热强化的物理机制和传热过程的定量计算方法。由于这种相变对流传热过程涉及热力学、传热学和两相流体动力学，这使得沸腾过程特别是流动沸腾过程变得错综复杂。此外，由于表面状况的不确定性以及壁面附近液体或蒸气的湍流特性，常常使得定量的纯解析研究无法进行。因此，沸腾研究方法仍以实验研究为主。

　　根据对沸腾现象本质的理解，提出过程发展的物理模型和数学模型，把局部的非稳态过程代之以整体的稳态过程，通过分析，并由实验确定经验常数，建立起半经验半理论的计算公式，是目前进行沸腾研究的主要途径。此外，为了减少研究工作的复杂性，常常把各种影响因素孤立起来进行分析和实验，以弄清它们各自对过程发展的影响和作用机制。与解决其他工程问题一样，在研究沸腾现象时，也需要对过程做出适当的假定和理想化处理，保留现象的主要方面，忽略其次要方面。当然，通过一定简化后得出的最终结果必须通过实验进行检验。由此得到的各种计算关系式或准则公式都必须在其规定的条件和参数范围内使用，尤其是各种纯经验公式，更应特别注意其适用范围。此外，伴随近年来高速显微测试技术的发展[9,10]，人们可以在微秒尺度甚至纳秒尺度观测沸腾过程的气泡动力学行为及其流型演化行为。结合高速图像技术与全域温度场测量方式，可以全面揭示沸腾现象及其内在的传热机理，这将为沸腾研究带来全新的研究方法。

近年来，由于计算机技术的高速发展，数值模拟方法已逐渐应用于研究沸腾传热过程，特别是应用于探究沸腾微观机制。人们知道，流体系统的描述方法依据不同尺度可以分为连续介质力学模型、介观动力学模型和分子动力学模型。与之相对应，VOF 多相流方法[11]、格子玻尔兹曼（Boltzmann）方法[12]和分子动力学方法[13]等流体模拟方法已开始应用于研究沸腾传热过程。例如，分子动力学方法已可用计算机模拟气泡核化行为，VOF 多相流方法已应用于研究沸腾过程的流型演化特性，格子玻尔兹曼方法已应用于研究各种类型表面的液体沸腾相变传热过程。值得一提的是，基于格子玻尔兹曼方法能很好地模拟和再现沸腾曲线。可以期待，计算机模拟方法将会开创沸腾研究新的局面。

综上所述，先进的可视化实验测量技术和计算机模拟方法，将极大地促进沸腾传热的研究进展。

1.2 发展简史和现状

液体沸腾是日常生活中早已为人们所熟知的物理现象。人们很早就学会了蒸煮食物的方法。公元前，阿基米德提出了利用沸腾产生蒸汽作为船行动力的设想。1678 年，我国进行了用蒸汽推动车船的试验。1784 年，瓦特改进了蒸汽机，引发了工业革命，使水的沸腾从民用走向大规模的工业应用。在工业革命的推动下，促进了 18 世纪自然科学的蓬勃发展。

沸腾传热最早的科学研究可追溯到 1756 年。当时，法国科学家莱顿弗罗斯特（Leidenfrost）[14]在相变换热的科学史上首次进行了一个非常出色的实验。他把水滴置于高温的金属板上，发现水滴完全呈球状而不润湿金属表面，且水滴在高温金属板上完全蒸发的时间反而比水滴在较低温度的金属板上所需的时间长。这个实验被认为是沸腾传热发展的一个里程碑。人们为了纪念他，把他发现的这种现象称为莱顿弗罗斯特现象。之后，人们对这一现象做了一系列的解释。1804 年，伦福特（Rumford）认为，这种现象是由于水滴与金属板之间存在着一层导热性能很差的空气层而引起的。1841 年，经过测量，波根道夫（Poggendorff）发现水滴与高温金属壁面之间是电绝缘的。1843 年，玻汀（Boutigng）首次提出了水滴处于"球化"状态（spheroidal state）的概念。

此后几十年，沸腾传热的研究没有取得实质性的进展，其间只有过一些零星的实验研究。例如，1926 年，莫斯克（Moscicki）等[15]实验观测了浸泡在水中的电加热丝上发生的沸腾现象。直到 1931 年，著名的传热学先驱雅各布（Jakob）[16,17]才开始对沸腾传热的系统研究。他利用高速摄影技术研究了加热面上气泡的生成、成长和脱离的规律。1934 年，拔山四郎（Nukiyama）[18]利用浸泡在水中的加热铂丝，第一次获得了完整的沸腾曲线。根据沸腾曲线的形状，整个沸腾过程可以划分为核态沸腾、过渡沸腾和膜态沸腾三种不同的换热工况。此后沸腾传热的研究进入了一个崭新的发展时期。与此同时，贝克（Becker）[19]和伏尔姆（Volmer）等[20]开始利用经典热力学理论研究过热液体中气泡的生成过程，并逐步形成了经典的均相成核理论[21]。从 1930～1950 年的 20 年中，主要研究工作集中在池内沸腾方面，着重研究池内核态沸腾的机理和影响因素。从 1940 年开始，由于石油工业的发展，两相流动的研究逐步开展起来。1948 年，马蒂内里（Martinelli）[22]提出了两相流压力降的计算方法，从此出现了流动沸腾的研究。

沸腾传热研究史上另一个重要进展是 1950 年苏联的库塔捷拉泽（Kutateladze）[23,24]关于临界现象的研究工作。他首次成功地利用流体动力学的理论研究了沸腾临界热流密度问题，从而推动了沸腾传热的理论研究工作。20 世纪 50～60 年代中期是沸腾传热研究中的百花齐放时期。在这段时间内，出现了大量的各种各样的沸腾传热机理模型，而且在各国的实验室里进行了大量的实验研究。但是，由于沸腾过程的复杂性，许多问题仍然未能得到完全解决，例如：对于液体在加热面上发生核态沸腾传热的机理还没有一个被普遍接受的统一说法；加热表面状况的影响机制还无法用一个参数来定量地描述；气泡之间的相互作用还缺乏深入研究。60 年代中期以后虽然研究工作仍在继续进行，但在沸腾机理方面仍然未有突破性的进展。从 70 年代开始，由于动力工业的发展，特别是核动力的发展，推动了两相流和流动沸腾传热的研究工作。目前，沸腾传热的研究已成为传热学科中非常活跃的一个分支。

当前，沸腾传热研究的重点有两个方面。一是深入研究各种主要因素对沸腾传热的影响，特别是加热表面特性的影响以及气泡之间相互作用的机制。由于低温液体具有良好的润湿壁面的特性，有可能会给沸腾机理的研究带来新的生机。二是研究各种特殊条件下的沸腾过程，例如：在真空、弱重力场、加速度场和电磁场作用下的沸腾传热；多孔介质中的沸腾传热；薄液膜中的沸腾传热；瞬态过程中的沸腾传热；低温液体、液态金属和多组分混合液中的沸腾传热等。从实用的角度看，应着重研究沸腾传热的强化机理、强化技术以及解决与工业应用有关的新问题，如两相流系统的稳定性和安全性的分析及预测等。

近年来，随着微纳米加工技术的快速发展，各种强化传热功能表面层出不穷，相继涌现了系列功能表面沸腾传热研究的创新性成果。特别是 2000 年以来微纳米尺度沸腾传热研究的兴起，既迎合了军工、航空航天等领域的高热流电子设备器件高效冷却散热需求，又补充完善了传统沸腾传热基础理论和研究方法，有助于推动沸腾传热工程化应用。此外，伴随计算机技术的发展，采用数值模拟方法研究沸腾传热现象已成为可能，目前也已涌现了系列沸腾传热机理模型及数值方法，这些工作将给深刻认识沸腾传热的微观机制带来全新视角。

综上所述，由于沸腾在工程上的重要性以及现象本身的复杂性，在今后相当长的时期内，其仍将是工程热物理学科中重要的研究领域之一。

参考文献

[1] 吕崇德. 大型火电机组系统仿真与建模. 北京：清华大学出版社，2002.

[2] 鲁钟琪. 两相流与沸腾传热. 北京：清华大学出版社，2002.

[3] Shine S R, Nidhi S S. Review on film cooling of liquid rocket engines. Propulsion and Power Research, 2018, 7(1): 1-18.

[4] 郭宏新，刘巍，梁龙虎. T 形翅片管卧式重沸器和蒸汽发生器性能研究及应用. 化学工程，2004, 32(01): 13-16.

[5] 王娇娇，厉彦忠，王鑫宝，等. 低温推进剂管路预冷沸腾换热特性研究综述. 宇航学报，2017, 38(08): 779-788.

[6] 邓增，沈俊，戴巍，等. 大功率半导体激光器散热研究综述. 工程热物理学报, 2017, 38(07): 1422-1433.

[7] 李广义，张俊洪，高键鑫. 大功率电力电子器件散热研究综述. 兵器装备工程学报, 2020, 41(11): 8-14.

[8] Fan S, Duan F. A review of two-phase submerged boiling in thermal management of electronic cooling. International Journal of Heat and Mass Transfer, 2020, 150: 119324.

[9] Deng Z, Zhang J, Lei Y, et al. Startup regimes of minichannel evaporator in a mechanically pumped fluid loop. International Journal of Heat and Mass Transfer, 2021, 176: 121424.

[10] 苗双双，陶建云，张程宾，等.蒸发器内流动沸腾过程的可视化实验及调控. 工程热物理学报, 2021, 42(07): 1827-1831.

[11] Zhao S, Zhang J, Ni M J. Boiling and evaporation model for liquid-gas flows: A sharp and conservative method based on the geometrical VOF approach. Journal of Computational Physics, 2022, 452: 110908.

[12] Wu S, Yu C, Yu F, et al. Lattice Boltzmann simulation of co-existing boiling and condensation phase changes in a confined micro-space. International Journal of Heat and Mass Transfer, 2018, 126: 773-782.

[13] Mao Y, Zhang Y. Molecular dynamics simulation on rapid boiling of water on a hot copper plate. Applied Thermal Engineering, 2014, 62(2): 607-612.

[14] Leidenfrost J G. De aquae communis nonnullis qualitatibus tractatus. Duisburg: Ovenius, 1756.

[15] Moscicki I, Broder J. Roczniki Chem. 1926, 6: 319.

[16] Jakob M, Fritz W. Versucheüber den Verdampfungsvorgang. Forschung auf dem Gebiet des Ingenieurwesens A, 1931, 2(12): 435-447.

[17] Jakob M, Linke W. Heat transfer from a horizontal plate. Forschung auf dem Gebiet des Ingenieurwesens A, 1933, 4: 434.

[18] Nukiyama S. The maximum and minimum values of the heat Q transmitted from metal to boiling water under atmospheric pressure. International Journal of Heat and Mass Transfer, 1966, 9(12): 1419-1433.

[19] Becker R, Döring W. Kinetische behandlung der keimbildung inübersättigten dämpfen. Annalen der physik, 1935, 416(8): 719-752.

[20] Volmer M. Kinetics of phase formation ATI No. 81935 (F-TS-7068-RE). Translated from 'Kinetic der Phasenbildung Verl-Steinkopff, 1939: 149-154.

[21] Frenkel J. Kinetic Theory of Liquids. Dover, New York, 1955.

[22] Martinelli R C. Prediction of pressure drop during forced-circulation boiling of water. Transaction of the ASME, 1948, 70(6): 695-702.

[23] Kutateladze S S. A hydrodynamic theory of changes in a boiling process under free convection. Izvestia Akademia Nauk Otdelenie Tekhnicheski Nauk, 1951, 4: 529-536.

[24] Kutateladze S S. Heat transfer in condensation and boiling. US Atomic Energy Commission, Technical Information Service, 1959.

第2章
沸腾传热的基本理论

液体内部产生气泡的剧烈气化过程称为沸腾。按照热力学理论，只要液体内部的温度等于或高于对应压力下液体的饱和温度，该处液体就会发生相变，并可能产生沸腾现象。实际上，液体的沸腾是与外部条件有关的。当不存在外部提供的气化核心时，液体的沸腾只可能发生在高过热条件下或者压力突然下降时，这将在下面进行分析。

液体的沸腾可以分成两大类：一类直接发生在液体容积内部，且不存在固体加热壁面，称为容积沸腾或均相沸腾（homogeneous boiling）；另一类发生在与液体相接触的加热面上，称为表面沸腾或非均相沸腾（heterogeneous boiling）。后者是工程上和日常生活中最常遇到的和最有实用价值的一种沸腾类型，也是本书研究的重点。

非均相沸腾时，按液体的流动状态，又可分为池沸腾（pool boiling）和流动沸腾（flow boiling）两类。前者发生在液体处于大容器中，且无外力使其发生定向流动时；后者发生在液体通过管道做定向运动时。这两类沸腾过程在工程上都有重要用途。

本章将着重讨论液体非均相沸腾时的一些基本理论。为了理论上的完整性、系统性以及分析简单，一些最基本的讨论，如成核理论、气泡动力学等，是从液体均相沸腾开始的。

2.1 沸腾工况

无论是池沸腾还是流动沸腾，液体沸腾时都存在三种不同的基本工况：核态沸腾、过渡沸腾和膜态沸腾。如图 2-1 所示是大气压力下水在铂丝上作池沸腾时获得的完整沸腾曲线，该曲线清楚地显示出，在壁面温度升高的不同阶段存在着三类不同的沸腾工况。曲线的 AB 段是核态沸腾区。核态沸腾是工程上最常见也是人们最感兴趣的一种沸腾工况，其特征是加热面温度较低，在加热面的某些点处会周期性地产生气泡。曲线的 BC 段称为过渡沸腾区，此时出现液体和蒸汽不稳定地交替覆盖加热面的现象。C 点以后，加热面温度很高，其上被一层稳定的蒸气膜所覆盖，该区称为膜态沸腾区。由于蒸气的导热性能较差，蒸气膜两边会出现较大的温度梯度，通过蒸气膜的辐射换热将逐步起主导作用。图 2-1 中，B 点称为临界点或第一临界点，其所对应的热流密度是核态沸腾的最大热流密度，也称为临界热流密度；C 点称为膜态沸腾最小热流密度点。

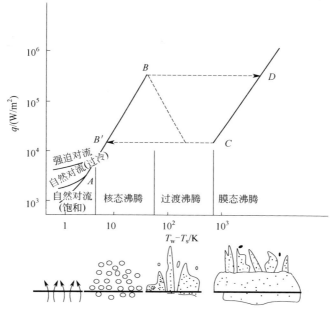

图 2-1　大气压力下水在铂丝上作池沸腾时获得的完整沸腾曲线

　　上述沸腾曲线是在壁面温度为控制变量的条件下得到的，例如用蒸气在壁面的另一侧加热的情况。如果加热方式是采用通电直接加热（热流密度为控制变量），那么增加加热功率即增加热流密度，此时会使核态沸腾区在 B 点直接过渡到膜态沸腾工况（图 2-1 中 BD 虚线），而引起壁面温度的飞升，甚至超过壁面材料的熔点而导致加热面烧毁。当热流密度减小时，有可能从膜态沸腾工况通过 CB' 线直接过渡到核态沸腾工况，因此 C 点有时称作第二临界点。

　　上述三类不同的沸腾工况有各自不同的沸腾机制。根据工程上应用的广泛性，核态沸腾研究得比较充分；膜态沸腾其次；过渡沸腾的研究最少，且难以控制，人们对它的了解还很少。因此，目前文献中大多把过渡沸腾看成是核态沸腾与膜态沸腾同时存在的一种加权平均状态，并以此来计算过渡沸腾传热系数。过渡沸腾是否存在其特有的沸腾机制，尚待进一步深入研究。

2.2 成核理论

　　无论是液体均相沸腾还是非均相沸腾，液体内部出现的气泡都是由那些称为气泡核心的微小气泡长大而成的。液体中形成气泡核心是一个相变的热力学问题，可以通过经典热力学理论进行分析。本节的重点是介绍液体中形成气泡核心的经典热力学成核理论。

2.2.1 过热液体中的气化成核理论（均相成核理论）

　　根据分子运动理论[1]，液体中各个分子的能量是不相等的，并且按照一定的规律分布。分子能量分布的不均匀性使得液体各部分密度在平均值上下起伏。由于能量较大的活化分子的随机聚集，形成了暂时的局部微小的低密度区。这些低密度区被认为是具有一定半径和分子数的微小气泡，这就是液相中微小的气泡核心的形成过程。下面首先计算液体中形成这种气泡核心的概率。

　　自由焓差随气泡半径的变化如图 2-2 所示。液相中形成一个半径为 r 的球形气泡核心后所引起的系统热力学自由焓的变化（等于形成该球形气泡外界所需做出的功）为

$$\Delta\Phi = \frac{4}{3}\pi r^3 \rho_{\mathrm{v}}\left(\varphi_{\mathrm{v}} - \varphi_{\mathrm{l}}\right) + 4\pi r^2 \sigma \qquad (2\text{-}1)$$

式中，φ_{v} 和 φ_{l} 分别为气相及液相的单位质量自由焓。

式（2-1）中等式右边第二项表示一个半径为 r 的气泡所具有的表面能。

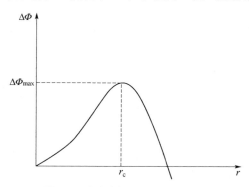

图 2-2　自由焓差随气泡半径的变化

　　在气液相平衡的条件下，气泡内蒸气的温度、自由焓与气泡外液体的温度和自由焓相等，而气泡内外压力差满足 Laplace 方程。

$$p_{\mathrm{v}} - p_{\mathrm{l}} = \frac{2\sigma}{r} \qquad (2\text{-}2)$$

式中，σ 为气液分界面上液体的表面张力。对应于气泡内压力的升高，气泡内蒸气的饱和温度也相应升高，其升高值由 Clausius- Clapeyron 方程给出。

$$\frac{\Delta T_s}{\Delta p} = \frac{T_s}{h_{fg}\rho_v} \tag{2-3}$$

式中，ρ_v 为气泡压力下蒸气的密度；h_{fg} 为汽化潜热。将式（2-2）中的压力差代入式（2-3），得

$$\Delta T_s = \frac{2\sigma T_s}{h_{fg}\rho_v r} \tag{2-4}$$

由于气泡和液体处于热平衡的条件下，气泡和液体的温度相等，所以式中ΔT_s即代表液体的过热度（对应于液体压力 p_1 而言）。由式（2-4）可知，给定过热度ΔT_s的过热液体中能够存在的平衡气泡半径为

$$r_e = \frac{2\sigma T_s}{h_{fg}\rho_v\Delta T_s} \tag{2-5}$$

式（2-5）表明，为了在液体中维持一个半径为 r 的平衡气泡，液体必须具有式（2-4）表达的过热度。如果液体的过热度大于式（2-4）的值，则气泡会进一步长大；相反，在一定过热度ΔT_s下，若气泡的半径小于 r_e，则该气泡不能存在。上述结论可进一步用热力学原理证明。

在液相过热的条件下，必有$\varphi_1 > \varphi_v$。式（2-1）中等式右边第一项为负，第二项恒为正，所以由式（2-1）计算的自由焓差随气泡半径 r 变化的曲线存在一个极大值，如图 2-2 所示。极大值$\Delta\Phi_{max}$对应的气泡半径称为临界气泡半径 r_c。根据热力学第二定律，只有自由焓减小的过程才能自发进行，所以由分子密度起伏而生成的气泡核心中，只有半径 $r > r_c$ 的那些气泡核心才能够在过热液体中进一步长大，而那些半径 $r < r_c$ 的气泡核心必然自行消失。具有半径 r_c 的气泡核心称为临界气泡核心。显然，上述平衡气泡半径 r_e 与临界气泡半径 r_c 是等价的。

单位时间、单位液体容积中能产生的临界气泡核心的数目，可根据玻尔兹曼能量分布律给出，即

$$J = N_0 f \exp\left(-\frac{\Delta\Phi_{max}}{kT_1}\right) \tag{2-6}$$

式中，N_0 为单位容积中的分子数；k 为玻尔兹曼常数；T_1 为过热液体的温度；f 为气泡频率因子，由式（2-7）计算[2]。

$$f = \frac{kT_1}{h} \exp\left(-\frac{E_D}{kT_1}\right) \tag{2-7}$$

式中，h 为普朗克常数；E_D 为液体中一个分子扩散所需的活化能。

将式（2-7）代入式（2-6），得

$$J = N_0 \frac{kT_1}{h} \exp\left(-\frac{E_D + \Delta\Phi_{max}}{kT_1}\right)$$ （2-8）

$\Delta\Phi_{max}$ 可根据图 2-2 中曲线极大值条件确定，即在临界气泡半径 r_c 处满足 d($\Delta\Phi$)/dr=0。由式（2-1）可得

$$r_c = -\frac{2\sigma}{(\varphi_v - \varphi_1)\rho_v}$$ （2-9）

与式（2-5）相比，可得

$$\varphi_v - \varphi_1 = -\frac{h_{fg}\Delta T_s}{T_s}$$ （2-10）

将式（2-9）和式（2-10）代入式（2-1），化简后得

$$\Delta\Phi_{max} = \frac{4}{3}\pi r_c^2 \sigma$$ （2-11）

或

$$\Delta\Phi_{max} = \frac{16}{3} \times \frac{\pi\sigma^3 T_s^2}{h_{fg}^2 \rho_v^2 \Delta T_s^2}$$

则临界气泡核心的形成速率 J 可表达成

$$J = N_0 \frac{kT_1}{h} \exp\left(-\frac{E_D + \frac{4}{3}\pi r_c^2 \sigma}{kT_1}\right)$$ （2-12）

表 2-1 给出了由式（2-12）计算得到的 543K 过热水中的临界气泡半径。计算中采用两个 E_D 的设定值。由表 2-1 可知，临界气泡核心的形成速率 J 和活化能 E_D 的值对临界半径的影响很小。为了简化起见，可令 J=1、E_D=0 以计算形成临界气泡核心所必需的过热度 ΔT_s。

表 2-1　543K 过热水中的临界气泡半径[2]

气泡核心形成速率 J/(cm$^{-3} \cdot$ s^{-1})	临界气泡半径/mm	
	E_D=0	$E_D = \frac{4}{3}\pi r_c^2 \sigma$
10^{-6}	2.9	2.0
1	2.7	1.9
10^6	2.4	1.7

由式（2-12）可得

$$r_e = \left[\frac{3kT_l}{4\pi\sigma} \ln\left(N_0 \frac{kT_l}{h} \right) \right]^{\frac{1}{2}} \tag{2-13}$$

将 r_e 的表达式（2-5）代入式（2-13），经整理有

$$\Delta T_s = T_l - T_s = \frac{T_s}{h_{fg}\rho_v} \left[\frac{16\pi\sigma^3}{3kT_l \ln\left(\frac{N_0 kT_l}{h} \right)} \right]^{\frac{1}{2}} \tag{2-14}$$

据式（2-14）可估算出液体中不产生气泡核心的最大理论过热度。表 2-2 列出了大气压力下一些高度纯净的液体所能达到的最大过热度，也列出了由式（2-14）计算得到的相应值。两者的符合程度基本上令人满意。

表 2-2　大气压力下一些高度纯净的液体所能达到的最大过热度[2]

液体种类	所能达到的最大过热度/K	
	实验值	式（2-14）的计算值
水	170	166
甲醇	114	96
乙醇	123	93
乙醚	108	92
苯	128	124
氯苯	118	129

通常，由实验观察到的过热液体中出现有实际意义的容积沸腾时 $J \approx 10^4 \sim 10^6 \text{cm}^{-3} \cdot \text{s}^{-1}$。斯科列波夫（Skripov）等[3]利用脉冲加热技术曾观察到，大气压力下水的最大过热度可高达 202.2K（相应于水温 575.3K），突然沸腾时相应的 $J = 10^{15.5} \text{cm}^{-3} \cdot \text{s}^{-1}$。

过热液体中气化成核现象所引起的突发性容积沸腾，在高温液体突然失压或泄漏时以及在低温液体的贮运过程中时有发生。这种突发性的容积沸腾，有时会导致十分严重的爆炸事故，必须引起高度重视。

2.2.2　加热壁面上的气化成核过程（非均相成核过程）

上面的分析表明，由于液体中分子能量不均造成的密度起伏所引起的容积沸腾，需要上百摄氏度的过热度。但是，在实际工程问题中所观察到的液体在加热面上的沸腾过程，只需要几摄氏度到几十摄氏度的过热度。可见，这两类沸腾所需要的液体过热度相差甚远。这表明，两者的气化成核过程有着本质的差别。显然，这种差别是由于存在加热壁面引起的。

考虑一个水平放置的平面加热面，假定在其与液体接触的界面上已形成了一个气泡核心 [图 2-3 （a）]，且气泡核心的形状为球体的一部分，则该气泡核心的体积和表面积分别为

$$V = \frac{\pi}{3} r^3 \left(2 + 3\cos\theta - \cos^3\theta \right)$$ （2-15）

$$A_{lv} = 2\pi r^2 (1 + \cos\theta)$$ （2-16）

$$A_{wv} = \pi r^2 \left(1 - \cos^2\theta \right)$$ （2-17）

式中，A_{lv}、A_{wv} 分别为液-气和固-气的分相面面积；θ 为液体和固体壁面的接触角。

接触角 θ 的定义见图 2-3 （b）。接触角的变化范围如下：对于润湿良好的液-固系统，如金属表面上的低温流体和碱性液态金属，其接触角接近于零；在部分润湿系统中，如金属表面上的水和许多有机液体，其接触角小于 90°；对于不润湿系统，如聚四氟乙烯表面上的水，其接触角大于 90°。但接触角并不是一个十分确定的参数，它还与固体表面状况（如粗糙度、清洁度）以及液-气界面的运动方向有关，即所谓的"接触角滞后"特性。液体前进时 θ 值较高；液体后退时 θ 值低。

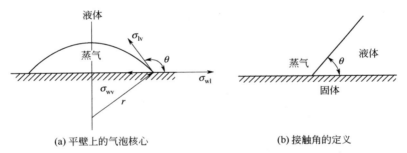

(a) 平壁上的气泡核心   (b) 接触角的定义

图 2-3 平壁表面接触角定义

界面上形成上述一个气泡核心后所引起的系统热力学自由焓的变化为

$$\Delta\Phi = \left(m_l \varphi_l + m_v \varphi_v + A_{lv}\sigma_{lv} + A_{wv}\sigma_{wv} \right) - \left(m\varphi_l + A_{wl}\sigma_{wl} \right)$$ （2-18）

式中，m_l、m_v 分别为形成气泡核心后系统中液体和蒸气的质量；m 为形成核心前液体的总质量；σ_{lv}、σ_{wv}、σ_{wl} 分别为液-气界面、固-气界面和固-液界面的表面张力；A_{wl} 为气泡核心形成前液体在气泡核心处所覆盖的固体表面积。

显然有

$$A_{wl} = A_{wv}$$

同时，根据气、液、固界面的力平衡，有

$$\sigma_{wv} - \sigma_{wl} = \sigma_{lv} \cos\theta$$ （2-19）

将式（2-15）～式（2-17）、式（2-19）代入式（2-18），整理后得

$$\Delta\Phi = \left[\frac{4}{3}\pi r^3 \rho_v \left(\varphi_v - \varphi_1\right) + 4\pi r^2 \sigma_{lv}\right] f_1(\theta) \tag{2-20}$$

式中

$$f_1(\theta) = \frac{1}{4}\left(2 + 3\cos\theta - \cos^3\theta\right) \tag{2-21}$$

系数 $f_1(\theta)$ 仅为接触角 θ 的函数。式（2-20）与式（2-1）具有相类似的形式，只是增加了一个系数 $f_1(\theta)$，所以 $f_1(\theta)$ 是在具有加热壁面的非均相系统中产生气泡核心所需能量的减小系数。进行类似式（2-14）的推导，可得到在平壁上产生沸腾所需的最大过热度为

$$\Delta T_s = T_1 - T_s = \frac{T_g}{h_{fg}\rho_v}\left[\frac{16\pi\sigma_{lv}^3 f_1(\theta)}{3kT_1 \ln\left(\dfrac{N_0 k T_1}{h}\right)}\right]^{\frac{1}{2}} \tag{2-22}$$

液体完全润湿表面时，$\theta = 0°$、$f_1(\theta) = 1$，则在平壁上产生沸腾所需的过热度与容积沸腾相同。对于 $\theta = 180°$、$f_1(\theta) = 0$ 的情况，意味着在表面上产生气泡核心不需要消耗任何能量。实际上没有接触角为 180° 的液体存在。实验中测量到的最大接触角为 $\theta \approx 140°$。若 $\theta = 90°$，则 $f_1(\theta) = 1/2$，所需的过热度比均相沸腾减小约 30%。

对于非平壁的情况，如图 2-4 所示的球形凸面、凹面和锥形凹坑，可以按照类似平壁面上成核过程的推导，分别导出成核时能量减小系数 $f_2(\theta)$、$f_3(\theta)$、$f_4(\theta)$。它们是[4]

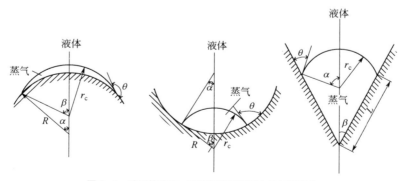

图 2-4　球形的凸面、凹面和锥形凹坑上的气泡核心

$$f_2\left(\frac{R}{r_c},\theta\right)=\frac{1}{2}\left[\left(\frac{R}{r_c}\right)^3(1-\cos\alpha)^2(2+\cos\alpha)-(1-\cos\beta)^2(2+\cos\beta)\right]$$
$$+\frac{3}{2}\left[\left(\frac{R}{r_c}\right)^2\left(1-\cos^2\alpha\right)\cos\theta+(1-\cos\beta)\right] \tag{2-23}$$

$$f_3\left(\frac{R}{r_c},\theta\right)=\frac{1}{2}\left[-\left(\frac{R}{r_c}\right)^3(1-\cos\alpha)^2(2+\cos\alpha)-(1-\cos\beta)^2(2+\cos\beta)\right]$$
$$+\frac{3}{2}\left[\left(\frac{R}{r_c}\right)^2\left(1-\cos^2\alpha\right)\cos\theta+(1-\cos\beta)\right] \tag{2-24}$$

$$f_4\left(\frac{L}{r_c},\theta\right)=\frac{3}{2}\left[(1-\cos\alpha)+\frac{1}{2}\left(\frac{L}{r_c}\right)^2\sin\beta\cos\theta\right]$$
$$-\frac{1}{2}\left[(1-\cos\alpha)^2(2+\cos\alpha)+\left(\frac{L}{r_c}\right)^3\sin\beta\cos\beta\right] \tag{2-25}$$

产生气泡核心所需要的过热度也用式（2-22）计算，只需将系数 $f_1(\theta)$ 替换成各自相应的系数 f_2、f_3 或 f_4 即可。但是，计算表明，在平表面或凹面、凸表面上产生气泡核心所需要的液体过热度仍然远远超过实际加热壁面上沸腾时所测量到的液体过热度，显然在固体壁面上的成核过程存在着另外的机制。彭考夫（Bankoff）[4]提出，壁面上的气泡核心是那些预先贮存有气体或蒸气的凹坑。由于这些气泡的存在，实际的沸腾过程就从这些气泡核心开始。这些气泡核心的尺度要比由于液体分子密度起伏所形成的气泡核心大得多，所以在这些贮气凹坑上液体开始沸腾所需的过热度，要比在过热液体中形成临界气泡核心所需的过热度大大减小，也比在不含气的固体壁面上形成气泡核心的过热度要小得多。这就是在加热壁面上液体气化成核过程的主要机制。拿波（Knapp）[5]和哈威（Harvey）等[6]利用增压的方法，使壁面凹坑中的气体溶解于液体，结果使沸腾过热度比增压前有明显提高，从而证明了贮气凹坑确实起到了气泡核心的作用。通常，加热壁面上总是存在着各种伤痕、裂缝和加工的痕迹，因此会形成许多大小不等的微小凹坑，其内总会存在一定量的不凝结气体或蒸气，壁面上的沸腾就从这些凹坑上开始。由于粗糙表面具有更多的含气凹坑，因此液体在粗糙表面上沸腾时所需的过热度，比在磨光的表面上沸腾所需的过热度低，大量实验证实了这个结果，这也反过来说明了上述壁面成核机制是合乎实际的。

加热面上存在贮气凹坑的先决条件是当加热面与液体接触时凹坑不被液体所淹没。通常机械加工表面上形成的凹坑是接近锥形的。下面对理想的锥形凹坑不被液体淹没的条件进行简单的热力学分析。

2.2.2.1　液体不润湿壁面的情况［$\theta > 90°$，如图 2-5（a）所示］

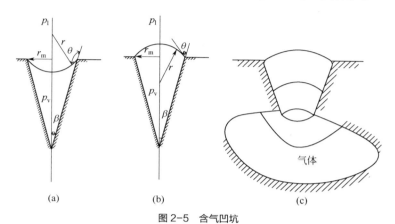

图 2-5　含气凹坑

在气液相平衡的条件下，在凹坑口部有

$$p_l - p_v = \frac{2\sigma}{r} = \frac{2\sigma}{r_m}\cos(\theta - \beta) > 0 \tag{2-26}$$

且有

$$T_l = T_v = T_s(p_v) < T_s(p_l) \tag{2-27}$$

式（2-27）表明，在这种平衡条件下，液体必须是过冷的。如果液体进入凹坑内部，由于 r_m 不断减小，对应的压力差增大，所以要求液体的过冷度相应增大。当 $r_m \to 0$，液体达到凹坑底部而完全淹没凹坑时，要求液体的过冷度趋于无限大，这当然是永远达不到的。由此可以得出结论，在液体不能润湿壁面的条件下，液体永远不可能将含气凹坑完全淹没。在加热面重新热起来的时候，气体或蒸气的残余部分，可以成为下一个核心。

2.2.2.2　液体润湿壁面的情况［$\theta < 90°$，如图 2-5（b）所示］

在气液相平衡的条件下有

$$p_v - p_l = \frac{2\sigma}{r_m}\cos(\theta - \beta) > 0 \tag{2-28}$$

且有

$$T_l = T_v = T_s(p_v) > T_s(p_l) \tag{2-29}$$

式（2-29）表明，与蒸气相平衡的液体必然是过热的。如果能满足

$$p_{\text{v}} > p_{\text{l}} + \frac{2\sigma}{r_{\text{m}}}\cos(\theta - \beta) \qquad (2\text{-}30)$$

则凹坑将不为液体所淹没。但是，当加热面冷却，使凹坑中蒸气压力 p_{v} 下降，上述不等式不能满足时，液体就会进入凹坑。一旦液体进入凹坑，由于 r_{m} 减小，而使上述不等式更无法满足，液体就更容易进入凹坑，一直到凹坑完全被液体淹没为止。所以，在液体润湿壁面的条件下，壁面上各含气凹坑在加热面冷却时总有一部分凹坑不能满足上述不等式而被淹没，不能继续成为下一批的气泡核心。但是，由于壁面上凹坑大小的分布范围很广，也总会有一部分凹坑满足不被淹没的条件，而继续保持作为下一轮的气泡核心。

实际上，加热面上还可能存在另一类称为具有再次入口的凹坑或贮气型凹坑，如图 2-5（c）所示。对于这类凹坑，即使是能润湿壁面的液体，在凹坑深处的颈口上，气液分相面的曲率也达到最小。当液体进一步陷入时，会使气液分相面朝向气相，形成与不润湿液体类似的情况。此时，液体变得难以进一步充满内部容积，所以这类凹坑是十分稳定的气泡核心。受到这类凹坑的启发，人们已经研制出多种类似的人工强化沸腾表面，其上存在许多这类稳定的气泡核心，在不太高的液体过热度下液体就会开始沸腾。

2.2.3　凹坑内气泡核心的长大与活化

如果凹坑内的气泡核心不能继续长大，则该凹坑称为非活化凹坑。只有当凹坑内的气泡核心长大到露出凹坑口部，且露出口部的小气泡的半径大于或等于给定液体过热度所对应的临界气泡半径 r_{c} 时，该气泡核心才会继续长大，这样的凹坑称为活化凹坑。

如果近似认为凹坑口部半径 r_{m} 等于刚露出凹坑口部的气泡核心的半径，则该气泡能够长大的临界条件为

$$\hat{r}_{\text{m}} = \frac{2\sigma T_{\text{s}}}{h_{\text{fg}}\rho_{\text{v}}\left(T_{\text{l}} - T_{\text{s}}\right)} \qquad (2\text{-}31)$$

式（2-31）表明，在给定的液体过热度（T_{l}-T_{s}）下，壁面上口部半径大于或等于 r_{m} 的所有凹坑都可以被活化。

在上面的讨论中，假定气泡处在均匀的过热液体中，没有考虑壁面附近液体层内温度场的不均匀性。在实际沸腾场合下壁面被加热。由于传递热量需要一定的温度梯度，所以在加热壁面内部以及加热面附近的液体中都存在着温度梯度，亦即气泡处于不均匀的温度场中。下面进一步讨论在不均匀温度场中凹坑的活化问题。

考虑一个口部半径为 r_m 的锥形凹坑（图 2-6），假定壁面维持均匀温度 T_w，远离壁面的液体温度为 T_∞。气泡的形状为球台，液体与壁面的接触角为 θ，则气泡露出凹坑的高度为

$$y_b = c_1 r_m = (1 + \cos\theta)r_m \tag{2-32}$$

曲率半径为

$$r_b = c_2 r_m = \frac{1}{\sin\theta}r_m \tag{2-33}$$

式（2-32）和式（2-33）中，c_1、c_2 是与接触角 θ 有关的系数，当 $\theta=53°$ 时，$c_1=1.8$，$c_2=1.25$。

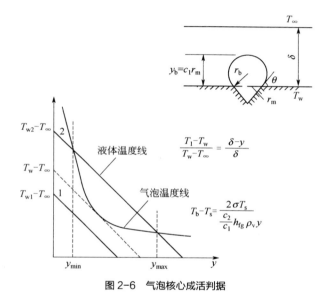

图 2-6　气泡核心成活判据

形成一个半径为 r_b 的平衡气泡所对应的气泡内蒸气温度为

$$T_b = T_s + \frac{2\sigma T_s}{c_2 r_m h_{fg} \rho_v} \tag{2-34}$$

为了使该气泡能够长大，在气泡顶部（$y=y_b$ 处）液体的温度必须满足

$$T_1(y)\big|_{y=y_b} \geqslant T_b = T_s + \frac{2\sigma T_s}{c_2 r_m h_{fg}\rho_v} \tag{2-35}$$

另外，在厚 δ 的液体热边界层中存在一定的温度分布，且满足 $y=0$ 时 $T_1=T_w$，$y=\delta$ 时 $T_1=T_\infty$ 的边界条件。由于主流区域液体扰动剧烈，边界层厚度 δ 很薄，可以近似地将边界层内的温度分布看成是线性的，即

$$T_1(y) = T_w - (T_w - T_\infty)\frac{y}{\delta} \tag{2-36}$$

显然，在图 2-6 上，液体温度分布线［式（2-36）］和气泡温度线［式（2-34）］相切时，切点将对应于能够使气泡核心（$r = r_b$）成长的最小壁面温度，液体温度线 1 低于上述切线，则气泡核心不能长大，该凹坑将不能活化。液体温度线 2 高于上述切线，将与气泡温度线有两个交点。显然，两个交点对应的 y 值之间的所有高度为 y_b 的气泡核心都能长大（$y_{min} \leqslant y \leqslant y_{max}$），亦即这些气泡核心所在的凹坑都可以被活化。这就是壁面附近具有不均匀温度场的液体中含气凹坑能够活化的传热判据。

联立求解式（2-36）和式（2-34），可以得到在给定的壁面过热度下使气泡核心能够长大的最小和最大凹坑口部尺寸为

$$r_m = \frac{\delta(T_w - T_s)}{2c_1(T_w - T_\infty)}\left[1 \pm \sqrt{1 - \frac{8c_1}{c_2} \times \frac{(T_w - T_\infty)T_s\sigma}{(T_w - T_s)^2 \delta h_{fg}\rho_v}}\right] \tag{2-37}$$

对应于气泡核心能够长大的壁面热流密度为

$$q_i = -\lambda_1\left(\frac{dT_1}{dy}\right)_{y=0} = -\lambda_1\left(\frac{dT_1}{dy}\right)_{y=r_b} \tag{2-38}$$

在切点处

$$\left(\frac{dT_1}{dy}\right)_{y=r_b} = \left(\frac{dT_b}{dy}\right)_{y=r_b} = -\frac{2\sigma T_s}{h_{fg}r_b^2\rho_v} \tag{2-39}$$

将式（2-39）代入式（2-38），可得

$$q_i = \frac{2\sigma T_s\lambda_1}{h_{fg}\rho_v r_b^2} \tag{2-40}$$

若对应的壁面过热度为 ΔT_{wi}，则

$$\Delta T_{wi} = T_w - T_s = (T_w - T_1) + (T_1 - T_s) = \frac{q_i}{\lambda_1}r_b + \frac{2\sigma}{r_b} \times \frac{T_s}{h_{fg}\rho_v} \tag{2-41}$$

从式（2-40）和式（2-41）中消去 r_b，可得

$$q_i = \frac{\lambda_1 h_{fg}\rho_v}{8\sigma T_s}(\Delta T_{wi})^2 \tag{2-42}$$

式（2-42）给出了使凹坑活化的最小热流密度。

利用上述壁面含气凹坑的活化判据所得到的计算结果与实验值能较好地吻合，图 2-7 给出了两者之间的比较。

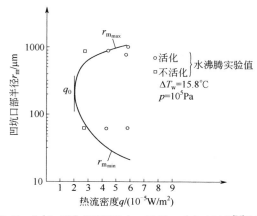

图 2-7　式（2-32）的计算值（$\delta=3000\mu m$）与实验值[7,8]的比较

2.2.4　壁面上活化凹坑的分布密度

前面的分析都是对壁面上单个凹坑而言的。实际上壁面上存在大大小小的许多凹坑，在一定的过热度下某一尺寸范围内的凹坑都会活化。因此，整个沸腾传热的强度取决于壁面上活化凹坑的总数目。从理论上讲，如果加热壁面上的凹坑按其口部尺寸的分布密度已知，那么就可以根据加热面温度或表面热流密度来确定活化凹坑的总数。但是，凹坑的尺寸分布密度尚无法测定。人们有时通过沸腾实验来确定活化凹坑的总数。例如，格里菲思（Griffith）和华列士（Wallis）[7]利用水、甲醇和乙醇在抛光的铜表面上的沸腾，测定了不同过热度下加热面上起泡点的数目，然后在图上分别画出不同液体单位面积上起泡点总数和壁面过热度的关系曲线，如图 2-8（a）所示。由图 2-8（a）可知，不同液体的气化核心密度曲线不一样。但是，如果利用壁面过热度和凹坑口部半径的关系式，将起泡点数和它对应的凹坑口部半径的关系画在另一张图上，则上述三条曲线将合并成一条曲线，如图 2-8（b）所示，该曲线反映出加热壁面上活化凹坑的分布情况。如果再将具有不同口部半径的活化凹坑数与半径的关系绘成曲线，就可以得到该加热壁面上活化凹坑的分布密度曲线，如图 2-9 所示。图 2-9 中，N_r 代表凹坑的分布密度，它的值等于单位加热面口部半径在 $r\sim(r+dr)$ 范围内的活化凹坑数目，阴影部分代表单位加热壁面上满足口部半径大于 r_c 的活化凹坑的总数 N，即

$$N = \int_{r_c}^{\infty} N_r \mathrm{d}r \tag{2-43}$$

大量实验表明，壁面热流密度和活化凹坑总数之间存在下列指数关系，即

$$q = cN^b \tag{2-44}$$

式中，c 是与表面粗糙度有关的常数；b 是与表面材料有关的指数。

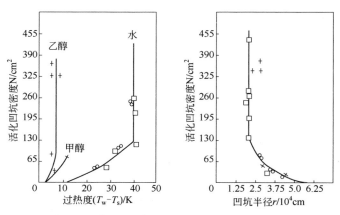

图 2-8　活化凹坑密度与壁面过热度及凹坑半径的关系

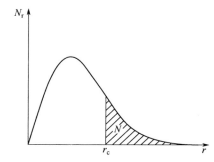

图 2-9　活化凹坑分布密度曲线

对于金属壁面[9]，$b=(1/3)\sim(1/2)$；对于玻璃，$b=0.73$。b 与加热表面状况关系不大。这一事实反映了无论如何抛光表面，活化凹坑的分布密度曲线形状都不变，即其分布规律与抛光前相同，凹坑尺寸在很宽的范围内变化。文献[10,11]报道了在加热表面上喷涂一种非润湿介质制得的一种人工处理的加热表面，其上所有不润湿点在非常小的壁面过热度范围内可以全部活化，因此很容易确定其活化凹坑的分布密度曲线。

表面加工状况虽然对分布密度曲线的形状影响不大，但对活化凹坑的绝对数目有相当大的影响。因此，表面加工状况会对沸腾传热产生重大影响，这将在第 3 章进行讨论。

2.3　气泡动力学

气泡动力学是近几十年来逐步发展起来的多向流分支学科，它主要研究气泡在液体中长大和运动的规律。如果存在加热表面，则需要研究气泡在加热表面上成长和脱离的规律及条件。研究气泡动力学，对于弄清液体核态沸腾传热的机理具有重要意义。

20 世纪 50 年代以来，单个气泡动力学的研究已取得重大进展，建立起了不同的理论模型，积累了不少实验数据，对液体核态沸腾传热的研究有很大的促进作用。但是，在考虑多气泡系统，特别是气泡之间相互作用方面，还没有取得令人满意的结果。这主要是由于气泡参数具有随机的特征所造成的。本节主要讨论比较成熟的单个气泡动力学的一些基本理论。

根据上节的分析，在活化凹坑上形成的气泡核心，在各种力和热的作用下气泡核心会继续长大。长大初期，气泡内蒸气压力满足 $p_v > (p_l + 2\sigma/r)$ 的条件。由于表面张力平衡不了气泡内外的压力差，气泡开始长大。此时气泡内的温度基本上与周围液体的温度相同，气泡是在接近等温的条件下成长的，在这一时期内，气泡长大主要受惯性力和表面张力的支配。气泡在这个时间很短的初期成长阶段，长大速率很快。

随着气泡体积的增大，表面张力的作用减弱，气泡内外压力近乎相等，气泡在接近等压的条件下成长。此时气泡内的温度接近系统压力下的饱和温度。在这一阶段中，气泡的成长主要受过热液体向气泡传热过程的支配。这是气泡的后期成长阶段。在这个阶段内，气泡长大速率减慢，但延续时间较长。

为了研究单个气泡长大和运动的规律，下面讨论两类不同的情况：气泡在温度均匀的过热液体中成长的情况和气泡在加热壁面附近的非均匀温度场中成长的情况。前者比较简单，易于进行理论分析；后者较为复杂，但更接近实际的应用状况。

2.3.1　气泡在温度均匀的过热液体中成长

2.3.1.1　等温的气泡动力学——气泡的前期成长阶段

气泡核心形成后的很短一段时间内，在内外压差的作用下，气泡迅速长大。由于此时气泡内蒸气温度接近液体温度，所以称这一初期成长阶段为等温成长阶段，亦称为动力学控制阶段。在该阶段内，气泡和液体中的压力及温度分布如图 2-10 所示。气泡的成长过程可以用流体动力学方程描述。

设一个球形气泡处于无黏性的不可压缩流体中，气泡周围液体径向运动的纳维埃-斯托克斯方程有如下简化形式。

$$\frac{\partial u_r}{\partial \tau} + u_r \frac{\partial u_r}{\partial r} = -\frac{1}{\rho_l} \times \frac{\partial p}{\partial r} \qquad (2\text{-}45)$$

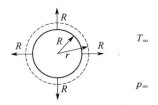

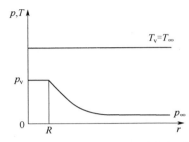

图 2-10 气泡和液体中的压力及温度分布（一）

式中，u_r 为液体在半径 r 处的径向运动速度，$u_r = \dfrac{\mathrm{d}r}{\mathrm{d}\tau}$。

由质量平衡得到

$$u_r \times 4\pi r^2 = \left(\frac{\mathrm{d}r}{\mathrm{d}\tau}\right)_{r=R} \times 4\pi R^2 \qquad (2\text{-}46)$$

式中，R 是气泡半径。

由式（2-46）可得

$$u_r = \dot{R}\left(\frac{R}{r}\right)^2 \qquad (2\text{-}47)$$

式中

$$\dot{R} = \left(\frac{\mathrm{d}r}{\mathrm{d}\tau}\right)_{r=R} = \frac{\mathrm{d}R}{\mathrm{d}\tau}$$

将式（2-47）代入式（2-45），并从 $r=R$ 到 $r=\infty$ 积分，整理后得到

$$R\ddot{R} + \frac{3}{2}\dot{R}^2 = \frac{p_1(R) - p_1(\infty)}{\rho_1} = \frac{1}{\rho_1}\left[p_v - p_1(\infty) - \frac{2\sigma}{r}\right] \qquad (2\text{-}48)$$

式中

$$\ddot{R} = \frac{\mathrm{d}^2 R}{\mathrm{d}\tau^2}$$

这就是等温条件下气泡长大的瑞利（Rayleigh）方程。如果不计表面张力，式（2-48）可简化为

$$\frac{\mathrm{d}}{\mathrm{d}\tau}\left(R^3 \dot{R}^2\right) = \frac{2\Delta p}{\rho_l} R^2 \dot{R} \qquad (2\text{-}49)$$

设气泡初始半径为 R_0，将式（2-49）由 R_0 到 R 积分，得

$$\dot{R}^2 = \frac{2}{3} \times \frac{\Delta p}{\rho_1}\left(1 - \frac{R_0^3}{R^3}\right) \qquad (2\text{-}50)$$

由于 R_0 一般很小，因此 $R_0^3/R^3 \ll 1$，可以忽略，则

$$\dot{R} = \sqrt{\frac{2}{3} \times \frac{\Delta p}{\rho_1}} \qquad (2\text{-}51)$$

将式（2-51）再次积分后可得到成长中的气泡半径与时间的关系为

$$R(\tau) = R_0 + \sqrt{\frac{2}{3} \times \frac{\Delta p}{\rho_1}}\,\tau \qquad (2\text{-}52)$$

这就是气泡在前期等温成长阶段的长大规律，其特征是成长半径与时间 τ 成线性关系。

为了避开确定初始值 R_0 的困难，文献[12]引入最大气泡尺寸 R_m，将式（2-49）由 R 到 R_m 积分，得

$$R^3 \dot{R}^2 = \frac{2}{3} \times \frac{\Delta p}{\rho_1}\left(R_\mathrm{m}^3 - R^3\right)$$

令 $R^+ = R/R_\mathrm{m}$ 为无量纲气泡半径，则

$$\mathrm{d}R^+ = \sqrt{\frac{2\Delta p}{3\rho_1} \times \frac{1 - R^{+3}}{R^{+3}}} \times \frac{\mathrm{d}\tau}{R_\mathrm{m}}$$

积分后的表达式为

$$\psi = \int_0^{R^+} \frac{R^{+\frac{3}{2}}\mathrm{d}R^+}{\sqrt{1 - R^{+3}}} = \frac{\tau}{R_\mathrm{m}}\sqrt{\frac{2}{3} \times \frac{\Delta p}{\rho_1}} \qquad (2\text{-}53)$$

式（2-53）的计算结果和欧林（Ellion）（两种结果）等的试验结果吻合得很好，如图 2-11 所示。

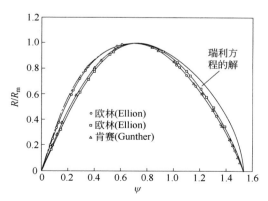

图 2-11　无量纲气泡半径的计算值与实验值比较

2.3.1.2　等压的气泡动力学——气泡的后期成长阶段

在气泡成长的后期，大约是从气泡生成以后的千分之几秒开始，周围液体的惯性力和表面张力的作用减弱到可以忽略，气泡内外压力接近相等，而气泡内温度下降到接近系统压力下的饱和温度。此时，气泡继续长大的速率取决于过热液体向气液分界面所传递的热流量，称为传热控制阶段。在这个阶段，气泡和液体中的温度及压力分布如图 2-12 所示。

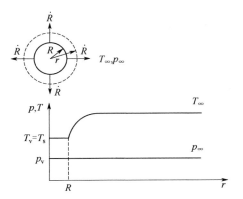

图 2-12　气泡和液体中的压力及温度分布（二）　　图 2-13　气泡在过热液体中的成长的简化模型

玻斯雅柯维克（Bošnjaković）[13]首次分析了气泡在均匀过热液体中长大的问题。分析中不考虑气液分界面的运动，并假定气液分界面上的气化过程由过热液体向气液分界面传递的热量来维持。这是气泡成长的一种最简单的物理模型，如图 2-13 所示。假定气泡内蒸气温度为热力学平衡温度（饱和温度）T_s，且为常数。液体中温度下降仅发生在包围气泡的薄液层内。气泡的热平衡方程为

$$\alpha\left(T_0 - T_s\right) = h_{fg}\rho_v \frac{dR}{d\tau} \tag{2-54}$$

式中，α 是液体与气泡之间的当量换热系数。

通过上述球形液体薄层的导热与通过平面的一维瞬态导热问题相类似，因此可以近似地用一维半无限大平板的导热方程来描述。以气液分界面作为度量距离 x 的起点，则有

$$a_1 \frac{\partial^2 T}{\partial x^2} = \frac{\partial T}{\partial \tau} \tag{2-55}$$

$\tau = 0$ 时，$T(x,0) = T_0$；$\tau > 0$ 时，$T(0,\tau) = T_s$，$T(\infty,\tau) = T_0$。

式（2-54）的解给出气泡周围液层中的温度分布，为

$$\frac{T - T_s}{T_0 - T_s} = erf \frac{x}{2\sqrt{a_1 \tau}} \tag{2-56}$$

向气泡内部传递的热流量为

$$q = \alpha (T_0 - T_s) = -\lambda_1 \left(\frac{\partial T}{\partial x} \right)_{x=0} = \lambda_1 \frac{T_0 - T_s}{\sqrt{\pi a_1 \tau}} \tag{2-57}$$

将式（2-57）代入式（2-54），得出气泡的长大速率为

$$\frac{\mathrm{d}R}{\mathrm{d}\tau} = \frac{\lambda_1}{h_{fg} \rho_v} \times \frac{T_0 - T_s}{\sqrt{\pi a_1 \tau}} \tag{2-58}$$

对式（2-58）积分，可得到成长中的气泡半径与时间的关系为

$$R(\tau) = \frac{2}{\sqrt{\pi}} \sqrt{a_1 \tau} Ja \tag{2-59}$$

式中，Ja 为雅各布数，$Ja = c_1 \rho_1 (T_0 - T) / (h_{fg} \rho_v)$。

Ja 的物理意义是：液体过热吸收的热量与同体积的液体气化所吸收的热量之比。

上述传热模型忽略了气泡边界层的运动，也没有考虑气泡成长过程中的惯性力和界面上表面张力的作用。如果将上述因素考虑进去，一个球形气泡在无限大均匀过热液体中的对称长大过程应当用下列微分方程组描述。

$$
\left.
\begin{aligned}
&\text{运动方程} \quad R\ddot{R} + \frac{3}{2}\dot{R}^2 = \frac{1}{\rho_1}\left(p_v - p_1 - \frac{2\sigma}{R} \right) \\
&\text{能量方程} \quad \frac{\partial T}{\partial \tau} + u_r \frac{\partial T}{\partial r} = a_1 \frac{1}{r^2} \times \frac{\partial}{\partial r}\left(r^2 \frac{\partial T}{\partial r} \right) \\
&\text{连续性方程} \quad u_r = \dot{R}\left(\frac{R}{r} \right)^2
\end{aligned}
\right\} \tag{2-60}
$$

边界条件和初始条件为

$$
\left.
\begin{aligned}
&-\lambda_1 \left(\frac{\partial T}{\partial r} \right)_R = \rho_v h_{fg} \dot{R} \\
&T(\tau, \infty) = T_0 \\
&T(0, r) = T_0 \\
&T(\tau, R) = T_s
\end{aligned}
\right\} \tag{2-61}
$$

帕雷斯特（Plesset）和斯维克（Zwick）[14] 以及福斯特（Forster）和朱伯（Zuber）[15] 利用不同的数学方法对上述方程组进行了近似求解。在求解过程中，他们都采用了温度降低只发生在包围气泡的薄液层中的假定，此外都假定惯性力只在气泡成长的初期（几毫秒之内）起作用，因此运动方程只需要在该初期阶段

内考虑，而在气泡成长的大部分时间内，主要受液体中的热扩散控制。他们得到的气泡在受热扩散控制的后期阶段中的成长规律为

$$R(\tau) = 2c\sqrt{a_1\tau}Ja \qquad (2\text{-}62)$$

式中，c 为常数，其值为

$$c = \sqrt{\frac{3}{\pi}} = 0.987 \quad （帕雷斯特和斯维克）$$

$$c = \frac{\sqrt{\pi}}{2} = 0.887 \quad （福斯特和朱伯）$$

用式（2-62）计算得到的成长气泡半径与文献[16,17]中得到的气泡在过热水中成长时的实测值基本相符。

此后，斯克里文（Scriven）[18]和伯克霍夫（Birkhoff）等[19]不依靠玻斯雅柯维克关于气泡周围存在热边界层的近似假设，求得了能量方程的精确解。气泡周围液体中的温度分布可表达为

$$\frac{T - T_0}{T_0} = -A \int_s^\infty x^{-2} \exp\left(-x^2 - 2\varepsilon c_s^3 x^{-3}\right) \mathrm{d}x \qquad (2\text{-}63)$$

式中，$s = \dfrac{r}{2\sqrt{a_1\tau}}$；$\varepsilon = \dfrac{\rho_1 - \rho_s}{\rho_1}$；$x$ 是无量纲半径，其变化范围为 s 到 ∞；c_s 是关系式 $R = 2c_s\sqrt{a_1\tau}$ 中的系数。

式（2-63）的计算结果表明，液体中的温度降确实发生在一个很窄的范围内 $\left[R/(2\sqrt{a_1\tau}) > 1\text{时，}r/R < 2\right]$，从而论证了玻斯雅柯维克的近似假设。

由能量方程的准确解得到的气泡长大规律为

$$R = 2c_s\sqrt{a_1\tau} \qquad (2\text{-}64)$$

式中，气泡长大系数 c_s 是 Ja 和 ε 的函数，见图 2-14。

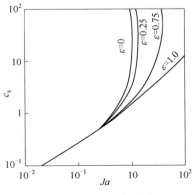

图 2-14　系数 c_s 的值[18]

在过热度较高或者压力较低的情况（$\varepsilon \approx 1$）下，即相应于较大的 Ja，气泡长大系数 c_s 可按式（2-65）计算，此式与帕雷斯特和斯维克的近似解相一致。

$$c_s = \sqrt{\frac{3}{\pi}Ja} \tag{2-65}$$

Ja 较低时，相应于压力较高（$\varepsilon \approx 0$）或液体过热度较低的情况，$c_s = \sqrt{Ja/2}$，气泡长大规律为

$$R(\tau) = \sqrt{2a_1\tau \times Ja} \tag{2-66}$$

文献[20]将 c_s 用下式表示。

$$c_s = \sqrt{\frac{3}{\pi}}\left[1 + \frac{1}{2}\left(\frac{\pi}{6Ja}\right)^{\frac{2}{3}} + \frac{\pi}{6Ja}\right]^{\frac{1}{2}}Ja \tag{2-67}$$

气泡长大规律遂为

$$R(\tau) = 2\sqrt{\frac{3}{\pi}}\left[1 + \frac{1}{2}\left(\frac{\pi}{6Ja}\right)^{\frac{2}{3}} + \frac{\pi}{6Ja}\right]^{\frac{1}{2}}Ja\sqrt{a_1\tau} \tag{2-68}$$

式（2-68）适用于任意的 Ja，且计算值与实验值的偏差小于 2%。

2.3.1.3　气泡的全期成长模型

上面分别讨论了气泡在两个不同阶段中的成长规律，且依据的是两个完全不同的物理模型。但是，作为气泡成长的整个过程，能否用一个统一的模型来描述呢？在前人工作的基础上，文献[21]将两个成长阶段耦合起来，建立了一个气泡在过热液体中长大的综合模型。该模型全面考虑了气泡长大的两个不同阶段，所得气泡的成长规律适用于气泡长大的全过程。下面对该模型进行简单分析。

在气泡受惯性力控制的阶段（忽略表面张力做功），气泡的能量平衡为

$$\int_R^\infty \frac{1}{2}\dot{r}^2\rho_1 4\pi r^2 \mathrm{d}r = \int_{R_0}^R \Delta p\,\mathrm{d}r \tag{2-69}$$

把连续性方程 $\dot{r} = \dot{R}\left(\dfrac{R}{r}\right)^2$ 代入上式并积分，得到

$$\dot{R}^2 = \left(\frac{\mathrm{d}R}{\mathrm{d}\tau}\right)^2 = \frac{2}{3}\left(1 - \frac{R_0^3}{R^3}\right)\frac{\Delta p}{\rho_1}$$

由于 $R_0^3 \ll R^3$，近似地有

$$\dot{R}^2 = \frac{2}{3} \times \frac{\Delta p}{\rho_\mathrm{l}} = \frac{2}{3} \times \frac{p_\mathrm{v} - p_\infty}{\rho_\mathrm{l}}$$

或

$$\frac{\mathrm{d}R}{\mathrm{d}\tau} = \sqrt{\frac{2}{3} \times \frac{p_\mathrm{v} - p_\infty}{\rho_\mathrm{l}}} \tag{2-70}$$

将克劳修斯-克拉贝龙方程

$$p_\mathrm{v} - p_\infty = \frac{(T_\mathrm{v} - T_\mathrm{s})\rho_\mathrm{v} h_\mathrm{fg}}{T_\mathrm{s}} \tag{2-71}$$

代入式（2-70），重新排列后有

$$\frac{\mathrm{d}R}{\mathrm{d}\tau} = A\sqrt{\frac{T_\mathrm{v} - T_\mathrm{s}}{\Delta T}} \tag{2-72}$$

式中，$\Delta T_\mathrm{s} = T_0 - T_\mathrm{s}$，$A = \sqrt{\dfrac{2}{3} \times \dfrac{\rho_\mathrm{v} \Delta T_\mathrm{s}}{T} h_\mathrm{fg}}$。

根据传热控制阶段的帕雷斯特-斯维克解，即式（2-62），假定气泡是在 $T_0 - T_\mathrm{v}$ 为常数的条件下成长时，由式（2-62）可得

$$\frac{\mathrm{d}R}{\mathrm{d}\tau} = \frac{1}{2} \times \frac{T_0 - T_\mathrm{v}}{\Delta T_\mathrm{s}} \times \frac{B}{\sqrt{\tau}} \tag{2-73}$$

式中，$B = Ja\sqrt{\dfrac{12}{\pi} a_\mathrm{l}}$，$Ja = \dfrac{c_\mathrm{l} \rho_\mathrm{l}}{\rho_\mathrm{v} h_\mathrm{fg}} \Delta T_\mathrm{s}$。

将式（2-73）重新整理后，有

$$\frac{T_\mathrm{v} - T_\mathrm{s}}{\Delta T_\mathrm{s}} = 1 - \frac{2\sqrt{\tau}}{B} \times \frac{\mathrm{d}R}{\mathrm{d}\tau} \tag{2-74}$$

联立求解式（2-72）和式（2-74），得

$$\frac{\mathrm{d}R}{\mathrm{d}\tau} = A\left[\sqrt{\left(\frac{A}{B}\right)^2 \tau + 1} - \sqrt{\left(\frac{A}{B}\right)^2 \tau} \right] \tag{2-75}$$

引入无量纲参数

$$\tau^+ = \left(\frac{A}{B}\right)^2 \tau = \frac{A^2 \pi}{12 a_\mathrm{l}} \left(\frac{1}{Ja}\right)^2 \tau \tag{2-76}$$

$$R^+ = \frac{A}{B^2} R \tag{2-77}$$

式（2-75）可改写成

$$\frac{dR^+}{d\tau^+} = \left(\tau^+ + 1\right)^{\frac{1}{2}} - \tau^{+\frac{1}{2}} \qquad (2\text{-}78)$$

积分，并近似假定 $\tau^+ \to 0$ 时 $R^+ \to 0$，最后得气泡全期成长过程的通用解为

$$R^+ = \frac{2}{3}\left[\left(\tau^+ + 1\right)^{\frac{3}{2}} - \tau^{+\frac{3}{2}} - 1\right] \qquad (2\text{-}79)$$

对于受惯性力控制的气泡的初始成长阶段，$\tau^+ \ll 1$，式（2-79）可简化为

$$R^+ \approx \tau^+ \qquad (2\text{-}80)$$

亦即

$$R(\tau) = \sqrt{\frac{2}{3} \times \frac{p_v - p_\infty}{p_l}} \tau \qquad (2\text{-}81)$$

式（2-81）与描述气泡早期成长的式（2-52）基本一致。

对于受传热控制的气泡的初始成长阶段，$\tau^+ \gg 1$，式（2-79）可简化为

$$R^+ \approx \sqrt{\tau^+} \qquad (2\text{-}82)$$

亦即

$$R(\tau) = \sqrt{\frac{12}{\pi} a_l \tau Ja} \qquad (2\text{-}83)$$

这也就是帕雷斯特-斯维克的结果。

图 2-15 给出了通用气泡在均匀过热液体中的全期成长曲线。图 2-15 中，实线是式（2-79）的计算值，与水的实验值[22]相当符合。文献[22]对过热水中气泡长大的实验研究很成功，实验的压力范围为 0.001~0.04MPa，过热度为 8.3~15.6K，Ja 的范围为 58~2690。当压力低于 0.003MPa

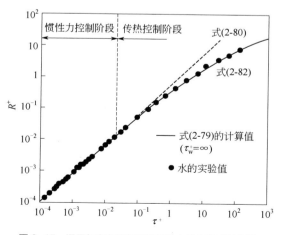

图 2-15　通用气泡在均匀过热液体中的全期成长曲线

左右时，气泡的整个长大过程处于动力学控制范围，此时 $R^+=\tau^+$；当压力高于 0.035MPa 左右时，动力学控制阶段只存在很短时间，气泡整个长大过程事实上受传热所控制。对于这两个压力之间的过渡区，气泡长大的初始阶段受动力学过程控制，较后的阶段受传热过程控制，前者向后者的过渡发生在 $\tau^+=1$ 时，与式（2-79）的计算结果非常一致。

2.3.2 气泡在加热壁面附近的非均匀温度场中成长

上面讨论的都是气泡在均匀过热液体中成长的问题，但更符合工程实际情况的是气泡在加热壁面附近的非均匀温度场中成长的问题。当气泡核心在加热壁面上的活化凹坑中长大并露出凹坑口部以后，气泡即处于加热壁面附近的一层过热液体中。早期的分析假定热量首先由加热面传给液体，然后一部分热量再从过热液体传给气泡，另一部分热量通过液体对流传给液体本体。首先分析最简单的情况，即不考虑液体自身间的传热量，并假定加热面传出的热量全部进入气泡。设气泡成长前壁面附近的过热液体层具有均匀的温度，且等于壁面温度 T_w。当气泡开始成长以后，过热液层中发生一维瞬态导热过程。忽略气泡周围液体的运动，近似地将气泡周围的热边界层当作一维半无限大平板，且从气液分界面算起，沿 x 轴方向。热边界层中的温度分布满足下列导热微分方程。

$$\frac{\partial T}{\partial \tau} = a_1 \frac{\partial^2 T}{\partial x^2} \qquad (2\text{-}84)$$

初始条件和边界条件为

$$\left. \begin{array}{l} T(x,0) = T_w \\ T(0,\tau) = T_s \\ T(\infty,\tau) = T_w \end{array} \right\} \qquad (2\text{-}85)$$

其解为

$$\frac{T - T_s}{T_w - T_s} = erf \frac{x}{2\sqrt{a_1\tau}} \qquad (2\text{-}86)$$

通过气液分界面的热流密度为

$$q = -\lambda_1 \frac{\partial T}{\partial x}\bigg|_{x=0} = \lambda_1 \frac{T_w - T_s}{\sqrt{\pi a_1 \tau}} \qquad (2\text{-}87)$$

下面进一步考虑存在向液体本体传热的情况。设过热液层传给液体本体的热流密度为 q_b，气液分界面上的热平衡方程为

$$\rho_v h_{fg} \frac{dR}{d\tau} = c \left(\lambda_1 \frac{T_w - T_s}{\sqrt{\pi a_1 \tau}} - q_b \right) \qquad (2\text{-}88)$$

式中，c 为形状系数，当热边界层为平板时 $c = 1$，为球形时 $c = \sqrt{3}$。

积分式（2-88），得到气泡的成长半径，为

$$R(\tau) = c\frac{2}{\sqrt{\pi}}Ja\left(1 - \frac{q_b\sqrt{\pi a_1 \tau}}{2\lambda_1 \Delta T}\right)\sqrt{a_1\tau} \tag{2-89}$$

设气泡在 $\tau = \tau_m$ 时长大到最大半径 R_m，此时 $\dfrac{dR}{d\tau} = 0$，壁面的热量开始全部传给液体本体，即

$$q_b = \lambda_1 \frac{T_w - T_s}{\sqrt{\pi a_1 \tau_m}} \tag{2-90}$$

将式（2-90）代入式（2-89），化简后有

$$R(\tau) = c\frac{2}{\sqrt{\pi}}Ja\left(1 - \frac{1}{2}\sqrt{\frac{\tau}{\tau_m}}\right)\sqrt{a_1\tau} \tag{2-91}$$

则

$$R_m = c\frac{1}{\sqrt{\pi}}Ja\sqrt{a_1\tau_m} \tag{2-92}$$

两式相除，得

$$\frac{R(\tau)}{R_m} = \sqrt{\frac{\tau}{\tau_m}}\left(2 - \sqrt{\frac{\tau}{\tau_m}}\right) \tag{2-93}$$

式（2-93）的计算结果与文献[23]中的实验结果相符。

进一步研究表明，供给气泡长大的热量不仅来自过热液体层（壁面间接供热），而且来自与气泡根部直接接触的加热壁面（壁面直接供热）。由此可得到另一类气泡在壁面上的成长模型[24]，如图 2-16 所示。如果加热面温度 T_w 为常数，则气泡成长时的热平衡方程变为

$$\phi_v h_{fg}\rho_v\left(4\pi R^2 \frac{dR}{d\tau}\right) = \phi_c\phi_s\left(4\pi R^2\right)\lambda_1 \frac{dT}{dx}\bigg|_{x=0} + \phi_b\left(4\pi R^2\right)\alpha_v\left(T_w - T_s\right) \tag{2-94}$$

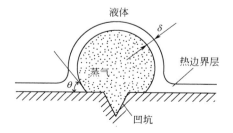

图 2-16 气泡成长模型

θ—接触角；δ—液体热边界层厚度

式中，ϕ_c 为过热液层的曲率因子，$1 < \phi_c < \sqrt{3}$；ϕ_s 为气泡表面因子，$\phi_s = \dfrac{1+\cos\theta}{2}$，$\theta$ 为接触角；ϕ_b 为气泡的体积因子；α_v 为气泡根部加热壁面与蒸气间的换热系数。

$$\frac{dT}{dx}\bigg|_{x=0} = \frac{1}{\sqrt{\pi a_1 \tau}}\left[(T_w - T_s) - \frac{T_w - T_\infty}{\delta}\sqrt{\pi a_1 \tau}\, erf\frac{\delta}{\sqrt{\pi a_1 \tau}}\right] \tag{2-95}$$

式中，$\delta = \sqrt{\pi a_1 \tau_w}$ 为气泡等待阶段结束时的热边界层厚度，τ_w 为等待时间。

将式（2-94）化简后可得到气泡的成长速率，为

$$\frac{dR}{d\tau} = \frac{\phi_c \phi_s}{\phi_v} \times \frac{\lambda_1}{\rho_1 h_{fg}}\left(\frac{\partial T}{\partial x}\right)_{x=0} + \phi_b\left(4\pi R^2\right)\alpha_v\left(T_w - T_s\right) \tag{2-96}$$

为了计算 ϕ，可做如下考虑。显然，气泡在无限均匀的过热液体中的成长是式（2-96）的一种特殊情况，即 $\phi_s = 1$，$\phi_v = 1$，$\phi_b = 0$，$\theta = 0$，$\delta = \infty$，此时式（2-96）变为

$$\frac{dR}{d\tau} = \phi_c \frac{\lambda_1}{\rho_v h_{fg}} \times \frac{\Delta T_s}{(\pi a_1 \tau)^{\frac{1}{2}}} = \frac{\phi_c}{\sqrt{\pi}} \times \frac{\Delta T_s \rho_1 c_1}{\rho_v h_{fg}}\left(\frac{a_1}{\tau}\right)^{\frac{1}{2}} \tag{2-97}$$

式（2-97）与斯克里文（Scriven）[18]得到的气泡在无限均匀的过热液体中成长速率的解

$$\frac{dR}{d\tau} = \left(\frac{3}{\pi}\right)^{\frac{1}{2}} \frac{\Delta T_s \rho_1 c_1}{\rho_v h_{fg}}\left(\frac{a_1}{\tau}\right)^{\frac{1}{2}} \tag{2-98}$$

相比较可知，在 $\theta = 0$、$\delta \gg R$ 的条件下 $\phi_c = \sqrt{3}$。

另一个极端情况是 $\theta = \pi$，此时式（2-96）就变成一维平板的情况。与式（2-88）相比可知，$\phi_c = 1$。

再有，对于 $\theta = 0$、$\delta \ll R$ 的情况，即对于具有极薄过热液体边界层的球形气泡，与福斯特和朱伯的公式相比可知，$\phi_c = \pi/2$。

根据上述三种极端情况，可以构造一个 ϕ_c 的通用表达式，为

$$\phi_c = \left[3^{\frac{1}{2}} + \frac{\theta}{\pi}\left(1 - 3^{\frac{1}{2}}\right)\right]\left[\left(1 - \frac{\theta}{\pi}\right)\frac{\dfrac{\pi}{2}\sqrt{3}\overline{R} + \delta}{\overline{R} + \delta} + \frac{\theta}{\pi}\right] \tag{2-99}$$

式中，$\overline{R}$ 为气泡半径的时间平均值，即

$$\overline{R} = \frac{1}{\tau}\int_0^\tau R\,d\tau \tag{2-100}$$

将式（2-96）积分，并令 $r = \dfrac{R}{\delta}$、$t = \dfrac{4a_1\tau}{\delta^2}$，得

$$r - r_{\mathrm{c}} = \frac{\phi_{\mathrm{s}}\phi_{\mathrm{c}}}{\phi_{\mathrm{v}}} \times \frac{c_1\rho_1\Delta T_{\mathrm{w}}}{\rho_{\mathrm{v}}h_{\mathrm{fg}}}\left\{\left(\frac{t}{\pi}\right)^{\frac{1}{2}} - \frac{T_{\mathrm{w}} - T_{\infty}}{T_{\mathrm{w}} - T_{\mathrm{s}}}\left[terf\,\frac{1}{t^{\frac{1}{2}}}\right.\right.$$

$$\left.\left. + \frac{2}{\pi^{\frac{1}{2}}}t^{\frac{1}{2}}\exp\left(-\frac{1}{t}\right) - 2erfc\,\frac{1}{t^{\frac{1}{2}}}\right]\right\} \qquad (2\text{-}101)$$

$$+ \phi_{\mathrm{b}}\,\frac{\delta\alpha_{\mathrm{v}}\left(T_{\mathrm{w}} - T_{\mathrm{s}}\right)}{4\phi_{\mathrm{v}}\rho_{\mathrm{v}}h_{\mathrm{fg}}\dot{a}_1}t$$

图 2-17 给出了式（2-101）的计算结果与实验值的比较，两者的吻合程度相当好。

式（2-101）中包含了接触角、气泡等待时间、表面热流密度以及液体的过冷度等参数的影响。可以认为这是一个与实际情况比较接近的计算加热面上气泡成长半径的公式。

随着测试技术的进步，人们对壁面附近非均匀温度场中气泡长大的物理机理又有了新的认识，并出现了一系列新的计算气泡成长半径的物理模型。

穆尔（Moore）和梅斯勒（Mesler）[25]首次采用微型热电偶测量到了液体核态沸腾时加热面上剧烈的温度波动现象，证实了文献[26]中提出的在加热面与气泡之间存在着一个液体微层的说法是可取的。之后，文献[23～27]分别报道了采用不同的测量方式测量气泡下液体微层的实验结果。根据液体微层气化的概念所建立的带有液体微层的半球形气泡如图 2-18 所示。假定气泡的成长主要是由于该液体微层的蒸发所致，气泡的半径服从下列已由实验证实的规律。

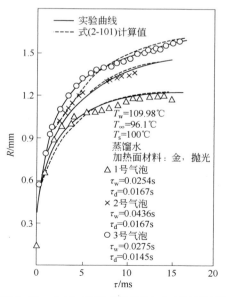

图 2-17　式（2-101）的计算值与实验值的比较[19]

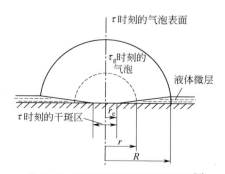

图 2-18　带有液体微层的半球形气泡[28]

$$R = c\tau^n \tag{2-102}$$

式中，c 为常数。

液体微层气化所需的热量，完全来自壁面通过微层的导热。气泡的热平衡为

$$\rho_1 h_{fg} \frac{d\delta}{d\tau} = -\lambda_1 \frac{T_w - T_s}{\delta} \tag{2-103}$$

式中，δ 是 τ 时刻在半径 r 处的液体微层厚度。

由于通过液体微层的导热量与加热壁面本身的热物性有关，所以在计算壁面热流密度时需要综合考虑壁面的导热性能。通常，壁面的导热性能可分为下列三种类型。

2.3.2.1　导热性能很好的理想导热壁面

气泡在理想导热壁面上成长时，可近似认为在液体微层蒸发过程中壁面温度维持常数，即 $T_w = T_{w_0}$，对式（2-88）积分，得

$$\delta_0^2 - \delta^2 = 2\frac{\lambda_1 (T_{w_0} - T_s)}{\rho_1 h_{fg}} (\tau - \tau_g) \tag{2-104}$$

式中，δ_0 是液体微层的起始厚度。

文献[28]根据微层形成的流体动力学分析，得到

$$\delta_0 = 0.8 (v_1 \tau_g)^{\frac{1}{2}} \tag{2-105}$$

式中，τ_g 是气泡成长到半径为 r 所对应的时间；v_1 是液体的运动黏度。

由图 2-18 可知，在 τ 时刻，半径 r_e 之内的液体微层已全部气化（即 $\delta = 0$），所以在 τ 时刻由微层气化得到的蒸气容积为

$$V_m = \frac{\rho_1}{\rho_v} \left\{ \int_0^{r_e} \delta_0 2\pi r dr + \int_{r_e}^{R} (\delta_0 - \delta) 2\pi r dr \right\} = \frac{2\pi}{3} R^{2 + \frac{1}{2n}} \frac{B}{c^{\frac{1}{2n}}} \tag{2-106}$$

式中，B 是包含 n、$T_{w_0} - T_s$ 和物性量的一个复杂表达式。

假定气泡的成长速率与液体微层的气化速率相当，则在 τ 时刻气泡的容积为 $2\pi R^3/3$。与式（2-106）相比，可得 $n = 1/2$，$c = B$，即 $R = B\tau^{1/2}$，将 B 的表达式代入后化简，由文献[29]得到

$$R(\tau) \approx 2.5 \frac{Ja}{Pr_1^{\frac{1}{2}}} (a_1 \tau)^{\frac{1}{2}} \tag{2-107}$$

2.3.2.2　导热性能很差的壁面

对于这类壁面，由于维持液体微层蒸发时热流密度相当大，在加热壁面内部必然造成一个较大的温度梯度，与液体接触面的温度会有较大的降落，即 $T_w < T_{w_0}$。此时，进入液体微层的热量受到壁面热阻的控制。假定液体微层气化时 T_w 急剧降

落到接近 T_s，根据固体壁面内热贯穿深度的概念，可以列出下列热平衡方程。

$$2\pi R^2 \rho_v h_{fg} \frac{\mathrm{d}R}{\mathrm{d}\tau} = \frac{-\lambda_w \left(T_{w_0} - T_s\right)}{\left(\pi a_w \tau\right)^{\frac{1}{2}}} \pi R^2 \qquad (2\text{-}108)$$

积分得

$$R(\tau) = 0.564 \left[\frac{(\lambda \rho c)_w}{(\lambda \rho c)_l}\right]^{\frac{1}{2}} Ja \left(a_l \tau\right)^{\frac{1}{2}} \qquad (2\text{-}109)$$

2.3.2.3　壁面的导热性能与液体导热性能相当的情况

在这种情况下，通过壁面进入液体微层的热流密度 q_w 可以近似地利用两个半无限大物体接触时的界面热流密度来表达。热平衡方程为

$$2\pi R^2 \rho_v h_{fg} \frac{\mathrm{d}R}{\mathrm{d}\tau} = q_w \pi R^2 = \frac{\sqrt{(\lambda \rho c)_w (\lambda \rho c)_l}}{\sqrt{(\lambda \rho c)_w} + \sqrt{(\lambda \rho c)_l}} \times \frac{T_{w_0} - T_s}{(\pi \tau)^{\frac{1}{2}}} \pi R^2 \qquad (2\text{-}110)$$

积分得

$$R(\tau) = 0.564 \frac{(\lambda \rho c)_w^{\frac{1}{2}}}{(\lambda \rho c)_w^{\frac{1}{2}} + (\lambda \rho c)_l^{\frac{1}{2}}} Ja \left(a_l \tau\right)^{\frac{1}{2}} \qquad (2\text{-}111)$$

上述建立在液体微层气化基础上的物理模型，忽略了通过过热液体向气泡上表面的传热量。实际上，气泡在加热面上成长时热量来自两个方面：通过气泡底部液体微层的蒸发和气泡周围过热液层向气泡表面的传热。由于过热液层的高度随气泡成长过程而发生变化，因此文献中有时称这层过热液体层为松弛微层（relaxation microlayer），文献[30,31]中甚至认为，通过松弛微层的传热量是气泡长大的主要因素。现有的大量实验结果已证实在气泡成长过程中这两类热量传递过程都存在，所以在气泡成长过程中同时考虑这两类传热过程是比较合理的。

设通过气泡周围过热液层传给气泡的热量为 Q_1，通过气泡底部液体微层蒸发传递的热量为 Q_2（图 2-19），则气泡成长过程中的总传热量为

$$Q = Q_1 + Q_2 \qquad (2\text{-}112)$$

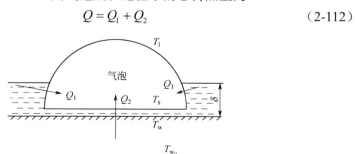

图 2-19　成长气泡的传热模型

由式（2-88）可知，通过过热液体向球形气泡传递的热量为 $\sqrt{3}\dfrac{\left(T_{w_0}-T_s\right)\lambda_1}{\sqrt{\pi a_1\tau}}$。

因此，壁面附近过热液层传给气泡的热量可表示为

$$Q_1=\varphi\sqrt{3}\frac{\left(T_{w_0}-T_s\right)\lambda_1}{\sqrt{\pi a_1\tau}}2\pi R^2 \tag{2-113}$$

式中，φ 是修正系数，是对气泡成长过程中考虑过热液层只对气泡局部表面加热以及假想气泡为球形的修正。

气泡底部液体微层蒸发的热量由式（2-110）给出。于是，式（2-112）可改写成

$$2\pi R^2 h_f\rho_v\frac{dR}{d\tau}=\left[\varphi 2\sqrt{3}\frac{\left(T_{w_0}-T_s\right)\lambda_1}{\sqrt{\pi a_1\tau}}+\frac{\sqrt{(\lambda\rho c)_w(\lambda\rho c)_1}}{\sqrt{(\lambda\rho c)_w}+\sqrt{(\lambda\rho c)_1}}\times\frac{T_{w_0}-T_s}{(\pi\tau)^{\frac{1}{2}}}\right]\pi R^2 \tag{2-114}$$

对式（2-114）积分，整理后得到的气泡成长半径为

$$R(\tau)=\left[\frac{\sqrt{12}}{\pi}\varphi+\frac{1}{\sqrt{\pi}}\times\frac{\sqrt{(\lambda\rho c)_w}}{\sqrt{(\lambda\rho c)_w}+\sqrt{\lambda\rho c}}\right]Ja\sqrt{a_1\tau} \tag{2-115}$$

式中，系数 φ 由实验数据确定，文献[32]中给出的 φ 值为

$$\varphi=0.011\tau^{-0.62}\quad\left(\tau>10^{-3}s\right) \tag{2-116}$$

文献[33]中进一步考虑了两微层之间的相互影响问题。文献[34]中把实际气泡视为当量半径为 $R(\tau)$ 的球形气泡，该气泡在两微层的作用下蒸发长大，据此提出了气泡成长的当量模型，得到的气泡成长半径与文献[35]中的实验值符合得较好。

2.3.3　气泡从加热面上的脱离

气泡在加热面上成长到一定大小后，在各种力的作用下将从加热面上脱离进入液体中。实验表明，气泡从加热面上脱离时的直径和频率与沸腾传热的强度有密切关系。这种关系一直受到人们的重视，是研究气泡动力学的另一个主要问题。

气泡从加热面上脱离时的大小，理论上可根据作用在气泡上的力平衡求出。1935 年弗里茨（Fritz）[36]发表了第一篇关于气泡脱离问题理论分析的文章。根据流体静力学原理，对于给定的接触角，可以确定位于水平表面上的一个静止气泡的最大体积。

使气泡脱离的力是气泡受到的浮力，它等于 $\frac{1}{6}\pi D_d^3 (\rho_l - \rho_v) g$。而能使气泡保持在表面上的力为表面张力，它等于 $\sigma \pi D_d \sin\theta f(\theta)$。

在气泡脱离的瞬间，上述两个力相等，由此可以求出脱离直径为

$$D_d = f(\theta) \sqrt{\frac{\sigma}{g(\rho_l - \rho_v)}} \qquad (2\text{-}117)$$

根据水中氢气气泡和水蒸气气泡的实验结果，可以确定函数 $f(\theta)$ 的具体表达式。最后得到的脱离直径的计算式为

$$D_d = 0.0208\theta \sqrt{\frac{\sigma}{g(\rho_l - \rho_v)}} \qquad (2\text{-}118)$$

式中，θ 的单位为（°）。

式（2-118）常称为弗里茨公式。对大气压力下水沸腾时气泡运动情况的观测表明弗里茨公式基本上是正确的，见图 2-20。

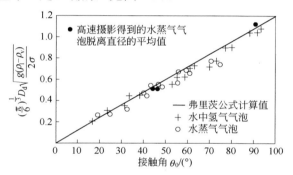

图 2-20　弗里茨公式和大气压力下实验值的比较

在高压或真空状态下，弗里茨公式和实验值有较大的偏差。这是由于根据流体静力学平衡来确定脱离直径的前提与实际情况不完全符合。事实上，气泡在成长过程中并不处于静止状态，它既有重心向上的运动，也有体积膨胀的径向运动。因此，作用于气泡上的力除浮力和表面张力外，还有黏性阻力和惯性力。文献[37]曾对这些作用力进行了分析和计算，但由于包含了许多难以测定的参数，表达式又十分复杂，所得结果很难实际应用。目前，脱离直径的计算主要还是依赖于结合实验得到的半经验公式。例如，文献[38,39]介绍的对多种液体进行的实验表明脱离直径与气泡成长速度成正比，说明惯性力对气泡脱离有重要作用。文献[39]中得到的脱离直径表达式为

$$D_d = 0.0208\theta \sqrt{\frac{\sigma}{g(\rho_l - \rho_v)}} \left[1 + 0.0025 \left(\frac{dD}{d\tau} \right)^{\frac{3}{2}} \right] \qquad (2\text{-}119)$$

式中，$\mathrm{d}D/\mathrm{d}\tau$ 的单位是 mm/s，$\mathrm{d}D/\mathrm{d}\tau = 0$ 时，式（2-119）演变成弗里茨公式。

文献[40]综合了大量的脱离直径的实验值，得到下列综合关系式。

对于水
$$E_O^{\frac{1}{2}} = 1.5 \times 10^{-4} Ja^{*\frac{5}{4}}$$
(2-120)

对于其他液体
$$E_O^{\frac{1}{2}} = 4.65 \times 10^{-4} Ja^{*\frac{5}{4}}$$

式中，$E_O = g(\rho_1 - \rho_v)D_d^2 / \sigma$，$Ja^* = \rho_1 c_1 T_s / (\rho_v h_{fg})$。

系统压力对气泡脱离直径有较大影响，如图 2-21 所示。实验表明，脱离直径随压力的增加而减小。文献[41]中推荐的实验关系式为
$$D_d = 0.00372 p^{-0.575}$$
(2-121)

式中，压力 p 的单位为 bar（1bar = 10^5Pa）。

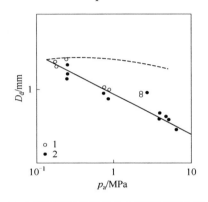
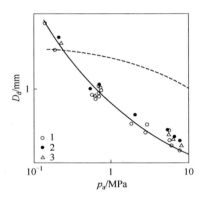

(a) 水在银表面上沸腾（1 和 2 表示两组实验值）   (b) 乙醇在银、镀镍铜和不锈钢表面上沸腾（1～3 表示三种表面）

图 2-21　气泡脱离直径 D_d 和压力的关系

虚线代表式（2-117）的计算值

重力加速度对脱离直径的影响[42]可整理成
$$D_d \sim g^{-\frac{1}{3}}$$
(2-122)

对于压力低于大气压力的液体沸腾，文献[20]中认为，影响气泡脱离的主要因素是液体的惯性力，并由分析得到
$$D_d = 0.8g\tau_g^2$$
(2-123)

式中，τ_g 为从气泡生成到脱离所需的时间。

在真空条件下，式（2-123）与实验值符合得很好。

气泡脱离频率 f 是气泡动力学研究的另一个重要问题，因为气泡脱离的快慢直接影响壁面的换热强度。气泡在加热面上从开始成长到脱离需要的时间为 τ_g，

气泡脱离以后加热面需要等待一段时间τ_w，以使加热面附近的液体达到使下一个气泡成长所必需的过热度。于是，一个气泡周期的总时间为$\tau_g + \tau_w$，如图 2-22 所示。

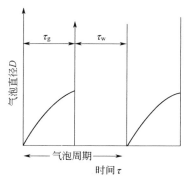

图 2-22 气泡周期

气泡脱离频率f为

$$f = \frac{1}{\tau_g + \tau_w} \qquad (2\text{-}124)$$

由于单独确定τ_g和τ_w这两个时间非常困难，因此常把它们与其他气泡参数结合起来一起计算。Jackob[43]最早通过实验发现，气泡脱离直径与脱离频率的乘积接近于一个常数，即

$$fD_d \approx 280\text{m/h} \qquad (2\text{-}125)$$

此后进一步的实验发现，上述结果只在低热负荷条件下才是正确的，且该常数会随液体的种类和系统压力而变化。文献[44]基于实验观察到的气泡上升速度等于D_d/τ_g和$\tau_g=\tau_w$的关系，经推导，推荐的解析表达式为

$$fD_d = 0.59\left[\frac{\sigma(\rho_l - \rho_v)g}{\rho_l^2}\right]^{\frac{1}{4}} \qquad (2\text{-}126)$$

用式（2-126）计算大气压力下不同液体的脱离直径和脱离频率的乘积。后来的研究指出[45]，f和D_d之间的关系应表示成

$$fD_d{}^n = \text{常数} \qquad (2\text{-}127)$$

式中，指数n的值在气泡长大的不同阶段有所不同，对于动力学控制阶段，$n=2$；对于传热控制阶段，$n=1/2$。

文献中还有一些其他确定f和D_d的实验关系式或经验式[46~48]。但总体来说，f和D_d之间的精确关系至今仍未很好确定，各推荐式之间差别较大，其原因是f和D_d之间相联系的物理机制还未彻底弄清楚。

2.3.4　气泡的聚合和上升运动

　　以上所有关于气泡动力学问题的讨论,都是针对加热面上的单个气泡进行的。随着加热面上热流密度的增大,壁面上气泡核心数增多,且气泡脱离频率也逐渐增高,上一个气泡与下一个气泡在上升运动过程中将发生聚合而形成大气泡或蒸气块。图2-23给出了水平加热面上液体核态沸腾过程中观察到的随着热流密度增大而出现的各类气泡的聚合过程。由图2-23可见,在气泡发生初始阶段的聚合时,首先两个气泡互相接触,第一个气泡常呈半球形,第二个气泡竖直拉长,聚合后形成类似蘑菇的形状 [图2-23(a)],随着壁面热流密度的增加,气泡上升速度增大,两个气泡聚合后第一个气泡兼并第二个气泡的一部分,留下的剩余部分跟随在第一个气泡后面,形成跟随气泡,此外水平方向相邻气泡也会有聚合过程发生,如图2-23(b)所示。这种两个气泡的聚合过程,随着壁面热流密度的增加而越来越接近于在加热面上发生。当热流密度再增大时,相邻的聚合气泡在上升过程中发生再聚合,并且随着这类再聚合过程的增强,在加热面上将形成一个个气柱,犹如从加热面喷出的一股股蒸气射流一样,如图2-23(c)所示,此时相应于高热流密度下的旺盛核态沸腾工况。当蒸气柱内蒸气流的速度增大到某一临界值时,相邻气柱之间出现相互作用,加热面上形成不同大小的蒸气块覆盖,纯核态沸腾工况将终止 [图2-23(d)]。

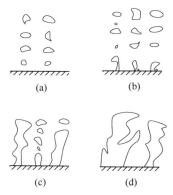

图2-23　核态沸腾时气泡的聚合过程

　　加热面上及加热面附近的液体中发生的这类气泡的聚合过程对于液体核态沸腾传热强度及临界现象的出现均有重要影响,因此气泡聚合过程的研究是气泡动力学的又一个重要方面。它与加热表面状态的影响一样都是核态沸腾传热中尚未很好解决的难题。

　　在文献[49~52]中,利用气体通过小孔产生气泡对沸腾时的气泡聚合过程进行了定性的模拟研究,观察到了上升气泡的各类不同的聚合过程。文献[53]中曾

分析过上升气泡之间的聚合过程，得到的在上升气泡之间发生聚合过程时所需的壁面热流密度为

$$q = 0.56\rho_l h_{fg}\theta^{\frac{1}{2}}\left(\frac{g\sigma}{\rho_l - \rho_v}\right)^{\frac{1}{4}}\frac{A_v}{A_t} \tag{2-128}$$

式中，A_v 为气泡所覆盖的加热面面积；A_t 为加热壁面总面积。

水平方向上气泡的聚合过程显然与加热壁面上气泡核心的分布有关，亦即与加热表面的物理状态有关，因此尚无法对实际的加热表面水平方向上的气泡聚合过程进行分析计算。文献[10]中假定加热面上气泡核心的分布是一种泊松分布，然后求出两个相邻的气泡核心之间的平均距离，并认为该距离就是水平方向聚合气泡的平均直径。但在实际的聚合过程中，由于在壁面上存在着正处于不同成长阶段的各种气泡，气泡的尺寸不尽一致，因此实际聚合气泡的直径要小于上述估计值。

研究水平方向上气泡的聚合，对于发展各类强化沸腾传热表面具有重要的意义。沸腾传热的强化常通过增加加热面上的有效气泡核心数来实现。各类强化换热表面往往具有很低的起始沸腾热流密度，在小温差下即可实现沸腾传热。但在高热流密度下，大量气泡核心的存在会促使气泡发生聚合，从而降低核态沸腾的临界热流密度。因此，进一步研究气泡间的聚合规律，对于研制既有强化起始沸腾过程，又有足够高的临界热流密度的强化表面，具有重要的指导作用。

气泡从加热面上脱离以后，如果液体主流温度是饱和或过热的，则气泡就会在液体中以不同的速度向上运动。气泡在液体中的向上运动是一个十分复杂的过程，它和液体在一起，构成复杂的气液两相湍流。这种复杂的两相流动至今仍未得到很好的研究。

由于气泡在向上运动的过程中，过热液体会继续向气泡内传递热量，因此气泡的体积将继续不断地长大。气泡在上升过程中与液体间的换热可以达到很高的强度，因此气泡在上升过程中体积增加很快，有时甚至达 10 倍左右。

对于一个体积逐步增大的球形气泡，当以速度 v_b 在不可压液体中运动时，作用在球体上的力可以表示成

$$F = \frac{d}{d\tau}(mv_b) \tag{2-129}$$

式中，m 是球体的瞬时质量，$m = \rho_v V(\tau)$，$V(\tau)$ 是随时间变化的气泡体积。

该球形气泡的上升运动，可利用单纯静止气泡的均匀体积膨胀运动和体积不变的气泡以速度 0 在液体中的向上运动这两种速度势间的简单叠加得到。

气泡在液体中上升的速度 v，可按照气泡直径大小的不同分别进行计算。由文献[54]得到，当气泡直径较大，气泡沿上升方向呈扁平球形时，其上升速度 v 由浮升力和表面张力决定，可用式（2-130）计算。

$$v_b = 1.18\sqrt[4]{\frac{\sigma g(\rho_1 - \rho_v)}{\rho_1^2}}$$ （2-130）

当气泡直径较小时，气泡沿上升方向呈球形，上升速度主要受黏性阻力控制时，则由式（2-131）计算。

$$v_b = cg(\rho_1 - \rho_v)\frac{D_b^2}{\mu_1}$$ （2-131）

式中，系数 $c = \frac{2}{9} \sim \frac{1}{3}$，取决于液体的物理性质。

实验表明，气泡脱离加热面以后，上升气泡的尾流对核态沸腾传热有重要影响，因为尾流中的液体瞬时导热强度直接决定了气泡等待时间的长短。上升气泡的尾流如图 2-24 所示。

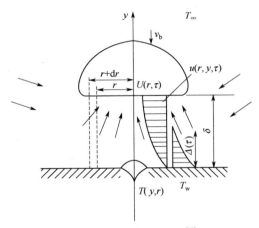

图 2-24 上升气泡的尾流[55]

假定上升气泡呈半球形，上升速度为 v_b。气泡尾流中液体以水平方向分速度 $u(r,y,\tau)$ 进入，填补由于气泡脱离和上升所造成的容积空隙。尾流区的厚度为 $\delta(\tau)$。由壁面向液体导热以及尾流中的对流造成的加热壁面附近的热边界层的厚度为 $\Delta(\tau)$，在尾流区内，流动边界条件为

$$u(r,0,\tau) = 0$$ （2-132）

$$u(r,\tau,\tau) = U(r,\tau)$$ （2-133）

式中，$U(r,\tau)$ 是上升气泡底部的液体流速。

尾流区的热边界条件为

$$T(0, \tau) = T_{w}(\tau) \tag{2-134}$$

$$T(\varDelta, \tau) = T_{\infty} \tag{2-135}$$

初始条件为

$$\delta(0) = 0 \tag{2-136}$$

$$\varDelta(0) = 0 \tag{2-137}$$

为了计算尾流区的流场，应考虑尾流区的质量平衡。在尾流区内取一个微元圆柱环，其内径为 r，外径为 $r+dr$，高度为 $\delta(\tau)$。单位时间内从液体本体流入微元圆柱环的液体质量为

$$\dot{m}_{\text{in}} = 2\pi\rho_{l}r\int_{0}^{\delta(r)} u(r, y, \tau)\mathrm{d}y \tag{2-138}$$

单位时间内从微元圆柱环流出的液体质量为

$$\dot{m}_{\text{out}} = 2\pi\rho_{l}\left\{ r\int_{0}^{\delta(r)} u(r, y, \tau)\mathrm{d}y + \frac{\partial}{\partial r}\left[r\int_{0}^{\delta(r)} u(r, y, \tau)\mathrm{d}y \right]\mathrm{d}r \right\} \tag{2-139}$$

尾流中微元圆柱环液体的质量增量为

$$\dot{m}(\tau) = \dot{m}_{\text{in}} - \dot{m}_{\text{out}} = 2\pi\rho_{l}r\frac{\mathrm{d}\delta(\tau)}{\mathrm{d}\tau}\mathrm{d}r \tag{2-140}$$

将式（2-138）和式（2-139）代入式（2-140），整理后可得

$$\frac{1}{r}\times\frac{\partial}{\partial r}\left[r\int_{0}^{\delta(r)} u(r, y, \tau)\mathrm{d}y \right] = -\frac{\mathrm{d}\delta(\tau)}{\mathrm{d}\tau} \tag{2-141}$$

求解式（2-141），还需要知道尾流区内水平速度分量 $u(r, y, \tau)$ 的分布以及尾流区厚度 $\delta(\tau)$。由流动边界条件可知，文献[55]推荐的 $u(r,y,\tau)$ 为如下形式。

$$\frac{u(r, y, \tau)}{U(r, \tau)} = 2\xi - 2\xi^{3} + \xi^{4} \tag{2-142}$$

式中，$\xi = \dfrac{y}{\delta(\tau)}$。

将式（2-142）代入式（2-141），得

$$\frac{1}{\tau}\times\frac{\partial}{\partial r}[rU(r, \tau)] = -\frac{10}{7}\times\frac{1}{\delta(\tau)}\times\frac{\mathrm{d}\delta(\tau)}{\mathrm{d}\tau} \tag{2-143}$$

文献[58]中根据上升气泡在半无限大液体中简单的力平衡，得到上升速度的表达式为

$$v(\tau) = v_{\infty}\left(1 - \mathrm{e}^{-\frac{\tau}{\tau_{1}}} \right) \tag{2-144}$$

式中，v_∞ 和 τ_1 是由经验确定的常数，其中 v_∞ 是经过很长时间后上升气泡在液体中达到的稳定上升速度。

由于上升速度可表示成

$$v(\tau) = \frac{\mathrm{d}\delta(\tau)}{\mathrm{d}\tau} \qquad (2\text{-}145)$$

且满足 $\tau=0$ 时 $\delta(0)=0$ 的初始条件，则尾流区的厚度可由式（2-144）和式（2-145）确定，即

$$\delta(\tau) = c\left[\frac{\tau}{\tau_1} - \left(1 - \mathrm{e}^{-\frac{\tau}{\tau_1}}\right)\right] \qquad (2\text{-}146)$$

式中，c 是比例常数，代入式（2-143），得

$$\frac{1}{r} \times \frac{\partial}{\partial r}[rU(r,\tau)] = -\frac{10}{7} \times \frac{1}{\tau_1} \times \frac{1 - \mathrm{e}^{-\frac{\tau}{\tau_1}}}{\frac{\tau}{\tau_1} - \left(1 - \mathrm{e}^{\frac{\tau}{\tau_1}}\right)} = f(\tau, \tau_1) \qquad (2\text{-}147)$$

由此

$$U(r,\tau) = \frac{1}{r}\int rf(\tau,\tau_1)\mathrm{d}r = \frac{1}{2}rf(\tau,\tau_1) \qquad (2\text{-}148)$$

根据上面得到的尾流区流动参数，可以对尾流区进行换热计算。

由于气泡的聚合和上升运动十分复杂，因此其目前的研究仍处于初期阶段。可以预料，对气泡聚合过程和上升运动的研究将对深入揭示核态沸腾传热的机理和沸腾临界现象的形成机制产生重大的意义。

2.4 莱顿弗罗斯特现象及应用

2.4.1 莱顿弗罗斯特现象

当水滴落在滚烫的铁板上，如果铁板的温度仅高于水的沸点（100℃），水会发出"嘶嘶"声并迅速沸腾。但是，如果铁板温度远高于水的沸点，水会产生莱顿弗罗斯特（Leidenfrost）现象：水珠会在铁板上四处滚动，并逐渐蒸发，水滴在铁板上存在的时间比沸腾状态下会更久。1756 年，莱顿弗罗斯特首次报道了水滴在烧红的铁板上跳跃，并能维持较长一段时间，而不立即蒸发的奇妙现象，这是对膜态沸腾最早的实验研究。在出现莱顿弗罗斯特现象时，水滴与固体接触的部分会迅速沸腾形成蒸气，产生的气膜使液滴不再与固体接触，进而抑制液滴内

部的气泡核化，故液滴不会发生沸腾，而只是静静地蒸发。由于水蒸气的传热能力比液体水弱得多，蒸气层阻隔液滴直接接触固体，大大降低了水滴沸腾相变速率。这种漂浮的液滴称为莱顿弗罗斯特液滴。随着液滴大小的不同，液滴在加热面上呈现出不同的形状。对于小液滴，发生膜态沸腾时其形状呈球形；对于大液滴或液体团，它们沿着加热面展开成为扁球状或圆盘状。

莱顿弗罗斯特液滴一般处于非润湿状态，即液体完全去湿且液滴底部被蒸气包裹。液滴在非润湿情况下的形状，接近于液滴在超疏水固体上所呈现出来的特征。采用杨氏方程对莱顿弗罗斯特液滴的润湿特性进行描述，即 $\cos\theta = (\gamma_{SV} - \gamma_{SL}) / \gamma_{LV}$（下标 S、L 和 V 分别代表固体、液体和蒸气），该方程建立了莱顿弗罗斯特液滴的液-固接触角 θ 和表面张力 γ 间的关系。若将液滴底部包裹的蒸气作为液滴基底，可将公式中的 V 替换成 S，则接触角为 180°。莱顿弗罗斯特液滴涉及的唯一表面张力是液体与蒸气之间的表面张力，用 γ 表示。一般情况下，莱顿弗罗斯特液滴的不润湿特性使得小液滴呈现球形 [图 2-25（a）]，而较大的液滴因重力作用产生形变，变得扁平 [图 2-25（b）]。若液滴半径小于毛细尺度[$l_c = (\gamma/\rho g)^{1/2}$]，则重力可忽略。对于给定的液体，其 γ 和 ρ 是已知的。例如，对于水，已知 $\gamma = 59\text{mN/m}$ 和 $\rho = 960\text{kg/m}^3$，则 $l_c = 2.5\text{mm}$。此外，常压下固体升华也会发生类似的现象。如图 2-25（c）所示，固态二氧化碳（干冰）升华时形成盘状结构。

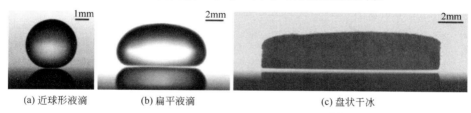

| (a) 近球形液滴 | (b) 扁平液滴 | (c) 盘状干冰 |

图 2-25　平固体表面上莱顿弗罗斯特体形貌[56]

莱顿弗罗斯特液滴的一个独特之处在于液滴发生蒸发相变产生蒸气，使其悬浮于蒸气层之上，同时蒸气在压力作用下向四周散发，这可能又会影响液滴悬浮状态。这些力的相互作用形成了一定厚度的蒸气层。了解蒸气层的特性有助于预测液滴膜态沸腾性能，特别是认识液体和固体之间的热传递机制。蒸气层间隙中的热传导和壁面对液滴的辐射传热通常认为是固体和液滴之间的主要热传递机制。实验研究发现，蒸气层的厚度随液滴半径加大而单调增加；当液滴半径有规律地减小时，蒸气层厚度变化比较快，尤其是当液滴变为准球形时则厚度变化更快；莱顿弗罗斯特液滴蒸发时实时测量的蒸气层厚度会随着时间的推移而减小。

2.4.2　莱顿弗罗斯特温度

通常，莱顿弗罗斯特温度 T_{Leid} 的定义为：液滴在膜态沸腾状态下在加热面上停留时间最长时所对应的壁面温度，如图 2-26 所示。对于一个球形液滴，其在发生膜态沸腾时的传热过程分析如下[57]。

假定液滴的初始温度为饱和温度 T_s，半径为 r_0，悬浮在加热面上方，如图 2-27 所示。根据图 2-27 给出的各传热分量和蒸发量，可列出以下液滴的热平衡方程和质量平衡方程。

$$Q_c + Q_{R_1} + Q_{R_2} = \omega_1 \left[h_{fg} + c_p \left(T_v - T_\delta \right) \right] + \omega_2 h_{fg} \qquad (2\text{-}149)$$

$$\rho l \frac{dV}{d\tau} = -\left(\omega_1 + \omega_2 \right) \qquad (2\text{-}150)$$

式中，Q_c 为通过蒸气膜导热所传递的热量；Q_{R_1} 为加热面向液滴下半部的辐射换热量；Q_{R_2} 为加热面向液滴上半部的辐射换热量；ω_1 为液滴下半部的蒸发速率；ω_2 为液滴上半部的蒸发速率。

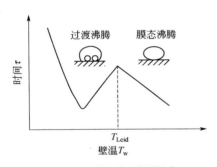

图 2-26 莱顿弗罗斯特温度

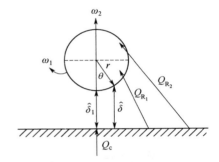

图 2-27 球形液滴的膜态沸腾传热

液滴上半部的蒸发速率 ω_2 可根据蒸气纯分子扩散进行计算。

$$\omega_2 = \frac{K_c M p_s}{RT_s} A_2 \qquad (2\text{-}151)$$

式中，M 为物质的分子量；K_c 为以浓度为基准的质交换系数；p_s 为分界面上蒸气的分压力（近似与环境压力相等）；A_2 为液滴上半部表面积。

引入有效热导率 λ_e，它反映加热面到液滴下半部的有效传热性能，液滴下半部微元面积 dA 的蒸发速率为

$$d\omega_1 = \frac{\lambda_e \left(T_w - T_s \right)}{h_{fg} + c_p \left(T_v - T_s \right)} dA \qquad (2\text{-}152)$$

对式（2-152）积分，有

$$\omega_1 = \frac{2\pi \lambda_e \left(T_w - T_s \right)}{h_{fg} + c_p \left(T_v - T_s \right)} f(\delta, r) \qquad (2\text{-}153)$$

式中

$$f(\delta,r) = \int_0^{\frac{\pi}{2}} \frac{\sin\theta\cos\theta\,\mathrm{d}\theta}{\dfrac{\delta_1}{r} + 1 + \cos\theta} \qquad (2\text{-}154)$$

通过蒸气膜的导热量为

$$Q_c = \int \frac{\lambda_v \Delta T}{\delta}\,\mathrm{d}A = \frac{\lambda_v \Delta T}{\delta} A_p \qquad (2\text{-}155)$$

式中，A_p 为液滴在加热面上的投影面积；δ 为平均蒸气膜厚度，且

$$\overline{\delta} = \left[\frac{2(\delta_1 + r)}{r_2} \ln \frac{\delta_1 + r}{\delta_1} - \frac{2}{r} \right]^{-1} \qquad (2\text{-}156)$$

加热面向液滴上、下半球的辐射换热量分别为

$$Q_{R_1} = \frac{A_1 \sigma \left(T_w^4 - T_s^4 \right)}{\left(\dfrac{1}{\varepsilon_i} - 1 \right) + \dfrac{1}{0.682}} \qquad (2\text{-}157)$$

$$Q_{R_2} = \frac{A_2 \sigma \left(T_w^4 - T_s^4 \right)}{\left(\dfrac{1}{\varepsilon_i} - 1 \right) + \dfrac{1}{0.318}} \qquad (2\text{-}158)$$

联立求解式（2-149）和式（2-150），可得到球状液滴单位面积的蒸发速率为

$$\frac{\rho_1 r_o}{\tau} = c_1 \left\{ \frac{\lambda_v \Delta T r_o g \rho_v (\rho_1 - \rho_v)}{\mu_v \left[h_{fg} + c_p (T_v - T_s) \right]} \right\}^{\frac{1}{2}} + c_2 \left[\frac{\sigma \varepsilon_w (T_w^4 - T_s^4)}{h_{fg} + c_p (T_v - T_s)} \right] \qquad (2\text{-}159)$$

式中，τ 为液滴完全蒸发所需的时间；c_1、c_2 为常数，由实验确定的 $c_1 = 1.17 \times 10^{-2}$，$c_2 = 2.38$。计算得到的 τ 值与 72 个实验点的偏差为±20%。

文献[58]中从热力学的角度研究了莱顿弗罗斯特现象，建立了一个热力学模型。该模型认为，产生膜态沸腾的最低温度，即莱顿弗罗斯特温度 T_{Leid}，相对应于液体可能达到的最大过热度。由范德瓦尔斯对比态方程

$$p_r = \frac{8 T_r}{3 \left(v_r - \dfrac{1}{a} \right)} - \frac{3}{v_r^2} \qquad (2\text{-}160)$$

可知，液体的最大过热度应满足的条件是

$$\left(\frac{\partial p_r}{\partial v_r} \right)_{T_r} = 0 \qquad (2\text{-}161)$$

将式（2-160）代入式（2-161）得

$$\frac{8T_{r,max}}{3\left(v_r-\frac{1}{3}\right)^2}=\frac{6}{v_r^3}$$ （2-162）

式（2-160）和式（2-162）消去 v_r，并令 $p_r\to0$，得 $T_{r,max}\to\frac{27}{32}$。

显然，只要压力满足远低于临界压力的条件，就有

$$T_{Leid}=T_{L,max}\approx\frac{27}{32}T_c$$ （2-163）

图 2-28 是由式（2-163）计算得到的 T_{Leid} 值与实测值之间的比较。可见，由热力学模型给出的 T_{Leid} 与实验结果非常一致。

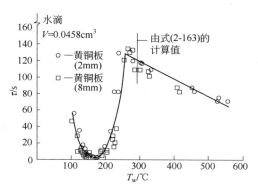

图 2-28　热力学模型与实测值的比较

上述热力学模型的最大缺陷是没有考虑壁面材料的影响。实验表明，莱顿弗罗斯特温度随壁面材料的热物性不同而发生较大的变化。文献[59]中考虑了壁面材料的热物性以后得到的莱顿弗罗斯特温度的计算式为

$$T_{Leid}=\frac{27}{32}(T_c+T_c\eta)-T_c\eta$$ （2-164）

式中，$\eta=(\rho c\lambda)_l^{1/2}/(\rho c\lambda)_w^{1/2}$。

沸腾传热系数是表征液滴在固体表面发生沸腾相变传热性能的重要参数。液滴与较大液体团的膜态沸腾传热系数可采用文献[60]中提供的公式计算，即

$$\alpha=0.68\left\{\frac{\lambda_v^3\left[h_{fg}+0.5c_{pl}(T_w-T_s)g\rho_l\rho_v\right]}{(T_w-T_s)\mu_v L_e}\right\}^{\frac{1}{4}}$$ （2-165）

式中，参数 $L_e=\frac{V}{\pi^2 l^2}$；V 为液滴的体积；l 的取值如下。

$$\left. \begin{array}{l} \text{对于液体团} \quad \left(\dfrac{V}{(\dfrac{\sigma}{g\rho_i})}\right)^{\frac{3}{2}} > 155, \quad l = 1.85\left(\dfrac{\sigma}{g\rho_i}\right)^{\frac{1}{2}} \\[4mm] \text{对于大液滴} \quad \left(\dfrac{V}{(\dfrac{\sigma}{g\rho_i})}\right)^{\frac{3}{2}} = 0.8 \sim 155, \quad l = 0.8\left(\dfrac{\sigma}{g\rho_i}\right)^{\frac{1}{4}} V^{\frac{1}{\delta}} \\[4mm] \text{对于小液滴} \quad \left(\dfrac{V}{(\dfrac{\sigma}{g\rho_i})}\right)^{\frac{3}{2}} < 0.8, \quad l = 0.83 V^{\frac{1}{3}} \end{array} \right\} \tag{2-166}$$

2.4.3　莱顿弗罗斯特液滴自驱动

莱顿弗罗斯特液滴底部蒸气层的存在，可使得液滴以近乎无摩擦的形式发生运动，这便可用微小的力激发液滴自发运动。Linke 等[61]于 2006 年发现了在不对称锯齿形热表面上莱顿弗罗斯特液滴自驱动现象，即悬浮的液滴朝着锯齿陡峭一侧的方向移动，并迅速达到 10cm/s 的速度[56,57]，他们认为自驱动的主要机理是：液体在液滴底部表面蒸发，产生的蒸气会被悬浮液滴的压力横向推出去；锯齿表面会部分矫正这股蒸气流，并在液滴上产生一个净黏性力。可以说，Linke 等的研究已较为深入，给出的解释也合理。然而，Linke 等工作的不足之处在于仅对液体进行研究，对机理的表述尚不全面。之后，Lagubeau 等[62]的研究弥补了 Linke 等研究的不足之处，Lagubeau 等猜测许多效应与超疏水锯齿表面上的液滴自驱动有关，主要体现在：①底部锯齿的存在使得液滴变形，导致曲率发生变化，进而产生 Laplace 压力梯度；②液滴从前沿到后沿波的传播，使其在运动方向上可能产生物质输运；③莱顿弗罗斯特滴可能自发摆动，对于每一次初级反弹，由于锯齿的坡度影响，部分动能由垂直方向转变为水平方向；④与温度差异有关的 Marangoni 效应可能会导致位移；⑤当液滴蒸发相变产生蒸气时，气流引导运动，并通过锯齿而发生定向运动。需指出的是，Lagubeau 等的前四种假设与莱顿弗罗斯特体的变形能力有关，即与莱顿弗罗斯特体的"液态属性"有关。然而，Lagubeau 等使用固体作为莱顿弗罗斯特体进行了研究，结果表明：在超疏水棘轮上发现固态干冰盘同样发生了自驱动现象。

结合 Linke 课题组和 Lagubeau 课题组以及其他学者的工作，莱顿弗罗斯特体自驱动机理可认为是：固体表面的非对称纹理矫正了从莱顿弗罗斯特体下方逃逸出的蒸气流，定向推动悬浮莱顿弗罗斯特体发生运动。莱顿弗罗斯特体自驱动机理可以从 5 个层面加以理解：①平坦固体表面上莱顿弗罗斯特体下面也有蒸气逸出，只是各向同性，不会产生定向运动；②固体表面的非对称纹理起矫正蒸气流的作用；③莱顿弗罗斯特体处于悬浮状态，而不是浸润接触，10μN 数量级的力就可使其运动[62]，且可达到很高的速度；④莱顿弗罗斯特体不仅仅限于液体，一切能自发产生蒸气的物体都可以作为莱顿弗罗斯特体；⑤移动的必要条件是莱顿弗罗斯特体半径大于齿宽，非对称气流才会产生。此外，莱顿弗罗斯特固体也可以在与液体相同的方向上自行推进[63]（图 2-29）。这一观察结果表明，界面不一定需要可变形才能获得自推进力，蒸气流是使其运动的原因。

图 2-29   锯齿形表面液滴自驱动[56]

2.4.4   莱顿弗罗斯特现象的应用

受锯齿形热表面上莱顿弗罗斯特液滴自驱动现象启迪，人们发明了一种新型的热功转换装置，即莱顿弗罗斯特热机。Wells 等[64]基于莱顿弗罗斯特效应提出了一种升华热发动机，研究了通过莱顿弗罗斯特自推进运动将温度差转化为机械功的可能性。如图 2-30 所示，将干冰块置于涡轮状线条的热表面上，在莱顿弗罗斯特效应作用下，干冰在表面上悬浮并自发开始旋转，旋转速度受涡轮几何形状、温差和固体材料性能的影响。干冰上的负载旋转运动，通过切割耦合到系统中的磁场将旋转的机械能转化为电能。尽管上述莱顿弗罗斯特热机在低阻力运行和热转换效率方面显示出优异特性，但这些热机是以小驱动力（几十毫牛顿）、低扭矩（约 1μN·m）和低转速（约 10rad/s）运行的。若将莱顿弗罗斯特热机与电磁发电机集成，弱力和低频特性给热功转换带来了挑战。为应对此挑战，Wang 等[65]引入接触分离式摩擦纳米发电机，提出了一种弹性莱顿弗罗斯特水凝胶活塞驱动的摩擦发电机，成功将微小的机械功转化为可用输出电能。此外，将饱和聚丙烯酸钠超吸收聚合物球用作水凝胶活塞，用于收集热能以触发弹性变形和机械弹跳。实验表明，单个 2g 水凝胶活塞可以获得 22V 的最大开路电压和 280μW 的峰值功率，而且基于水凝胶活塞的发电机的输出电能成功点亮了 22 个商用发光二极管（LED）。莱顿弗罗斯特热机在深海钻探、外太空探索、微型机械控制等场合具有重要的应用前景。

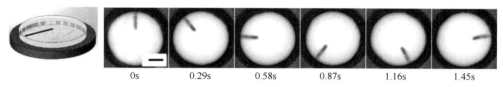

0s   0.29s   0.58s   0.87s   1.16s   1.45s

图 2-30 干冰在涡轮状热表面上的旋转运动

除了设计升华热发动机外，人们还参考莱顿弗罗斯特液滴的导气结构以抑制莱顿弗罗斯特效应，为航空航天引擎以及新一代核反应堆等极端高温条件下持续高效冷却提供了可能。Jiang 等[66]用多纹理表面设计了一种能在 1000℃以上有效抑制莱顿弗罗斯特效应的结构热装甲（图 2-31），该结构具有三个特征：①使用导热不锈钢微柱阵列作为热桥以快速传热，维持较高的传热效率；②中间嵌入一层具有超亲水性和绝热性能的无机多孔薄膜，快速吸收和蒸发液体，通过引入局部低温区充分发挥毛细润湿作用，破坏固液接触面气膜的形成；③底部留有 U 形通道，引导蒸气快速流出，使液滴保持与热表面的持续接触。

(a) 示意图   (b) 扫描电镜表征

图 2-31 抑制莱顿弗罗斯特效应的结构热装甲

参考文献

[1] Springer G S. Homogeneous nucleation. Advances in Heat Transfer, 1979, 14: 281-346.
[2] Cole R. Boiling nucleation. Advances in Heat Transfer. Elsevier, 1974, 10: 85-166.

[3]　Skripov V P, Pavlov P A. Explosive boiling of liquid and fluctuation nucleus formation. High Temperature, 1970, 8(4): 782-787.

[4]　Bankoff S G. Ebullition from solid surfaces in the absence of a pre-existing gaseous phase. Transactions of the American Society of Mechanical Engineers, 1957, 79(4): 735-740.

[5]　Knapp R T. Cavitation and nuclei. Transactions of the American Society of Mechanical Engineers, 1958, 80(6): 1315-1324.

[6]　Harvey E N, McElroy W D, Whiteley A H. On cavity formation in water. Journal of Applied Physics, 1947, 18(2): 162-172.

[7]　Griffith P, Wallis J D. The role of surface conditions in nucleate boiling. Cambridge, Massachusetts: Massachusetts Institute of Technology, Division of Industrial Cooperation, 1958.

[8]　Clark H B, Strenge P S, Westwater J W. Active sites for nucleate boiling. Chemical Engineering Progress Symposium Series, 1959, 55(29): 103-110.

[9]　Kirby D B, Westwater J W. Bubble and vapor behavior on a heated horizontal plate during pool boiling near burnout. Chemical Engineering Progress Symposium Series, 1965, 61(57): 238-248.

[10] Gaertner R F. Distribution of active sites in the nucleate boiling of liquids. Chemical Engineering Progress Symposium Series, 1963, 59: 52-61.

[11] Young R K, Hummel R L. Improved nucleate boiling heat transfer. Chemical Engineering Progress Symposium Series, 1965, 61: 264-470.

[12] Bankoff S G, Mikesell R D. Bubble growth rates in highly subcooled nucleate boiling. Chemical Engineering Progress Symposium Series, 1959, 55(29):79-86.

[13] Bošnjaković F. Verdampfung und Flüssigkeitsüberhitzung. Technische Mechanik und Thermodynamik, 1930, 1(10): 358-362.

[14] Plesset M S, Zwick S A. The growth of vapor bubbles in superheated liquids. Journal of Applied Physics, 1954, 25(4): 493-500.

[15] Forster H K, Zuber N. Growth of a vapor bubble in a superheated liquid. Journal of Applied Physics, 1954, 25(4): 474-478.

[16] Dergarabedian P. Observations on bubble growths in various superheated liquids. Journal of Fluid Mechanics, 1960, 9(1): 39-48.

[17] Fritz W, Ende W. The vaporization process according to cinematographic pictures of vapor bubbles. Physics Zeitschz, 1936, 37: 391-401.

[18] Scriven L E. On the dynamics of phase growth. Chemical Engineering Science, 1995, 50(24): 3907-3917.

[19] Birkhoff G, Margulies R S, Horning W A. Spherical bubble growth. The Physics of Fluids, 1958, 1(3): 201-204.

[20] Labuntsor D A. Current theories of nucleate boiling of liquids. Heat Transfer-Soviet Research, 1975, 7(3): 1-15.

[21] Mikic B B, Rohsenow W M, Griffith P. On bubble growth rates. International Journal of Heat and Mass Transfer, 1970, 13(4): 657-666.

[22] Lien Y C. Bubble growth rates at reduced pressure. Massachusetts Institute of Technology, 1969.

[23] Ellion M E. A study of the mechanism of boiling heat transfer. California Inst of Technology Pasadena Jet Propulsion Lab, 1954.

[24] Han C Y. The mechanism of heat transfer in nucleate pool boiling, Part I , Bubble initiation growth and departure. International Journal of Heat and Mass Transfer, 1965,8: 887.

[25] Moore F D, Mesler R B. The measurement of rapid surface temperature fluctuations during nucleate boiling of water. AIChE Journal, 1961, 7(4): 620-624.

[26] Snyder N W. Summary of conference on bubble dynamics and boiling heat transfer held at the jet propulsion laboratory. JPL Memo, 1956, 20: 137.

[27] Madsen N, Bonilla C F. Heat transfer to sodium-potassium alloy in pool boiling. Chemical Engineering Progress Symposium Series, 1960, 56(30): 251-259.

[28] Cooper M G. Saturated nucleate pool boiling-a simple correlation// 1st UK National Heat Transfer Conference, 1984. 1984: 785-793.

[29] Cooper M G, Lloyd A J P. The microlayer in nucleate pool boiling. International Journal of Heat and Mass Transfer, 1969, 12(8): 895-913.

[30] Van Stralen S J D, Cole R. Boiling Phenomena: Physicochemical and Engineering Fundamentals and Applications. Hemisphere Publishing Corporation, 1979.

[31] Van Stralen S J D. The mechanism of nucleate boiling in pure liquids and in binary mixtures-part I. International Journal of Heat and Mass Transfer, 1966, 9(10): 995-1020.

[32] Shi M H, Liu H Y. The effects of thermal properties of the wall on nucleate pool boiling heat transfer// Multiphase Flow and Heat Transfer, Second International Symposium, 1989, 1: 304-311.

[33] Van Stralen S J D, Sohal M S, Cole R, et al. Bubble growth rates in pure and binary systems: combined effect of relaxation and evaporation microlayers. International Journal of Heat and Mass Transfer, 1975, 18(3): 453-467.

[34] Cao Y D, Xin M D. The Equivalent Model of Bubble Growth Rate at the Wall. Journal of Tsinghua University, 1984, 7(2): 91-104.

[35] Van Stralen S J D, Cole R, Sluyter W M, et al. Bubble growth rates in nucleate boiling of water at subatmospheric pressures. International Journal of Heat and Mass Transfer, 1975, 18(5): 655-669.

[36] Fritz W. Maximum volume of vapor bubbles. Physics Zeitschz, 1935, 36: 379-354.

[37] Keshock E G, Siegel R. Forces acting on bubbles in nucleate boiling under normal and reduced gravity conditions. National Aeronautics and Space Administration, 1964.

[38] Staniszewski B E. Nucleate boiling bubble growth and departure. Cambridge, Massachusetts: Massachusetts Institute of Technology, Division of Industrial Cooperation, 1959.

[39] Cole R, Shulman H L. Bubble departure diameters at subatmospheric pressures. Chemical Engineering Progress Symposium Series, 1966, 62(64): 6-16.

[40] Cole R, Rohsenow W M. Correlation of bubble departure diameters for boiling of saturated liquids. Chemical Engineering Progress Symposium Series, 1969, 65: 211-213.

[41] Nishikawa K, Urakawa K. An Experiment of Nucleate Boiling under Reduced pressure. Memories of the Faculty of Engineering, Kyushu University, 1960, 19(3): 63-71.

[42] Чаркин А И. Иследование кипения кислорода в условиях имитации слабых полей массовых сил, Автореф дис. на сонск. учен. степени к-та техн. науко. Харьсов, 28с, 1974.

[43] Jackob M. Heat Transfer. vol 1. New York: Wiley, 1949.

[44] Zuber N. Hydrodynamic Aspects of Boiling Heat Transfer. Ph.D, thesis, University of California, Los Angeles, 1959.

[45] Ivey H J. Relationships between bubble frequency, departure diameter and rise velocity in nucleate boiling. International Journal of Heat and Mass Transfer, 1967, 10(8): 1023-1040.

[46] Rallis C J, Greenland R V, Kok A. Stagnant pool nucleate boiling from horizontal wires under saturated and sub-cooled conditions. University of the Witwatersrand, Department of Mechanical

Engineering, 1961.

[47] McFAdden P W, Grassman P. The relation between bubble frequency and diameter during nucleate pool boiling. International Journal of Heat and Mass Transfer, 1962, 5: 169-173.

[48] ВолошкоА А, Вургафт А В. Динмик ростапа роного пузыря при Кипении Вусловнях свободного движения, Ифж, Т, ХТХ, 1970, 1:15.

[49] Krevelen D W, Hoftijzer P T. Studies of gas-bubble formation-Caculation of interfacial area in bubble contactors. Chemical Engineering Progress Symposium Series, 1950, 46: 29-35.

[50] Dariclson L, Amick E. Formation of gas bubbles at horizontal orifices. AIChE Journal, 1956, 2(3): 337-342.

[51] Peebles F N, Garber H J. Studies on the motion of gas bubble in liquid. Chemical Engineering Progress Symposium Series, 1953, 49: 88.

[52] Siemes W. Gasblasen in Flüssigkeiten. Teil II: Der Aufstieg von Gasblasen in Flüssigkeiten. Chemie Ingenieur Technik, 1954, 26(11): 614-630.

[53] Moissis R, Berenson P J. On the hydrodynamic transitions in nucleate boiling. Journal of Heat Transfer, 1963, 85: 221-226.

[54] Исаченко В П, Осипова В А, Сукомел А С. Таплопередача, Энергня, 1975.

[55] Ali A, Judd R L. An analytical and experimental investigation of bubble waiting time in Nucleate Boiling. Journal of Heat Transfer, 1981, 103: 673-678.

[56] Quéré D. Leidenfrost dynamics. Annual Review of Fluid Mechanics, 2013, 45(1): 197-215.

[57] Gottfried B S, Lee C J, Bell K J. The Leidenfrost phenomenon: film boiling of liquid droplets on a flat plate. International Journal of Heat and Mass Transfer, 1966, 9: 1167-1188.

[58] Spiegler P, Hopenfeld J, Silberberg M, et al. Onset of stable film boiling and the foam limit. International Journal of Heat and Mass Transfer, 1963, 6(11): 987-989.

[59] 施明恒. 运动液滴的 LEIDENFROST 现象. 南京工学院学报, 1985(3): 83-88.

[60] Baumeister K J, Hamill T D, Schoessow G J. A generalized correlation of vaporization times of drops in film boiling on a flat plate// Third International Heat Transfer Conference, Chicago, Illinois, August 8-12, 1966.

[61] Linke H, Alemán B J, Melling L D, et al. Self-propelled Leidenfrost droplets. Physical Review Letters, 2006, 96(15): 154502.

[62] Lagubeau G, Merrer M L, Clanet C, et al. Leidenfrost on a ratchet. Nature Physics, 2011, 7: 395-398.

[63] Biance A L, Chevy F, Clanet C, et al. On the elasticity of an inertial liquid shock. Journal of Fluid Mechanics, 2006, 554: 47-66.

[64] Wells G G, Ledesma-Aguilar R, McHale G, et al. A sublimation heat engine. Nature Communications, 2015, 6(1): 1-7.

[65] Wang K, Zhang H, Wang Y, et al. Power generation from an elastic Leidenfrost hydrogel piston enabled heat engine. International Journal of Heat and Mass Transfer, 2021, 179: 121661.

[66] Jiang M, Wang Y, Liu F, et al. Inhibiting the Leidenfrost effect above 1,000℃ for sustained thermal cooling. Nature, 2022, 601(7894): 568-572.

第3章
池沸腾

　　池沸腾是液体沸腾的一种常见的形态，发生在加热壁面浸没于无宏观流动的液体容器中，其中加热壁面比容器的尺寸小得多。池沸腾发生时，加热面上产生的气泡长大到一定尺寸后会脱离表面，依靠浮力自由上升。加热面附近的液体，在自然对流和气泡扰动的双重作用下，形成一个复杂的流体流动结构。随着壁面热流密度或壁温的升高，池沸腾会经历核态沸腾、过渡沸腾和膜态沸腾等各种沸腾工况。由于池沸腾实验比较简单，可以排除液体受外力流动的影响而集中研究沸腾现象本身，因此国内外已进行了深入细致的研究。本章对池沸腾进行详细的分析讨论。

3.1　池内核态沸腾传热

　　池内核态沸腾工况是液体沸腾传热中最基本的一种沸腾过程。研究池内核态沸腾，不仅对工程上大量存在的各类蒸发装置、锅炉和核反应堆的设计及安全运行具有重要的实用背景，而且对于阐明沸腾传热机理和发展沸腾传热理论也有重要的科学意义。因此，池内核态沸腾是沸腾传热中研究得最广泛、最深入的一个领域。

　　长期以来，人们致力于弄清液体发生核态沸腾的机理和具有高传热强度的原因。在过去的几十年中已提出许多核态沸腾传热机理的模型，推荐了各种经验的和半经验的传热关联式。但是，由于核态沸腾的复杂性，至今还没有一个能够完整地反映整个过程各个阶段特征的传热模型和理论分析结果。人们对核态沸腾过程中几个还无法定量描述的关键因素，如加热表面的特性和气泡之间的相互作用，还了解不多。因此，弄清核态沸腾传热的机理依然是沸腾传热研究中的一项基本任务。

　　从传热的角度看，液体核态沸腾过程包含下列三种最基本的热量转移过程。

　　① 液体和加热面之间的非稳态导热过程。这个过程发生在气泡刚脱离壁面

后，温度较低的液体进入原气泡所占据的加热面以及附近空间，与加热面直接接触的一段时间。

② 气泡底部的一薄层液体，在气泡长大过程中从加热面上吸热的气化过程。

③ 液体与加热面之间的自然对流传热过程。这个过程因加热面上气泡的成长和脱离引起附近液体扰动而得到极大的强化。

这三种基本的传热过程，在核态沸腾的不同阶段所起的作用不同。根据对这三种传热过程重要性的不同评价，人们提出了各种不同的核态沸腾传热模型。这些模型或多或少地考虑了核态沸腾过程中的某些主要特征，因此得到的传热关系式比早期的纯经验关系式有了较明显的改进。但是，由于各模型都无法把不同因素都考虑在内，因而它们都有一定的片面性和局限性，由各模型得到的传热系数的计算结果之间也有较大的分歧。尽管如此，这些结果对于整个沸腾传热理论的发展还是起了重要作用。

本节对几种典型的核态沸腾传热机理以及影响核态沸腾的主要因素进行分析讨论，并给出一些实用的计算池内核态沸腾传热的关联式。

3.1.1 核态沸腾传热的机理

为了阐明池内核态沸腾的机理，许多学者已经提出了一系列关于核态沸腾传热过程的基本假设，并建立了不同类型的机理模型。按照它们的物理实质，大致可归结为下列四类。

3.1.1.1 对流类比模型

对流类比模型（图 3-1）的基本思想是，认为沸腾传热过程实质上是一个由于气泡的运动而被强化了的加热面和液体之间的对流传热过程。加热面上气泡的产生、成长和脱离，引起了加热面邻近液体的激烈扰动，导致了比单相液体自然对流高得多的传热强度。这类模型认为，热量主要通过对流传热由加热面直接传递到邻近的液体中。这类模型中有代表性的是罗森诺（Rohsenow）[1]、福斯特（Froster）和朱伯（Zuber）[2]、西川兼康（Nishikawa）等[3]以及朱伯（Zuber）[4]的工作。

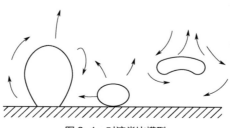

图 3-1　对流类比模型

　　文献[1]认为，气泡从加热面上脱离瞬间的运动是影响核态沸腾传热的最主要的因素。气泡的脱离，撕破了加热面附近停滞的液体热边界层，引起了液体的强烈扰动，从而强化了对流传热。根据这种机理，湍流对流传热的基本准则也适用于液体核态沸腾传热。于是描述池内核态沸腾传热的准则方程具有下列形式。

$$Nu_b = f(Re_b Pr_1) \qquad (3\text{-}1)$$

　　式中，Nu_b、Re_b 分别为沸腾传热的努塞尔数及气泡运动的雷诺数；Pr_1 为液体的普朗特数，定义为

$$\left.\begin{array}{l} Nu_b = \dfrac{\alpha D_d}{\lambda_1} \\[2mm] Re_b = \dfrac{G_b D_d}{\mu_1} \\[2mm] Pr_1 = \dfrac{\mu_1 c_p}{\lambda_1} \end{array}\right\} \qquad (3\text{-}2)$$

　　式中，D_d 为气泡脱离直径；G_b 为气泡的质量流速；α 为核态沸腾传热系数。

　　常把核态沸腾传热系数取作 $\alpha = q / (T_w - T_s)$。这是因为，根据实验结果，核态沸腾时加热面的热流密度取决于壁面温度和液体在系统压力下的饱和温度之差，而不取决于壁面温度和液体整体温度之差。

　　实际沸腾时气泡并不完全是球形的，但在计算脱离直径时，可以用与气泡脱离时实际体积相等的圆球直径来代替。这样，脱离直径可用弗里茨公式 [式（2-118）] 来计算，即

$$D_d = c_1 \theta \sqrt{\dfrac{2\sigma}{g(\rho_1 - \rho_v)}} \qquad (3\text{-}3)$$

　　式中，c_1 为常数。

　　实际气泡脱离时的体积为 $\pi D_d^3 / 6$，则离开加热面的气泡质量流速 G_b 可表达成

$$G_b = \rho_v \dfrac{\pi D_d^3}{6} fn \qquad (3\text{-}4)$$

　　式中，n 为单位加热面上的气化核心数；f 为一个气化核心上形成气泡的频率。

　　实验表明，加热面上的热流密度 q 与加热面上的气泡数近似成正比，即

$$q = c_2 \rho_v h_{fg} \dfrac{\pi D_d^3}{6} fn \qquad (3\text{-}5)$$

　　由此，气泡的雷诺数可表达成

$$Re_b = \frac{G_b D_d}{\mu_l} = \frac{c_1 \theta}{\mu_l} \rho_v \sqrt{\frac{2\sigma}{g(\rho_l - \rho_v)}} \times \frac{\pi D_d^3}{6} fn$$

$$= c_3 \frac{q}{\mu_l h_{fg}} \sqrt{\frac{\sigma}{g(\rho_l - \rho_v)}} \tag{3-6}$$

式中，$c_3 = c_1 \sqrt{2}\theta / c_2$，为常数。

文献[1]中采用下列准则关系式来整理实验数据。

$$\frac{Re_b Pr_l}{Nu_b} = c Re_b^m Pr_l^n \tag{3-7}$$

化简后得到

$$\frac{c_{pl}(T_w - T_s)}{h_{fg}} = c_{sf} \left\{ \frac{q}{\mu_l h_{fg}} \left[\frac{\sigma}{g(\rho_l - \rho_v)} \right]^{\frac{1}{2}} \right\}^{0.33} Pr_l^s \tag{3-8}$$

式中，c_{sf} 和 s 是由加热表面和液体的组合所决定的实验常数，见表 3-1。

表 3-1　式（3-8）中的 c_{sf} 和 s 值

液体-表面组合	c_{sf}	s
水-不锈钢（机械抛光）	0.0132	1.0
水-镍	0.006	1.0
水-铂	0.013	1.0
水-铜	0.013	1.0
水-黄铜	0.006	1.0
CCl$_4$-黄铜	0.013	1.7
苯-铬	0.010	1.7
正戊烷-铬	0.015	1.7
正戊烷-铜	0.0154	1.7
乙醇-铬	0.0027	1.7
异丙醇-铜	0.0025	1.7
35%K$_2$CO$_3$-铜	0.0054	1.7
50%K$_2$CO$_3$-铜	0.0027	1.7
正丁醇-铜	0.003	1.7

式（3-8）的计算值与水的池沸腾实验值的比较示于图 3-2。

由于式（3-8）简单，物理概念清晰，便于计算，所以在工程上得到了较广泛的应用。

文献[2]中提出的模型基于同样的出发点，但认为引起液体强烈扰动的主要因素是加热面上正在成长的气泡运动。该模型主要是针对液体温度低于饱和温度的

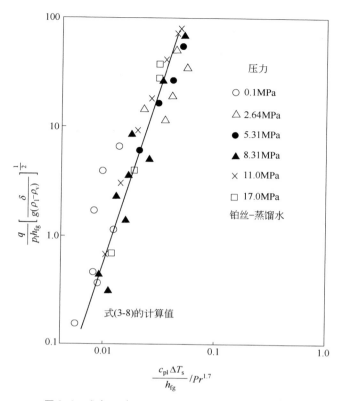

图 3-2　式（3-8）的计算值与水的池沸腾实验值的比较

过冷沸腾提出的。在雷诺数中，特性尺度采用成长气泡的直径，速度则采用气泡成长的径向速度，即

$$Re_b = \frac{\rho_l R \dot{R}}{\mu_l} \qquad (3\text{-}9)$$

成长气泡的直径由式（2-62）计算。

$$R = \sqrt{\pi a_l \tau} Ja$$

代入式（3-9），得到气泡的雷诺数为

$$Re_b = \frac{\rho_l}{\mu_l}\left(\frac{c_{pl}\rho_l\Delta T \sqrt{\pi a_l}}{\rho_v h_{fg}}\right)^2 = \frac{\pi Ja^2}{Pr_l} \qquad (3\text{-}10)$$

相应地，努塞尔数为

$$Nu_b = \frac{\alpha \cdot 2R}{T_w - T_l} = \frac{q \cdot 2R}{(T_w - T_l)\lambda_l} \qquad (3\text{-}11)$$

由于式中特性尺度 R 是时间的函数，为了计算方便而定义成一个特定值，即

$$2R = Ja\left(\pi a_1\right)^{\frac{1}{2}}\left(\frac{2\sigma}{p_2 - p_1}\right)^{\frac{1}{2}}\left(\frac{p_1}{p_2 - p_1}\right)^{\frac{1}{4}} \qquad (3\text{-}12)$$

式中，p_1 为系统压力；p_2 为相应于壁温的饱和压力。

最后得到的准则关系式为

$$Nu_b = c_1 Re_b^m Pr_1^n \qquad (3\text{-}13)$$

在热流密度低于临界热流密度的范围，由实验数据整理得到 $c_1 = 0.0015$，$m = 0.62$，$n = 0.33$。由于式（3-12）未能把文献[5]中水的数据关联起来，此后文献[6]中修正了式（3-13），提出

$$Nu_1 = 0.0012 Re_b^{\frac{5}{8}} Pr_1^{\frac{1}{3}} \qquad (3\text{-}14)$$

式中

$$Nu_1 = \frac{q}{h_{fg}\rho_v}\left(\frac{2\sigma}{a_1\Delta p}\right)^{\frac{1}{2}}\left(\frac{\rho_1}{\Delta p}\right)^{\frac{1}{4}} \qquad (3\text{-}15)$$

$$Re_b = \frac{\rho_1}{\mu}\left[\frac{c_1\rho_1\left(\pi a_1\right)^{\frac{1}{2}}T_s}{\left(h_{fg}\rho_v\right)^2}\Delta p\right]^2 \qquad (3\text{-}16)$$

式中，Δp 为对应于温差 $T_w - T_s$ 的压力差。

上述系数和常数，是用水（0.15MPa）、正丁醇（0.34MPa）、苯胺（0.24MPa）、水银（0.13MPa）的实验数据整理得到的。

文献[3]中认为，核态沸腾可与湍流自然对流直接类比，只是在核态沸腾中发生的自然对流的推动力为由密度差产生的浮力 W_t。

$$W_t = \int_0^\delta \beta\left(T - T_w\right)\mathrm{d}y \qquad (3\text{-}17)$$

此外，还要考虑由于气泡上升对液体产生的推动力 W_b。

$$W_b = \int_0^{H_e} \frac{n}{A\tau}\times\frac{V}{U}F(y)\mathrm{d}y \qquad (3\text{-}18)$$

式中，H_e 为气泡的有效搅动长度；δ 为加热面附近液体热边界层的平均厚度；τ 为气泡产生周期；U 为气泡在液体中的上升速度；n 为加热面上的气化核心数；V 为气泡体积；A 为加热面面积；$F(y)$ 为位置的函数。

于是，总的自然对流的推动力为

$$W = W_t + W_b \qquad (3\text{-}19)$$

单相自然对流的定型准则 Gr 可表达成

$$Gr = \frac{L^3 g \beta (T - T_w)}{\nu^2} = \frac{L^3 g}{\nu^2} \times \frac{W_t}{c_t \delta} \qquad (3\text{-}20)$$

式中

$$c_t = \int_0^1 \beta \frac{T - T_w}{T_0 - T_w} \, \mathrm{d}\eta \qquad (3\text{-}21)$$

$$\eta = \frac{y}{\delta} \qquad (3\text{-}22)$$

则相应的核态沸腾的定型准则为

$$Gr^* = \frac{L^3 g}{\nu^2} \times \frac{W}{c_t \delta} \qquad (3\text{-}23)$$

核态沸腾传热的准则关系式可表达为

$$Y = \frac{\alpha L}{\lambda_1} = K f(Pr) \left(Pr Gr^* \right)^m \qquad (3\text{-}24)$$

最后得到

$$Y = 8.0 \left(f_\xi f_p X \right)^{\frac{2}{3}} \qquad (3\text{-}25)$$

式中，$f_p = p / p_s$；f_ξ 为加热面的起泡度，由实验确定。

$$X = \left(\frac{1.163}{M^2 P} \times \frac{c_1 \rho_1^2 g}{\lambda_1 \sigma h_{fg} \rho_v} \right)^{\frac{1}{2}} q L^{\frac{3}{2}} \qquad (3\text{-}26)$$

式中，$M = 900 \mathrm{m}^{-1}$；$P = 1.976 \mathrm{W}$。

文献[4]中从另一个角度来考虑这种类比，认为只要将单相自然对流公式中的液体密度用沸腾时气液两相流平均密度代替，就可以按湍流自然对流的方式计算核态沸腾传热。

水平加热面向上时，单相湍流自然对流传热的准则关联式为

$$\frac{\alpha L}{\lambda_1} = c \left(\frac{g}{\nu_1 a_1} \beta \Delta T L^3 \right)^{\frac{1}{3}} \qquad (3\text{-}27)$$

式中，L 为特性尺度；β 为液体的容积膨胀系数。

$$\beta = \frac{\rho_{1,\infty} - \rho_{1,w}}{\rho_{1,\infty}} \times \frac{1}{\Delta T} \qquad (3\text{-}28)$$

式中，$\Delta T = T_w - T_{1,\infty}$；$\rho_{1,\infty}$ 和 $T_{1,\infty}$ 分别表示远离加热面的液体主流的密度和温

度；$\rho_{l,w}$ 表示加热面温度下的液体密度。

核态沸腾时，加热面附近气液两相的平均密度为

$$\rho_{mw} = (1-\xi)\rho_{l,w} + \xi\rho_v \tag{3-29}$$

式中，ξ 为两相混合物中蒸气的体积分数。

相对密度差变为

$$\frac{\rho_{l,\infty} - \rho_{mw}}{\rho_{l,\infty}} = \beta\Delta T + \xi\frac{\rho_{l,w} - \rho_v}{\rho_{l,\infty}} \tag{3-30}$$

相应核态沸腾传热的准则关联式应为

$$\frac{\alpha L}{\lambda_1} = c\left[\frac{gL^3}{\nu_1 a_1}\left(\beta\Delta T + \xi\frac{\rho_{l,w} - \rho_v}{\rho_{l,\infty}}\right)\right]^{\frac{1}{3}} \tag{3-31}$$

蒸气体积分数 ξ 可以表示成

$$\xi = \frac{\pi}{6}D_d^3\frac{nf}{U} \tag{3-32}$$

式中，D_d 为气泡脱离直径；n 为气泡密度；f 为气泡频率；U 为气泡上升速度。

于是式（3-31）变为

$$\frac{\alpha L}{\lambda} = c\left[\frac{gL^3}{\nu_1 a_1}\left(\beta\Delta T + \frac{\pi}{6}nD_d^2\frac{D_d f}{U}\times\frac{\rho_{l,w} - \rho_v}{\rho_{l,\infty}}\right)\right]^{\frac{1}{3}} \tag{3-33}$$

式中，常数 c 由实验确定，气泡密度也由实验确定。

上述几种对流类比模型在低热负荷下都能够与部分的实验值符合，但在高热负荷下误差较大。文献[7]中曾用电解方法产生气泡来模拟沸腾过程，并对它们的沸腾传热强度进行了比较。结果表明：气泡的扰动虽然能增强传热，但无法达到核态沸腾那样高的传热强度。这有力地说明，对流类比模型没有全面地反映出核态沸腾传热过程的主要机理，其中最关键的是忽略了沸腾过程中存在着相变这一重要事实。

3.1.1.2 气液交换机理（活塞模型）

这类沸腾传热机理认为[8]，核态沸腾传热具有高强度的主要原因，是由于气泡长大过程中加热面附近空间存在周期性的气液交换，如图 3-3 所示。

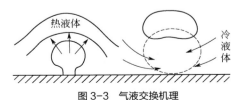

图 3-3 气液交换机理

气泡在加热面上成长时，壁面附近的过热液体层被推离加热表面。气泡脱离加热面后，远离加热面的较冷的液体进入原来被气泡所占据的空间，与加热面发生热交换。这就如一个活塞在来回泵送液体一样。

设一个气泡所传递的热量为 Q_0，加热面上气泡的密度为 n。气泡脱离壁面时形状为半球形，半径为 R_d，其占据的空间容积为 $\frac{2}{3}\pi R_d^3$。气泡的脱离频率为 f。假定冷液体进入气泡所占据的空间位置后被加热到液体和壁面温度的平均值，则

$$Q_0 = c_l \rho_l \left(\frac{2}{3}\pi R_d^3 \right) \left(\frac{T_w + T_l}{2} - T_l \right) f \qquad (3\text{-}34)$$

壁面热流密度为

$$q = n Q_0 = c_l \rho_l \frac{2}{3}\pi R_d^3 \left(\frac{T_w + T_l}{2} - T_l \right) f n \qquad (3\text{-}35)$$

液体发生过冷沸腾时，R_d 应以气泡的最大半径 R_{max} 代替。此时，气泡达到 R_{max} 后就凝缩而消失。根据文献[9]得到的气泡动力学数据，水温为 60℃时（过冷度为 40℃），$T_w = 125$℃，$R_{max} = 0.48$mm，$f = 1100 \text{s}^{-1}$，$Q_0 = 34.6$W，$n \approx 1.5 \times 10^5 \text{m}^{-2}$，由此可计算出壁面热流密度约为 $5.2 \times 10^6 \text{W/m}^2$。实际测量到的热流密度约为 $2.6 \times 10^6 \text{W/m}^2$。这主要是由于实际的过热液层厚度比气泡半径小得多的缘故[10, 11]，因此交换热量的液体容积不应以气泡容积进行计算。

文献[12]中利用纹影仪与高速摄影技术，证实了在气泡成长和脱离过程中存在着气液交换过程。后来，文献[13]中通过小球自壁面提起的实验进一步确定，受脱离气泡影响的加热面附近的热边界层的范围约为气泡半径 2 倍的一个圆形区，周围的液体进入气泡的尾流中而被汲起。但是总体来说，气液交换机理只有在气泡脱离的瞬间才比较明显的作用。正确计算这类热量的交换还存在着一些不确定因素。因此可以认为，气液交换机理也只是反映了沸腾传热的部分机理。但是，气液交换机理可以比较形象地描述沸腾临界现象，即气液交换受阻现象，对于弄清临界现象的机制是有帮助的。

3.1.1.3 液体微层气化机理

斯奈德（Snyder）[14]最早指出，液体核态沸腾时，在成长气泡和加热壁面之间存在着一层液体微层，如图 3-4 所示。在气泡长大过程中，该液体微层不断蒸发，所产生的蒸气一部分用来使气泡长大，另一部分则在气泡顶部气液界面上凝结，并向周围液体放出热量。所以，通过单个气泡从壁面上吸取的热量大大超过气泡长大所需的气化潜热。文献[15]中利用微型热电偶测量了核态沸腾时气泡下面加热壁面的局部温度。结果发现，在气泡成长过程中壁面温度发生周期性的急

降（约 2ms 内降低 10℃ 以上）。计算表明，表面温度的这种变化只可能是由于液体的迅速气化造成的。从而可以推断出，在成长气泡的底部确实存在着一个液体微层。测量表明，该液体微层的厚度为 0.5～2.5μm[16, 17]。

由于液体微层的作用，气泡下的壁面温度会出现周期性的变化，如图 3-4 所示。在 A 点，气泡在表面上刚生成并形成底部的液体微层。液体微层的蒸发，使气泡逐步长大。而微层蒸发的结果，使壁面温度急剧下降到 B 点。当微层完全蒸发以后，表面温度回升到 C 点。气泡脱离以后，外部容积中较冷的液体进入加热面附近先前被气泡所占据的位置，使表面温度又降到 D 点。随后液体被加热，加热面温度又回升到 A'，新的气泡又出现。活化点处壁温这种周期性的变化与实测结果是一致的。液体微层的气化使核态沸腾具有很高的传热强度，这就是微层汽化机理的实质。

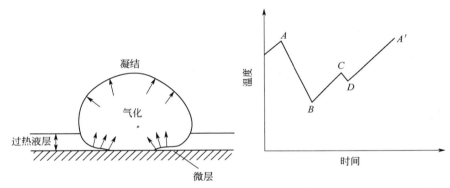

图 3-4　气泡下的液体微层和壁温变化曲线

为了计算液体微层蒸发所传递的热流密度，首先需要研究液体表面的蒸发。从液体自由液面的蒸发可认为是一个逸出的分子流[18]。这样，液体的蒸发就可以用气体分子运动理论来解释。

考虑一个气液相平衡系统，液体与液面上方的蒸气处于饱和状态。根据分子运动理论，液体蒸发速率必然与蒸气凝结速率相等。此时液体的蒸发速率为

$$G_1 = \left(\frac{2\pi R_g T_s}{M} \right)^{-\frac{1}{2}} p_1 \qquad (3\text{-}36)$$

式中，R_g 为气体常数；M 为分子量。

对于气液不平衡的液体沸腾过程，液体的气化大于蒸气的凝结量，因此有一个净蒸气产生率存在。气液间的这种质量交换是由温差（或压差）来维持的。假定蒸气压力维持在 p_v，则液体净蒸发率可由式（3-36）式导出，即

$$G_1 = \left(\frac{2\pi R_g T_s}{M}\right)^{-\frac{1}{2}} (p_1 - p_v) \qquad (3-37)$$

但实验表明，式（3-37）只对原子或分子结构保持几何对称的液体适用，而对水或长链烃类化合物等具有复杂分子结构的液体不适用，其实际蒸发率比式（3-37）的计算值偏低。实测值和理论计算值之比为液体的蒸发系数 ξ，一些液体的蒸发系数如表 3-2 所示。

表 3-2　一些液体的蒸发系数[19]

液体	蒸发系数 ξ
四氯化碳（CCl₄）	1.0
苯（C₆H₆）	0.90
三氯甲烷（CHCl₃）	0.16
乙醇（C₂H₅OH）	0.02
甲醇（CH₃OH）	0.045
水（H₂O）	0.04
水银（Hg），液氮（N₂），液氢（H₂）	1.0

液体蒸发所吸收的热量为

$$q = \xi h_{fg} \left(\frac{2\pi R_g T_s}{M}\right)^{-\frac{1}{2}} (p_1 - p_v) \qquad (3-38)$$

例如，大气压力下的饱和水向真空中蒸发时（p_v=0），按式（3-38）计算出的表面蒸发热流密度为 $8.8\times10^6 W/m^2$。由此表明，表面蒸发确实是一种高强度的传热机制。

当然，实际沸腾情况与上述理想的表面蒸发有较大的区别。但是，测量到的气泡下壁温的剧烈降低表明这种液体的表面蒸发在沸腾时是存在的。文献[20]中估算了水沸腾时气泡成长过程中表面的热流密度，约为 $1.58\times10^8 W/m^2$，这与上述理想情况的蒸发热流密度有相同的数量级。

已经公认，微层气化是液体核态沸腾传热中一种重要的热量转移方式。不过，由于微层气化只发生在气泡成长过程中的某一特定阶段，所以只考虑微层气化机理则不可能全面地反映核态沸腾传热的全部特征。应当指出，气泡下液体微层的发现以及微层气化机理的提出，对于弄清核态沸腾传热的机理有着重要意义，是沸腾传热研究工作中的一个突破口。

3.1.1.4　核态沸腾传热的复合模型

上面讨论的关于液体核态沸腾的三种典型机理，都是从某一角度反映发生在复杂的核态沸腾过程中的某些局部过程。这些机理在沸腾的不同阶段起着各自不同的作用。为了全面地正确反映液体核态沸腾的全过程，阐明核态沸腾传热的真正机制，更合理、更有希望的途径是把上述各有关机理结合在一起进行综合考虑，因而出现了称为"复合模型"的核态沸腾传热机理模型。下面介绍几种有代表性的复合模型。

（1）对流和潜热转移复合模型[21]   这类模型认为，在液体核态沸腾时，加热面给出的总热 q 由两部分组成：一部分是通过液体对流所传递的热量 q_c；另一部分是通过液体微层的气化所传递的热量 q_e。即

$$q = q_c + q_e \tag{3-39}$$

文献[17]中经过对 q_c 和 q_e 的计算，得到热流密度表达式为

$$q = c_1 \frac{\lambda_1^2 (\Delta T)^3}{\sigma T_s v_1} + c_2 \frac{\lambda_1 h_{fg} \rho_v (\Delta T)^2}{\sigma T_s} \tag{3-40}$$

式中，$c_1 = 10^{-3}$；$c_2 = 5 \times 10^{-3}$。

由式（3-40）可知，当热流密度增加时，对流成分增加得比较快，因为它与 $(\Delta T)^3$ 成正比。随着压力的升高，对流分量减小。例如，液氮在大气压力下旺盛沸腾时，q_c 占总热流密度的 1/3；而当 $p = 1\text{MPa}$ 时，q_c 只占不到 2%，可以忽略。

在实际的核态沸腾过程中，自然对流传热因气泡的运动而被强化。文献[21]中进一步把对流传热量分成两部分：一部分是由于气泡从加热面上脱离时上升气泡后部的尾流所引起的液体容积对流传递的热量 q_{bc}；另一部分是由受热液体的自然对流所传递的热量 q_{nc}。所以，核态沸腾传热的总热流密度可以表达成

$$q = q_{bc} + q_{nc} + q_e \tag{3-41}$$

假定一个气泡脱离时所影响的区域面积为 $K\pi R_D^2$，其中 K 为反映气泡影响区大小的系数，可取 $K = 1.8$；R_D 为脱离气泡半径。容积对流传热量等于冷液体进入原先被气泡占据的空间与加热壁面的接触传热量。每一次置换时壁面上的热流密度为

$$\phi = -\lambda_1 \frac{dT_1}{dx}\bigg|_{x=0} = \frac{\lambda_1 (T_w - T_s)}{(\pi a_1 \tau)^{\frac{1}{2}}} \tag{3-42}$$

如果过热液层被置换的频率为 f（等于气泡的脱离频率），则由容积对流引起的壁面上一个气泡影响区内的时均热流密度为

$$\bar{\phi} = f \int_0^{\frac{1}{f}} \phi d\tau = \frac{2}{\pi^{\frac{1}{2}}} (\lambda \rho c)_1^{\frac{1}{2}} (T_w - T_s) f^{\frac{1}{2}} \tag{3-43}$$

整个加热表面由容积对流传递的热流密度为

$$q_{bc} = K\pi R_D^2 \bar{\phi} n$$
$$= 2K\pi^{\frac{1}{2}} (\lambda\rho c)_l^{\frac{1}{2}} f^{\frac{1}{2}} R_D^2 n (T_w - T_s) \tag{3-44}$$

式中，n 为单位面积上的气泡数。

通常的自然对流传热发生在非沸腾影响区。单位加热壁面面积中该区域所占的面积为 $1-K\pi R_D^2 n$ 时，常规自然对流传热热流密度为

$$q_{nc} = 0.18(Gr_l Pr_l)^{\frac{1}{3}} \frac{\lambda_l}{L} (T_w - T_l)(1 - K\pi R_D^2 n)$$
$$= 0.18\lambda_l \left(\frac{g\beta\rho_l^2}{\mu_l^2} \times \frac{c_l\mu_l}{\lambda_l} \right)^{\frac{1}{3}} (T_w - T_l)^{\frac{4}{3}} (1 - K\pi R_D^2 n) \tag{3-45}$$

单位面积上由微层气化所传递的热量为

$$q_e = \rho_l h_{fg} f n \bar{V}_{mic} \tag{3-46}$$

式中，$\bar{V}_{mic}$ 为气泡下液体微层的平均容积，即

$$\bar{V}_{mic} = \frac{1}{n} \sum_1^n V_{mic} \tag{3-47}$$

$$V_{mic} = 2\pi \int_0^{R_0} \left[\delta_0(r) - \delta(r, \tau_R) \right] r dr \tag{3-48}$$

式中，V_{mic} 是一个气泡底部液体微层的容积；$\delta_0(r)$ 为微层初始厚度；$\delta(r, \tau_R)$ 为对应于气泡成长到 R_D 时刻的微层厚度。

由于热流计算过程中需要许多气泡参数，所以文献中可做比较的实验值不多。在与文献[21]所提供的实验数据的比较中，上述模型的计算值与实验值的偏差约为 10%。显然由于精确计算气泡参数 f、n、R_D、$\bar{V}_{mic}$ 的困难，以及其本身的随机特性，上述模型在实用上还存在一些问题。

（2）面积复合模型[22]　由于在核态沸腾时加热面上只有部分活化点处有气泡产生，所以气泡的影响区只占加热壁面总面积的一部分。为此文献[22]中把整个加热面分成等待区、气泡区和非沸腾区三部分，如图 3-5 所示。

等待区是指加热面上那些包含有尚未长成气泡的活化中心的区域。在这些活化中心处，上一批气泡已经脱离而下一批气泡尚未形成。与加热面接触的液体层的温度还未达到使气泡成长所必需的过热度，液体与加热壁面之间正进行着非稳态的导热。令 A_w 表示该区的面积，则通过该区所传递的热量为

$$Q_w = q_w A_w = 2\lambda_l \frac{T_w - T_l}{\sqrt{\pi a_l \tau_w}} A_w \tag{3-49}$$

$$A_w = n\pi R_b^2 \frac{\tau_w}{\tau_g + \tau_w} \tag{3-50}$$

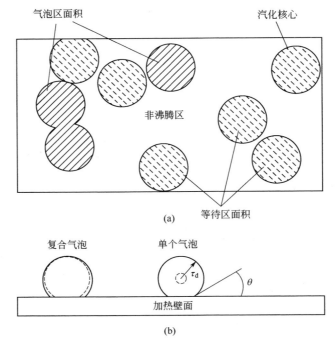

图 3-5   面积复合模型

式中，τ_w 为气泡的等待时间；τ_g 为气泡的成长时间。

气泡区是指加热面上被成长气泡所覆盖的区域，这里可以是单个气泡或者复合气泡。由于气泡成长期间接触角 θ 是变化的，因此气泡区面积要按 θ 的平均值计算。计算气泡区的热流密度时，忽略气泡和壁面相接触的局部干涸区由蒸气导热所传递的热量，只考虑气泡底下液体微层的蒸发热流密度。气泡下液体微层的总面积为

$$A_e = n\pi R_b^2 \sin^2 \theta \left(1 - \varphi_d\right) \tag{3-51}$$

式中，φ_d 为干涸区所占的面积份额。

气泡区的热流密度可根据式（3-38）计算。由微层气化所传递的热量为

$$\begin{aligned} Q_e = q_e A_e &= \xi m_e A_e \\ &= \xi h_{fg} \left(\frac{2\pi R_g T_s}{M}\right)^{-\frac{1}{2}} \left(p_1 - p_s\right) n\pi R_b^2 \sin^2 \theta \left(1 - \varphi_d\right) \end{aligned} \tag{3-52}$$

非沸腾区是指除等待区和气泡区以外的加热壁面上的其他部分。其中，靠近气泡区的部分，由于受气泡向上运动的影响而使自然对流传热强化。这个影响区常取作 2 倍于气泡直径的一个圆形区域。远离气泡区的部分则可以不考虑这种强化。强化对流区面积为

$$A_{EC} = n\left[\pi\left(2R_b\right)^2 - \pi R_b^2 \sin^2 \theta\right] = n\pi R_b^2 \left(4 - \sin^2 \theta\right) \tag{3-53}$$

余下的自然对流区面积为

$$A_{NC} = A - A_w - A_e - A_{EC} = A - n\pi R_b^2\left(4 + \frac{\tau_w}{\tau_w + \tau_g}\right) \tag{3-54}$$

式中，A 为加热面的总面积。

核态沸腾传热的热流密度为各分区热流密度的面积平均值，即

$$q = \frac{1}{A}\left(q_w A_w + q_e A_e + K q_{NC} A_{EC} + q_{NC} A_{NC}\right) \tag{3-55}$$

式中，q_{NC} 是按自然对流计算的热流密度；K 是自然对流传热强化系数。

对于水，由此计算出的 q 值与文献中提供的可供比较的实验值相比，最大偏差可达 43%。

面积复合模型比较全面地描述了液体核态沸腾传热的机制。但是，由于计算中需要知道活化中心数 n、气泡成长时间 τ_g、等待时间 τ_w 以及接触角 θ 等一系列难以测量的气泡参数，因此工程上难以得到实际应用。

（3）对流气化模型[23, 24]　对流气化模型认为，核态沸腾具有高传热强度的原因主要有两个：其一，加热面上气泡的成长和脱离使加热面附近的液体产生强烈的扰动，强化了对流传热；其二，部分液体在加热面上的气化，使得大量的热量以气化潜热的方式，在较小的温差下从加热面转移到液体（过冷沸腾）或蒸气（饱和沸腾）中，在气泡底部同时存在着对流和气化过程，如图 3-6 所示。

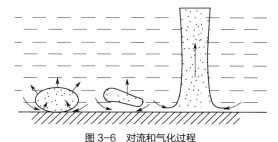

图 3-6　对流和气化过程

在低热负荷区，气泡孤立地分布在加热面上，前后气泡之间不发生相互作用，称为孤立气泡区。当气泡在加热面上开始成长时，由于初始阶段时加热面处于较高的温度状态，气泡底部的液层迅速气化，使壁温出现较大的降落。随着气泡的长大，它的上部不断推开液体，其根部的液体微层通过对流得到补充，气化过程继续进行，但因壁温降低，气化速率减慢。另外，随着气泡的长大，气泡和加热面之间通过蒸气接触的部分增加，又会使壁温出现少许回升。这个过程一直延续到气泡脱离表面。气泡脱离后，由于较冷液体与壁面接触，需要经过等待时间 τ_w 后下一个气泡才再次出现。

在高热负荷区，气泡连续产生，在加热面上形成气柱。在气柱的根部出现连续的对流气化过程。

无论是低热负荷区还是高热负荷区，沸腾区域内都发生着液体的对流和气化，并引起邻近壁面液体的强烈扰动。气化和扰动使得核态沸腾传热具有很高的传热强度。这就是对流气化机理的实质。由此，池内核态沸腾传热过程可以用两个特性准则 $GrPr$ 和 E 描述，其中，气化准则 E 可以从气化过程的推动力——自由焓差的方程式经过量纲分析而得到[25]，其表达式为

$$E = \frac{h_{fg}(T_w - T_s)\rho_v}{T_s\sqrt{\sigma g(\rho_1 - \rho_v)}} \qquad (3-56)$$

最终导得池内核态沸腾传热的准则关系式为

$$Nu = A(GrPr)^{\frac{1}{3}}\left[E\xi(p)\right]^n \qquad (3-57)$$

式中，A 为与壁面-液体组合有关的常数；$\xi(p)$ 为压力修正系数，大气压力下 $\xi(p) = 1$；n 为与表面粗糙度有关的指数。

水在抛光的不锈钢表面上沸腾时，根据文献报道的压力为 0.103~20MPa、热流密度 $q = 1.1\times10^5 \sim 1.08\times10^6 \text{W/m}^2$ 范围内的 90 个实验点，整理后得到 $n = 2$、$\xi(p) = \left\{1 + \left[1.26\ln(p/p_1)\right]^{1.45}\right\}^{-1}$、$A = 8.79\times10^{-7}$，最大偏差小于 37%，85% 的实验点偏差小于 18%，优于用前述有关准则公式整理的结果。文献[25]证明，式（3-57）也同样适用于低温液体。

式（3-57）中不包含任何难以测量的气泡参数，且较全面地反映了沸腾过程的传热机制。在通过实验确定各种液体-表面组合的系数以后，可推荐作为工程设计使用。

3.1.2 影响池内核态沸腾传热的主要因素

核态沸腾传热是一个相当复杂的物理过程，其受许多因素影响。图 3-7 列举了影响池内核态沸腾传热的诸因素，现分析如下。

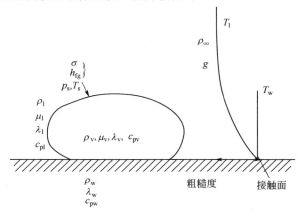

图 3-7　影响池内核态沸腾传热的诸因素

3.1.2.1　液体物理性质的影响

　　液体的各种物理性质，如密度 ρ_1、黏度 μ_1、热导率 λ_1、气化潜热 h_{fg}、比热容 c_1 和表面张力 σ 以及液体与壁面的接触角 θ 等对核态沸腾传热都有较大的影响。这可以从不同的液体在相同的加热面上沸腾时出现不同的沸腾曲线看出，如图 3-8 所示。液体物性主要影响沸腾曲线的位置，而几乎不影响曲线的斜率。这主要是由于沸腾起始点以及对流和气化过程的传热量都受液体物性的影响。由于很难在实验中只变动一个物性而维持其他物性不变，所以很难就每一物性对沸腾传热的单独影响做出定量描述。

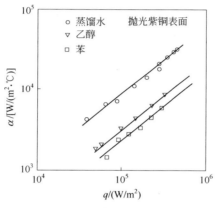

图 3-8　液体物性的影响

3.1.2.2　系统压力的影响

　　实验表明，液体核态沸腾的传热系数随压力的增加而增大。压力对沸腾传热的影响可从两方面来解释：一方面，压力的变化使液体的物理性质发生变化，从而影响沸腾传热的强度；另一方面，压力自身对沸腾传热也有直接的影响。这可从压力变化时气泡的脱离直径和气泡形状的变化来说明。一般来说，在很低的压力下，气泡是半球形的。当压力较高时气泡的基本形状为球形，其生长速率明显下降。压力对脱离直径的影响，通常认为主要是由于压力变化改变了气泡脱离的力学机制造成的。

　　图 3-9 示出了水在不锈钢表面上沸腾时压力对池沸腾传热的影响。由图 3-9 可见，高压下与低压下传热系数的差别可达到 1 个数量级。

　　文献[26]中采用广义热力学性质的方法来综合压力对核态沸腾传热的影响，获得了一条反映压力影响的通用曲线，如图 3-10 所示。曲线横坐标为对比压力 p/p_c，其中 p_c 为液体的临界压力。图 3-10 中 p^* 为参考压力，$p^* = 0.029p_c$。八种液体的实验数据与图上曲线的拟合度为±30%。

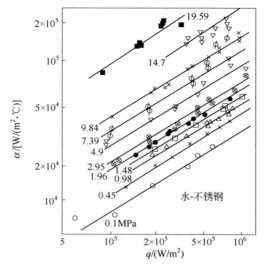

图 3-9   水在不锈钢表面上沸腾时压力对池沸腾传热的影响

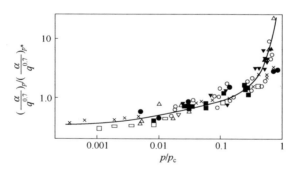

图 3-10   池沸腾数据的通用曲线

3.1.2.3   加热壁面的影响

（1）表面粗糙度   加热表面的粗糙度直接影响加热表面上的气化核心数目和它们的分布规律，因而会对核态沸腾传热产生显著的影响。壁面光滑，壁面上凹坑的尺寸变小，使沸腾时过热度增大，同时也使活化中心的数目减少。活化中心数目减少使沸腾曲线向右侧高过热度方向移动，且曲线斜率变小。图 3-11 示出了正戊烷在不同表面粗糙度的铜表面上沸腾时所得到的一组沸腾曲线。由图 3-11 可知，在一定的热流密度下，改变表面粗糙度造成的壁面过热度的变化可达到 1 个数量级。对于通常的机械加工表面，在粗糙度增加到某一极限之前，沸腾曲线的位置会随粗糙度的变化而变化。但超过这一极限以后，就不再发生明显的变化，这是由于表面上凹坑尺寸的分布已不再变化。利用人工粗糙表面来强化沸腾传热的方法，就是利用了粗糙度对沸腾传热影响的这一特性。

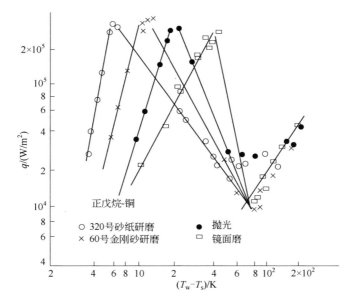

图 3-11 正戊烷在不同表面粗糙度的铜表面上沸腾时所得到的一组沸腾曲线

由于目前还不能用一个或几个参数来正确描述表面的粗糙程度，所以表面状况的影响还无法进行定量的计算。这也是造成不同研究者得到的沸腾传热实验数据比较分散、重复性较差的主要原因之一。

（2）壁面材料的热物理性质　大量实验表明，壁面材料的热物理性质对液体核态沸腾传热有明显的影响，不仅改变了液体与壁面之间的润湿性能，更重要的是壁面材料的热物理性质本身直接对气泡的等待与成长过程产生影响。如图 3-12所示是大气压力下乙醇在不同材料的表面上沸腾时得到的沸腾曲线[27]。由图 3-12可见，随着壁面热物性综合数 $\sqrt{\lambda \rho c}$ 的增加，核态沸腾传热强度增大。文献[28]中利用中子照射以改变材料热导率的方法，研究了 $\sqrt{\lambda \rho c}$ 对核态沸腾传热的影响。实际上，人们已利用一定厚度的表面涂层来改变原有壁面的沸腾特性，以达到强化沸腾的目的[29]。在加热面上喷涂少量非润湿材料，使之形成非润湿斑点，从而可改变壁面材料的润湿性能，而达到提高沸腾传热强度的目的[30, 31]。随着系统压力的增加，壁面材料物性对核态沸腾的影响减弱。

（3）壁面老化　经过一段时间沸腾后，加热表面上会出现锈斑、固体沉积物或金属氧化膜。对于这类老化表面，实验观察到核态沸腾传热强度会下降。原因是表面老化后，表面上存贮气体的凹坑数量减少，且使凹坑尺寸分布发生变化。较厚的沉积层会使表面的热物理参数发生变化，其结果往往使沸腾时的壁面过热度增加，沸腾传热强度减弱。工业设备中有关沸腾表面的设计计算必须考虑老化这个影响因素，最简单的办法是把按清洁表面得到的沸腾传热系数乘以由经验得到的污垢系数。

（4）热流变化方向　　实验表明，壁面热流密度增大时从自然对流发展到核态沸腾的 q-ΔT_w 曲线与热流密度减小时从核态沸腾恢复到自然对流时的 q-ΔT_w 曲线并不重合，出现"沸腾滞后"现象，如图 3-13 所示。发生沸腾滞后现象的原因是壁面上某些凹坑在冷却时可被液体淹没而失去活性。这种滞后现象对于润湿性能好的液体以及某些强化沸腾表面更为显著。文献[32, 33]中分析了沸腾滞后产生的机理并给出了热滞后大小的估算方法。

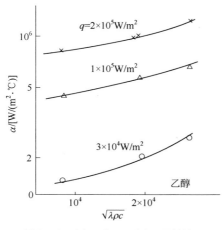 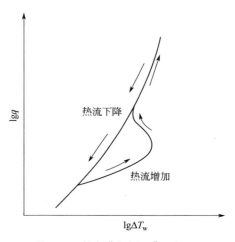

图 3-12　大气压力下乙醇在不同材料
的表面上沸腾时得到的沸腾曲线

图 3-13　核态"沸腾滞后"现象

由于这种滞后特性，壁面开始加热后，在自然对流区内，壁温随着热流密度的增加会发生过度升高。沸腾发生后，壁温又迅速降低到正常的沸腾曲线。这种壁温的过度升高有时会引起严重的后果。例如，利用液体沸腾来冷却电子设备时，这种过热常会造成设备性能的恶化甚至损坏。目前还没有好的办法来避免滞后现象的出现，因此在进行电子设备冷却系统的设计时应当特别注意。

（5）溶解气体的影响　　溶解在液体中的不凝结气体，随着液体温度的升高会从液体中逸出。当壁面加热时，逸出的气体会聚集在加热面上，使得凹坑易于活化，从而使沸腾传热得到强化，沸腾曲线向左移动。图 3-14 示出溶解气体对沸腾曲线的影响。由图 3-14 可见，含有气体时，在比正常沸点低的壁面温度下就会提前出现气泡。

（6）加热面的尺寸和方位　　在核态沸腾区，通常加热丝的尺寸和方位对沸腾曲线没有明显的影响。但文献[31]中的实验表明，对于薄壁加热器，加热壁的厚度对沸腾传热强度会有一定的影响。文献[34]中对低温液体的实验结果显示出，加热面的倾角对核态沸腾有明显影响。此外，由于气泡从壁面脱离时的难易程度不一样，水平加热面向下和向上时沸腾传热的强度也有一定的差别。

（7）重力场　20 世纪 60 年代中期以来，根据火箭发动机和航天飞行器的实际工作条件，人们需要了解液体在低重力和微重力下的沸腾特性。

文献[35]中介绍，利用带形加热器浸没在一个下落的盛水烧杯中，记录到了系统加速度为 0 和 $0.09g_0$ 条件下的核态沸腾特性，g_0 为标准重力加速度。试验结果都表明，系统加速度在很大范围内变化时对核态沸腾不产生明显的影响。图 3-15 给出不同重力场下水的核态沸腾实验数据。由图 3-15 可知，即使系统加速度达到 $100g_0$，核态沸腾传热强度差别也不大，但系统重力加速度对自然对流传热的影响却是明显的。

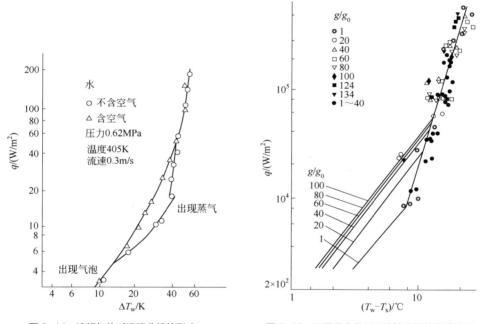

图 3-14　溶解气体对沸腾曲线的影响　　　　图 3-15　不同重力场下水的核态沸腾实验数据

（8）沸腾液位的影响　核态沸腾时，自由液面的高度对传热有影响已被实验所证实[36~38]。图 3-16 给出了不同热流密度下液位高度与核态沸腾传热系数的关系。由图 3-16 可知，当液位降到某一特定值时（图中约为 5mm），沸腾传热系数开始明显升高。液位的这一特定值称为临界液位。低于临界液位的液体沸腾常称为液膜沸腾。

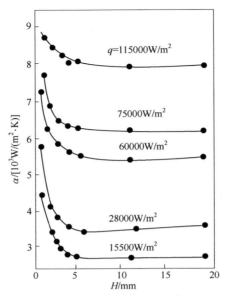

图 3-16 不同热流密度下液位高度与核态沸腾传热系数的关系

文献[39]中提出了双球泡模型以确定临界液位。

文献[40]中根据大量的实验数据，通过量纲分析法得到了如下的液膜沸腾传热关联式。

$$Y = aX^b \qquad (3\text{-}58)$$

式中

$$Y = \frac{qH}{\Delta T_s \lambda_l} \qquad (3\text{-}59)$$

$$X = qH\left(\frac{c_l \mu_l}{\lambda_l}\right)^{0.5} \frac{\rho_l}{h_{fg}} \sigma^{-0.75} \rho_v^{-1.25} \qquad (3\text{-}60)$$

式中，$X<2$ 时，$a = 10.4$，$b = 0.75$；$X>2$ 时，$a = 9.4$，$b = 0.9$。

液膜沸腾和低液位沸腾在蒸发器、热管、电子元器件的冷却中有着重要应用，是近年来引人注目的研究领域。

3.1.3 池内核态沸腾传热关联式

由于核态沸腾传热的复杂性，目前还没有一个公认的在工程上能广泛适用的解析关系式，即使是那些从分析机理着手得到的计算式，也必须通过实验来确定公式中的各种系数和常数。因此，为了满足工程设计的需要，20 世纪 50 年代以来，利用对大量实验数据的回归分析，获得了许多沸腾传热的实验关联式。这些关联式在它们各自的实验参数范围内，可推荐在工程上使用。表 3-3 列出了国内外较有代表性的池内核态沸腾传热的关联式，供工程设计参考。

表 3-3　国内外较有代表性的池内核态沸腾传热的关联式[41]

作者	关联式	发表时间
克赖德（Cryder） 吉利兰（Gilliland）	$\dfrac{\alpha L}{\lambda_1}=1.75\times10^{-6}\left(\dfrac{\rho_1^2 L^4 q}{u_1^3}\right)^{0.71}\left(\dfrac{\mu_1^2}{\rho_1 \sigma L}\right)^{0.49}Pr_1^{0.128}$ 式中，L 为定性尺寸	1933 年
雅各布（Jacob）	$\dfrac{\alpha}{\lambda_1}\sqrt{\dfrac{\sigma}{g(\rho_1-\rho_v)}}=31.6\dfrac{v_{1,s}}{v_1}\left(\dfrac{\rho_{1,s}}{\rho_1}\times\dfrac{\sigma}{\sigma_s}\times\dfrac{q}{h_{fg,s}\rho_{v,s}x_s}\right)^{0.8}$	1938 年
伊辛格-布利斯 （Insinger-Bliss）	$Y_1=4X_1^{0.88}$ 式中，$Y_1=\dfrac{\alpha}{c_1\rho_1\sqrt{h_{fg}}}\left(\dfrac{\sigma}{\sqrt{h_{fg}}}\times\dfrac{c_1}{\lambda_1}\times\dfrac{\rho_v}{\rho_1}\right)^{\frac{1}{2}}\times10^{10}$；　$X_1=\dfrac{q}{h_{fg}\rho_v\sqrt{h_{fg}}}\times10^{10}$	1940 年
博尼拉（Bonilla） 佩里（Perry）	$\dfrac{\alpha}{\lambda_1}\sqrt{\dfrac{\sigma}{g\rho_1}}=16.6\dfrac{v_{1,s}}{v_1}\left(\dfrac{\rho_{1,s}}{\rho_1}\times\dfrac{\sigma}{\sigma_s}\times\dfrac{q}{h_{fg,s}\rho_{v,s}x_s}\right)^{0.78}Pr_1^{0.5}$ 式中，$x=d_0 f$	1941 年
克钦琴（Kichigin） 图别列维奇 （Tobilevich）	$\dfrac{\alpha}{\lambda_1}\sqrt{\dfrac{\sigma}{g(\rho_1-\rho_v)}}=c\left[\dfrac{q}{h_{fg}\rho_v}\times\dfrac{1}{\alpha_1}\sqrt{\dfrac{\sigma}{g(\rho_1-\rho_v)}}\right]^{m}\left[\dfrac{p}{\sigma}\sqrt{\dfrac{\sigma}{g(\rho_1-\rho_v)}}\right]^{0.7}$ $\left[\dfrac{g}{v_1^2}\left(\sqrt{\dfrac{\sigma}{g(\rho_1-\rho_v)}}\right)^3\right]^{0.125}$ 式中，$m=0.6$ 时，$c=3.25\times10^{-4}$；$m=0.7$ 时，$c=1.07\times10^{-4}$	1951 年
库塔捷拉泽 （Кутателадзе）	$\dfrac{\alpha}{\lambda_1}\sqrt{\dfrac{\sigma}{g(\rho_1-\rho_v)}}=7.0\times10^{-4}\left[\dfrac{q}{h_{fg}\rho_v}\times\dfrac{1}{v_1}\sqrt{\dfrac{\sigma}{g(\rho_1-\rho_v)}}\right]^{0.7}Pr_1^{0.35}\left[\dfrac{p}{\sigma}\sqrt{\dfrac{\sigma}{g(\rho_1-\rho_v)}}\right]^{0.7}$	1952 年
图鲁平斯基 （Tolubinsky）	$\dfrac{\alpha D_d}{\lambda_1}=54\left(\dfrac{\rho_v}{\rho_1}\right)^{0.66}\left(\dfrac{qD_d}{h_{fg}\rho_v v_1}\right)^{0.6}Pr_1^{-0.60}$	1952 年
麦克内列 （McNelly）	$\dfrac{\alpha L}{\lambda_1}=0.225\left(\dfrac{q}{h_{fg}\rho_v}\times\dfrac{L}{v_1}\right)^{0.69}Pr_1^{-0.60}\left(\dfrac{pL}{\sigma}\right)^{0.81}\left(\dfrac{\rho_v}{\rho_1}\right)^{0.36}\left(1-\dfrac{\rho_v}{\rho_1}\right)^{0.33}$ 式中，L 为定性尺寸	1953 年
斯特曼（Sterman）	$\dfrac{\alpha L}{\lambda_1}=f\left[\dfrac{L^2\rho_1(\rho_1-\rho_v)g}{\mu_1^2\rho_v},\dfrac{c_1\mu_1}{\lambda_1},\dfrac{qL\rho_1 c_1}{\lambda_1 h_{fg}\rho_v},\dfrac{h_{fg}}{c_1 T_s}\right]$ 式中，L 为定性尺寸	1953 年

续表

作者	关联式	发表时间
艾夫林（Averin）克鲁齐林（Kruzhilin）	$\dfrac{\alpha}{\lambda_1}\times\dfrac{c_1\rho_1 T_s\sigma}{\left(h_{fg}\rho_v\right)^2}=0.082\left[\dfrac{q}{h_{fg}\rho_v}\times\dfrac{1}{v_1}\times\dfrac{c_1\rho_1 T_s\sigma}{\left(h_{fg}\rho_v\right)^2}\right]^{0.7}Pr_1^{0.25}\left[\dfrac{\left(h_{fg}\rho_v\right)^2}{c_1\rho_1 T_s\sigma}\sqrt{\dfrac{\sigma}{g\left(\rho_1-\rho_v\right)}}\right]^{0.067}$	1955年
福斯特（Foster）朱伯（Zuber）	$\dfrac{c_1\rho_1\sqrt{\pi a_1 q}}{\lambda_1 h_{fg}\rho_v}\left(\dfrac{2\sigma}{\Delta p}\right)^{0.5}\left(\dfrac{\rho_1}{\Delta p}\right)^{0.25}=0.0015\left(\dfrac{c_1\mu_1}{\lambda_1}\right)^{0.333}\left[\dfrac{\rho_1}{\mu_1}\left(\dfrac{c_1\rho_1\Delta T\sqrt{\pi a_1}}{h_{fg}\rho_v}\right)^2\right]^{0.62}$	1955年
西川兼康	$Y=8.0(f_\xi f_p X)^{\frac{2}{3}}$ 式中，$Y=\dfrac{\alpha L}{\lambda_1}$；$X=\left(\dfrac{1.163}{M^2 P}\times\dfrac{c_1\rho_1^2 g}{\lambda_1\sigma h_{fg}\rho_v}\right)^{\frac{1}{2}}qL^{\frac{3}{2}}$；$M=900\mathrm{m}^{-1}$，$P=1.976\mathrm{W}$；$f_p$ 为起泡度，$f_p=\dfrac{p}{p_s}$	1956年
吉尔摩（Gilmour）	$\dfrac{\alpha L}{\lambda_1}=10^{-3}\left(\dfrac{q}{h_{fg}\rho_v}\times\dfrac{L}{v_1}\right)^{0.7}Pr_1^{0.4}\left[\dfrac{p}{\sigma}\sqrt{\dfrac{\sigma}{g\left(\rho_1-\rho_v\right)}}\right]^{0.85}$	1958年
福斯特（Foster）格雷夫（Greif）	$\dfrac{\alpha}{\lambda_1}\times\dfrac{c_1\rho_1 T_s\sigma}{\left(h_{fg}\rho_v\right)^2}=0.0346\left[\dfrac{q}{h_{fg}\rho_v}\times\dfrac{1}{v_1}\times\dfrac{c_1\rho_1 T_s\sigma}{\left(h_{fg}\rho_v\right)^2}\right]^{\frac{1}{2}}Pr_1^{\frac{20}{48}}\left[\dfrac{\sigma}{\rho_1 v_1^2}\times\dfrac{c_1\rho_1 T_s\sigma}{\left(h_{fg}\rho_v\right)^2}\right]^{\frac{1}{8}}$	1959年
利维（Levy）	$\dfrac{\alpha}{\lambda_1}\times\dfrac{c_1\rho_1 T_s\sigma}{\left(h_{fg}\rho_v\right)^2}=\left(\dfrac{1}{c}\right)^{\frac{1}{3}}\left[\dfrac{q}{h_{fg}\rho_v}\times\dfrac{1}{v_1}\times\dfrac{c_1\rho T_s\sigma}{\left(h_{fg}\rho_v\right)^2}\right]^{\frac{2}{3}}Pr_1^{\frac{1}{3}}\left(1-\dfrac{\rho_v}{\rho_1}\right)^{-\frac{1}{3}}$ 一般$\left(\dfrac{1}{c}\right)^{\frac{1}{3}}\approx10^{-2}\left(h_{fg}\rho_v\right)^{\frac{1}{2}}$	1959年
勒肯斯汀（Ruckenstein）	$\dfrac{\alpha D_b}{\lambda_1}=f\left(\dfrac{q\rho_1 D_b}{h_{fg}\rho_v\mu_1},\dfrac{c_1\mu_1}{\lambda_1},\dfrac{2\sigma T_1}{l_0 h_{fg}\rho_v\Delta T_c},\dfrac{\Delta T}{\Delta T_c}\right)$ 式中，l_0为勒肯斯汀常数	1959年
米琴柯（Минченко）	$\dfrac{\alpha}{\lambda_1}\sqrt{\dfrac{\sigma}{g\left(\rho_1-\rho_v\right)}}=8.7\times10^{-4}\left[\dfrac{q}{h_{fg}\rho_v}\times\dfrac{1}{v_1}\sqrt{\dfrac{\sigma}{g\left(\rho_1-\rho_v\right)}}\right]^{0.7}Pr_1^{0.7}\left[\dfrac{p}{\sigma}\sqrt{\dfrac{\sigma}{g\left(\rho_1-\rho_v\right)}}\right]^{0.7}$	1960年
拉蓬索夫（Лабунцов）	$\dfrac{\alpha}{\lambda_1}\times\dfrac{c_1\rho_1 T_s\sigma}{\left(h_{fg}\rho_v\right)^2}=c\left[\dfrac{q}{h_{fg}\rho_v}\times\dfrac{1}{v_1}\times\dfrac{c_1\rho_1 T_s\sigma}{\left(h_{fg}\rho_v\right)^2}\right]^m Pr_1^{\frac{1}{3}}$ 当$10^{-5}<\dfrac{q}{h_{fg}\rho_v}\times\dfrac{1}{v_1}\times\dfrac{c_1\rho_1 T_s\sigma}{\left(h_{fg}\rho_v\right)^2}<10^{-2}$时，$m=0.5$，$c=0.065$ 当$10^{-2}<\dfrac{q}{h_{fg}\rho_v}\times\dfrac{1}{v_1}\times\dfrac{c_1\rho_1 T_s\sigma}{\left(h_{fg}\rho_v\right)^2}<10^4$时，$m=0.65$，$c=0.125$	1960年

续表

作者	关联式	发表时间
米约奇亚契 (Miyauchiyagi)	$\dfrac{\alpha}{\lambda_1} = c_1 \left(\dfrac{q\rho_1}{h_{fg}\rho_v\mu_1} \right)^{0.74} \left(\dfrac{\rho_v}{\rho_0} \right)^{0.69} \left(\dfrac{c_1\mu_1}{\lambda_1} \right)^{0.63}$ 对有机液体，光滑平面：$c_1 = 1.3m^{-0.25}$ 对水及其他平面：$c_1 = 0.7 \sim 0.19$	1961 年
张（Zhang） 斯奈德（Snyder）	$\dfrac{\alpha}{\lambda_1} \times \dfrac{c_1\rho_1 T_s\sigma}{(h_{fg}\rho_v)^2} = 0.117 \left[\dfrac{q}{h_{fg}\rho_v} \times \dfrac{1}{v_1} \times \dfrac{c_1\rho_1 T_s\sigma}{(h_{fg}\rho_v)^2} \right]^{0.583} Pr_1^{0.583} \left(1 - \dfrac{\rho_v}{\rho_1} \right)^{-0.417}$	1961 年
衣华希克维奇 （Iwashkewitch）	$\dfrac{\alpha}{\lambda_1}\sqrt{\dfrac{\sigma}{g(\rho_1-\rho_v)}} = 2\left\{ \dfrac{q}{h_{fg}\rho_v} \left[\dfrac{\rho_v^2}{\sigma g(\rho_1-\rho_v)} \right]^{\frac{1}{4}} \left[\dfrac{q}{h_{fg}\rho_v} \times \dfrac{1}{v_1}\sqrt{\dfrac{\sigma}{g(\rho_1-\rho_v)}} \right] \right\}^{0.35}$ $\left\{ Pr_1 \left[\dfrac{(h_{fg}\rho_v)^2}{\rho_1 c_1 T_s\sigma}\sqrt{\dfrac{\sigma}{g(\rho_1-\rho_v)}} \right] \right\}^{0.35}$	1961 年
布劳尔（Brauer）	$\dfrac{\alpha}{\lambda_1} \times \dfrac{c_1\rho_1 T_s\sigma}{(h_{fg}\rho_v)^2} = c\left[\dfrac{q}{h_{fg}\rho_v} \times \dfrac{1}{v_1} \times \dfrac{c_1\rho_1 T_s\sigma}{(h_{fg}\rho_v)^2} \right]^m Pr_1^{\frac{1}{3}} \left[R_p\dfrac{(h_{fg}\rho_v)^2}{c_1\rho_1 T_s\sigma} \right]^{0.125}$ 式中，R_p 为表面粗糙度 当 $10^{-5} < \dfrac{q}{h_{fg}\rho_v} \times \dfrac{1}{v_1} \times \dfrac{c_1\rho_1 T_s\sigma}{(h_{fg}\rho_v)^2} < 10^{-2}$ 时，$m = 0.5$，$c = 0.092$ 当 $10^{-2} < \dfrac{q}{h_{fg}\rho_v} \times \dfrac{1}{v_1} \times \dfrac{c_1\rho_1 T_s\sigma}{(h_{fg}\rho_v)^2} < 10^4$ 时，$m = 0.65$，$c = 0.184$	1963 年
斯蒂芬（Stephan）	$Nu = cK_1^{m_1}K_2^{m_3}K_3^{0.183}$ $Nu = \dfrac{\alpha D_d}{\lambda_1}$，$K_1 = \dfrac{qD_d}{\lambda_1 T_s}$，$K_2 = \dfrac{c_1\rho_1 T_s D_d}{\sigma} \times \dfrac{a_1}{v_1}$ $K_3 = \dfrac{R_p}{D_d} \times \dfrac{h_{fg}\rho_v}{\rho_2(D_d f)^2}$，$D_d = 0.021\theta\sqrt{\dfrac{\sigma}{g(\rho_1-\rho_v)}}$，$(D_d f)^2 = 3.97 \times 10^7\,\text{m/h}^2$ 对于水平向上平板：$m_1 = 0.8, m_2 = 0.4, c = 0.013$ 对于水平圆柱：$m_1 = 0.7, m_2 = 0.3, c = 0.071$	1963 年
鲍里尚斯基 （Борщансни） 米琴柯 （Минченко）	$Nu_* = 8.7 \times 10^{-4} Pe_*^{0.7} K_p^{0.7}$ 式中，$Nu_* = \dfrac{\alpha}{\lambda_1}\sqrt{\dfrac{\sigma}{g(\rho_1-\rho_v)}}$；　$Pe_* = \dfrac{q}{a\rho_v h_{fg}}$；　$K_p = \dfrac{p}{\sqrt{g\sigma(\rho_1-\rho_v)}}$	1961 年

3.2 临界热流密度

临界热流密度通常是指由核态沸腾工况向膜态沸腾工况过渡时的最大热流密度（图 2-1 中的 *B* 点）。临界热流密度是设计有沸腾过程发生的换热设备的一个重要参数。由于达到临界点 *B* 的状态时加热壁面与液体之间的传热强度急剧下降，如果加热壁面的热流密度是给定的独立变量，例如辐射式加热的锅炉炉管或核反应堆燃料棒束，则由于传热的恶化将引起加热壁面温度的急剧升高，最终会导致加热壁面"烧毁"。所以，在设计时必须保证加热管正常的壁面工作热流密度低于临界热流密度。如果加热壁面温度是给定的独立变量，例如用蒸汽加热的再沸器和蒸发器，也会由于传热强度的下降而无法维持正常的操作工况。因此，研究临界热流密度对于换热设备的设计和安全运行具有重要的意义。

由于达到临界热流密度时所产生的加热面物理状态和沸腾工况的差异，文献中对临界状态的命名并不一致。核动力工程上常称为"烧毁"，但这意味着加热壁面的物理破坏，而不适合所有的情况，特别是低温流体的沸腾场合。另外几个常用的名称是偏离核沸腾（DNB）、沸腾危机和干涸。尽管它们都能够反映进入临界状态时的部分特征，但无法给出整个现象的全貌。同时偏离核沸腾点实际上与临界点并不一致。本书采用文献中比较广泛应用的"临界热流密度"的名称，能够较好地反映出核态沸腾传热机理开始发生转变的物理实质，且易于测定，所以在文献中已得到广泛的采用。临界热流密度值对应于加热面上临界状态初次出现时的热流密度。

本节着重讨论池沸腾时临界状态出现的机理以及临界热流密度的计算方法。

3.2.1 临界热流密度的机理和物理模型

沸腾临界状态以沸腾传热强度开始急剧下降为其特征。通常对出现这种临界状态可有两种不同的物理解释。其一，随着热流密度的增加，加热面上的气泡核心数相应增加，当气泡核心数增加到某一极限值时加热面上各相邻气泡互相连成一片，形成一层导热性能很差的蒸气膜，它把加热面与液体隔离开，使传热强度迅速削弱。其二，从流体动力学的角度看，当气泡脱离加热面向上运动时，存在着与气泡运动方向相反的液体流向加热面的运动。当这种气液之间的相对运动因相对流速加大而变得不稳定时，会阻止液体向加热面的补充，从而引起传热的恶化。这两种解释虽然出发点不同，但最终都将导致液体无法到达和润湿加热壁面。在上述两种物理解释的基础上，已经建立了各种确定临界热流密度的物理模型。

3.2.1.1　气泡相互作用模型

该模型认为，当热负荷增加时，加热面上的气化核心数增加，直到相邻的气泡之间产生相互作用而在加热面上形成连片的蒸气膜，使沸腾达到临界状态。达到临界状态时，假定热流密度等于单位时间内气泡从单位加热面上带走的热量，即

$$q_c = h_{fg} \rho_v \frac{\pi}{6} D_d^3 n f \tag{3-61}$$

式中，D_d 是气泡脱离直径；n 是单位面积上的气化核心数；f 是气泡脱离频率。

气泡脱离时的总覆盖面积可认为是常数，即

$$\pi D_d^2 = 常数 \tag{3-62}$$

从量纲上看，$f D_d$ 是一个相当于气泡速度的物理量，是蒸气和液体密度的函数，因此可以写成

$$f D_d = f \frac{\rho_l - \rho_v}{\rho_v} \tag{3-63}$$

由此，式（3-61）可改写成

$$q_c = 常数 \times h_{fg} \rho_v \left(\frac{\rho_l - \rho_v}{\rho_v} \right)^n \tag{3-64}$$

文献[42]中利用不同作者得到的临界热流密度的实验值，整理后得到

$$q_c = 0.012 h_{fg} \rho_v \left(\frac{\rho_l - \rho_v}{\rho_v} \right)^{0.6} \tag{3-65}$$

在上述基础上，进一步假定气泡在加热面上最可能的紧凑排列是气泡中心距离为 $2D_d$，前一个气泡与下一个气泡之间的中心距也为 $2D_d$。由热平衡得

$$q_c D_d^2 \tau_2 = \frac{\pi}{6} D_d^3 \rho_v h_{fg} \tag{3-66}$$

式中，τ_2 是气泡上升 $2D_d$ 距离所需的时间，它可以由惯性力和浮力之间的平衡求出，即

$$\tau_2 = 2\left[\frac{\rho_v D_d}{g(\rho_1 - \rho_v)}\right]^{\frac{1}{2}} \tag{3-67}$$

式中，气泡脱离直径采用弗里茨公式。

最后得到临界热流密度的表达式为

$$q_c = 0.038\theta^{\frac{1}{2}} h_{fg} \rho_v^{\frac{1}{2}} \left[2g\sigma(\rho_1 - \rho_v)\right]^{\frac{1}{4}} \tag{3-68}$$

式中，θ 是液体与壁面之间的接触角。

3.2.1.2 流体动力学模型

流体动力学模型认为，在接近沸腾临界状态时气化十分激烈，已无法再对孤立的气泡进行分析，气泡的脱离频率也失去了意义。临界现象的出现完全是一种流体动力学现象。这类模型中有代表性的是库塔捷拉泽模型和朱伯模型。

（1）库塔捷拉泽模型[43] 该模型认为，q_c 的发生是由于气化速率增大到两相边界层水力稳定性遭到破坏所引起的。这种不稳定性会出现在加热面上的任何一部分。根据加热面附近两相边界层内的连续性方程和运动方程，利用相似理论分析，可以得到一组描述边界层中两相流体运动的物理准则。假定蒸气层的稳定性仅取决于蒸气动力压头和浮升力之比，即取决于准则

$$\frac{\rho_v u_v^2}{gl(\rho_1 - \rho_v)} \tag{3-69}$$

式中，$u_v = q/(\rho_v h_{fg})$ 为蒸气产生速度；$l = \sqrt{\sigma / g(\rho_1 - \rho_v)}$ 为特性尺寸。

在所研究的情况下，该准则定义为 K。将 u_v 和 l 的表达式代入，得到加热面上两相边界层失去稳定的判据为

$$\frac{q_c}{h_{fg} \rho_v^{\frac{1}{2}} \left[\sigma g(\rho_1 - \rho_v)\right]^{\frac{1}{4}}} = K \tag{3-70}$$

根据实验结果，常数 K 的值在 $0.095 \sim 0.2$ 之间变化。由此可得出临界热流密度的计算式为

$$q_c = (0.095 \sim 0.2) h_{fg} \rho_v^{\frac{1}{2}} \left[\sigma g(\rho_1 - \rho_v)\right]^{\frac{1}{4}} \tag{3-71}$$

（2）朱伯模型[44~46] 这个模型认为，在接近沸腾临界状态时，从加热面上发出一股股由连续蒸气泡形成的蒸气射流。在两股蒸气射流之间，液体逆向流向加热面以维持加热面上液体气化的不断进行。由于蒸气占有较多的空间，要达到必需的液体补充的流量，液体的流速也很大，宛如液体射流一样，如图 3-17 所示。当这种气液逆向流动的相对运动速度达到某一定值时，气液分界面会出现很大的波动，

使得流动变得不稳定。这类不稳定现象在流体力学上称为亥姆霍兹（Helmholtz）不稳定性。当加热面附近局部出现这类不稳定现象时，那里的气液逆向流动遭到破坏，蒸气就滞留在加热面上形成局部气膜，从而出现核态沸腾向过渡沸腾转变的临界状态。

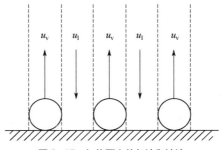

图 3-17　加热面上的气流和液流

达到沸腾临界状态时，气液两相相对流速达到最大值。按照亥姆霍兹不稳定性判据，维持稳定流动的气液两相最大的相对流速为

$$\left(u_1 - u_v\right)_{\max} = \left[\frac{\sigma m}{\rho_1 \rho_v}\left(\rho_1 + \rho_v\right)\right]^{\frac{1}{2}} \tag{3-72}$$

式中，m 为气液分界面上的波数。

在稳定流动的蒸气流和液体流之间应满足连续性方程，即

$$\rho_v u_v \frac{A_v}{A} = \rho_1 u_1 \frac{A_1}{A} \tag{3-73}$$

式中，A_v 和 A_1 分别为蒸气和液体的流动截面积；A 为加热面的总面积。

假定蒸气流的直径为 D_j，两股气流之间的距离为 $2D_j$，则 $A_v/A = \pi/16$，$A_1/A = 1 - \pi/16$，而由式（3-72）和式（3-73）可得蒸气的最大流速为

$$u_{v,\max} = \frac{\rho_1(16 - \pi)}{\rho_1(16 - \pi) + \rho_v \pi}\left(\frac{\rho_1 + \rho_v}{\rho_1}\right)^{\frac{1}{2}}\left(\frac{\sigma m}{\rho_v}\right)^{\frac{1}{2}} \tag{3-74}$$

在整个液体沸腾压力范围内，式（3-74）中等号右侧前两项的乘积接近于 1。对于圆柱形蒸气流，波数 m 为

$$m = \frac{2\pi}{\lambda} = \frac{2\pi}{\pi D_j} = \frac{2}{D_j} \tag{3-75}$$

式中，λ 为波长。

式（3-74）可简化成

$$u_{v,\max} = \left(\frac{2\sigma}{\rho_v D_j}\right)^{\frac{1}{2}} \tag{3-76}$$

另外，当加热面达到沸腾临界状态时，壁面上会局部出现蒸气膜。要使该蒸气膜维持稳定，必须满足由另一类称为泰勒（Taylor）不稳定性所给出的条件。泰勒不稳定性分析指出，要使密度较小的蒸气在密度较大的液体下方形成稳定的蒸气膜，必须使气液两相波状分界面上的波长 λ 大于某一临界波长 λ_c，即

$$\lambda > \lambda_c = 2\pi \sqrt{\frac{\sigma}{g(\rho_l - \rho_v)}} \tag{3-77}$$

根据在水平板上鼓入空气泡的实验结果，朱伯取蒸气射流的直径等于分界面波长的一半，即 $D_j = \lambda/2$。出现沸腾临界状态时，必然满足下述条件。

$$\lambda_c < \lambda = 2D_j < \lambda_D \tag{3-78}$$

式中，λ_D 为使分界面波动的扰动幅值增长最快的波长，常称为最危险的波长。由泰勒不稳定性分析[46]可求出

$$\lambda_D = 2\pi \sqrt{\frac{3\sigma}{g(\rho_l - \rho_v)}} \tag{3-79}$$

将式（3-76）、式（3-77）和式（3-79）代入式（3-78），化简后得

$$\left\{ \frac{2\sigma}{\pi\rho_v \sqrt{\dfrac{\sigma}{g(\rho_l - \rho_v)}}} \right\}^{\frac{1}{2}} > u_{v,max} > \left\{ \frac{2\sigma}{\pi\rho_v \sqrt{\dfrac{3\sigma}{g(\rho_l - \rho_v)}}} \right\}^{\frac{1}{2}} \tag{3-80}$$

根据加热面上的热平衡结果，临界热流密度应等于蒸气所带走的热量，即

$$q_c = \frac{A_v}{A} h_{fg} \rho_v u_{v,max} = \frac{\pi}{16} h_{fg} \rho_v u_{v,max}$$

代入式（3-80），可得到临界热流密度的最终范围为

$$\frac{\pi}{16}\left(\frac{2}{\pi}\right)^{\frac{1}{2}} > \frac{q_c}{h_{fg} \rho_v^{\frac{1}{2}} \left[\sigma g(\rho_l - \rho_v)\right]^{\frac{1}{4}}} > \frac{\pi}{16}\left(\frac{2}{\pi}\right)^{\frac{1}{2}} \times 3^{-\frac{1}{4}} \tag{3-81}$$

或

$$0.15 > \frac{q_c}{h_{fg} \rho_v^{\frac{1}{2}} \left[\sigma g(\rho_l - \rho_v)\right]^{\frac{1}{4}}} > 0.12$$

这与式（3-71）的结果完全相同。可以说，这为式（3-71）在理论上提供了论证。沸腾临界现象的流体动力学理论已得到传热界的广泛承认。由式（3-81）可知，临界热流密度与加热面的状况无关，只与液体的物理性质和重力场有关。而且，临界热流密度不是一个定值，而是在一定范围内变化，大约有 22%的分散性。这一结果也已为众多的实验所证实。

图 3-18 示出了根据流体动力学模型计算的临界热流密度值与池沸腾时测得的临界热流密度的实验值的比较。由图可见，两者符合得很好。

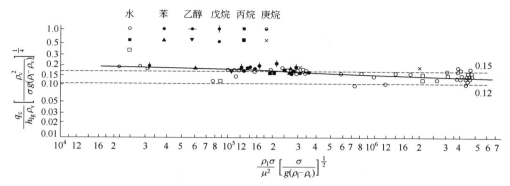

图 3-18　根据流体动力学模型计算的临界热流密度值与池沸腾时测得的临界热流密度的实验值的比较

3.2.2　影响池沸腾临界热流密度的主要因素

大量实验表明，临界热流密度 q_c 与压力有关，而且在某一压力下会出现一个极大值。如果把临界热流密度的值画在对比压力坐标图上，则 q_c 的最大值出现在 $p_r = p/p_c = 0.25 \sim 0.33$ 附近。图 3-19 给出了以对比压力 p_r 为横坐标的十种液体的沸腾临界热流密度与压力的关系。图 3-19 中，曲线是按式（3-61）计算的值绘制的，$q_{c,ref}$ 是任意选定的 $p_r = 0.05$ 时的临界热流密度值。图 3-20 是水沸腾时的临界热流密度 q_c 随压力变化的实验曲线，其最大值也发生在上述的范围内。

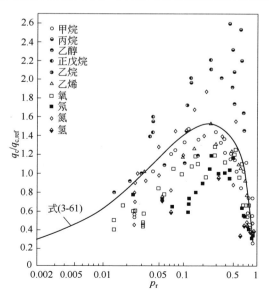

图 3-19　十种液体的沸腾临界热流密度与压力的关系

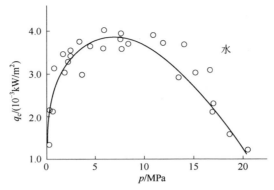

图 3-20   水沸腾时的临界热流密度 q_c 随压力变化的实验曲线

压力对临界热流密度的影响主要是通过液体和蒸气的热物性变化来实现的，这可以通过对式（3-71）的验算得到证实。

加热表面的形状和尺寸对临界热流密度也有一定的影响。文献[47～49]中研究了不同几何形状的加热表面以及加热表面尺寸对临界热流密度的影响。实验证实，对于不同形状的加热表面，其临界热流密度有较明显的差别。通过对式（3-75）中波数 m 的选择并经实验验证，可以得到不同形状加热表面上临界热流密度的计算公式，为

$$\left.\begin{array}{ll} \text{对于水平板} & q_{c,\text{水平板}}=1.14q_{c,z} \\ \text{对于大圆柱} & q_{c,\text{大圆柱}}=0.985q_{c,z} \\ \text{对于小圆柱} & q_{c,\text{小圆柱}}=\dfrac{0.94q_{c,z}}{4\sqrt{R'}} \\ \text{对于大球} & q_{c,\text{大球}}=0.84q_{c,z} \\ \text{对于小球} & q_{c,\text{小球}}=\dfrac{1.734}{\sqrt{R'}}q_{c,z} \end{array}\right\} \qquad (3\text{-}82)$$

式中，$q_{c,z}$ 是按式（3-81）计算出的临界热流密度；R' 是一个无量纲尺度，由式（3-83）计算。

$$R'=\frac{R}{\left[\dfrac{g(\rho_1-\rho_v)}{\sigma}\right]^{\frac{1}{2}}} \qquad (3\text{-}83)$$

式中，R 为半径。

加热表面的尺寸对临界热流密度也有影响。文献[58]中给出了五位研究者得到的 q_c 随加热丝直径变化的实验曲线，如图 3-21 所示。由图 3-21 可知，q_c 随金

属丝直径的减小而降低，直到直径减小至 0.5mm 为止。当直径进一步减小到 0.25mm 以下时，q_c 反而增大。这说明，在小尺寸的加热表面上临界热流密度的机理发生了变化。这是因为，当加热丝的直径 $D_0 > 0.5$mm 时，临界现象是由于许多气泡共同覆盖在加热丝表面上引起的；而当 $D_0 < 0.25$mm 时，临界现象是由单个气泡覆盖在加热丝表面引起的，从而出现上述临界热流密度的反常变化趋势。对于直径较小的加热丝，推荐

$$q_c D_0 = 常数 \qquad (3\text{-}84)$$

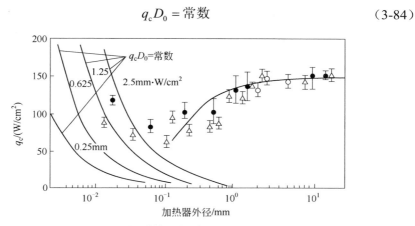

图 3-21 临界热流密度随金属丝直径的变化

作为描述加热丝直径与临界热流密度之间的定量关系，这些曲线中典型的几条已同时表示在图 3-21 中。

关于临界热流密度随加热表面尺寸的变化还有另外一些实验结果。文献[50]中指出，临界热流密度随加热表面直径的减小而增大。文献[51]中利用 1.25～5cm 宽的平板做试验，发现随着平板宽度的减小，临界热流密度增加很多。关于加热器尺寸对临界热流密度影响的机理，可做如下分析：当沸腾到达临界状态时，从加热表面上移走的热量可分成由液体气化所带走的和由气泡引起的液体附加对流所带走的两部分。由液体对流带走的那一部分热量受到加热器直径的影响。当加热表面的直径较小时，对流传热分量占较大的比例；当直径增大时，对流分量减弱；当直径趋向无穷大时，临界热流密度趋向一个渐近值，该值等于只依靠气化潜热所带走的热流密度。实验中用玻璃板把加热器包起来，以限制液体从边缘向内的对流，以模拟无限大平板加热器，从而可获得上述渐近值。文献[52]中用实验验证了附加对流效应对临界热流密度的影响。

加热器方位对临界热流密度也有一定影响。加热面向下时，其临界热流密度比同样条件下加热面向上时要低，这很容易用蒸气膜易于在面朝下的加热面上形成来解释。如果把文献中发表的水平放置和竖直放置的金属丝上的临界热流密度

进行比较，在大致相当的实验条件下，竖直放置与水平放置时的临界热流密度之比为 0.76。然而，水平平板上的临界热流密度却比竖直平板上的临界热流密度要低。这种矛盾的结果还没有令人信服的解释。

加热面材料的润湿性能对临界热流密度有明显的影响。一般认为，润湿表面（$\theta < 90°$）有助于液体黏附在表面上；反之，不润湿表面（$\theta > 90°$）则有助于蒸气覆盖，使临界状态提前出现。因此，增加表面的润湿能力，例如增加某种涂层或形成表面沉积物，可以提高临界热流密度。例如，戊烷在洁净的铜表面上（$\theta = 10°$）q_c 约为 $28W/cm^2$，而在氧化铜表面上（$\theta \approx 0°$）q_c 可达 $31W/cm^2$。加热面材料的热物性对 q_c 的影响尚无明确的结论，这是由于在实验中无法排除液体与固体之间接触角变化的影响，但是加热面材料对液氮等低温液体沸腾临界热流密度的影响已为实验所证实。导热性能好的材料具有较大的 q_c 值。

液体过冷度是影响临界热流密度的主要变量之一。所有的实验数据都表明，在各种压力下，临界热流密度随过冷度的增大而近乎线性地增加，而且在低压下更为明显，如图 3-22 所示[62]。过冷度的这种影响，显然是由于把液体加热到饱和温度需要一些附加的热量。

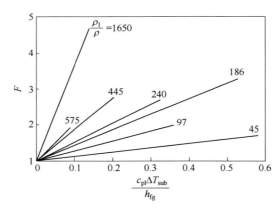

图 3-22   临界热流密度随液体过冷度的变化

设液体过冷状态下的临界热流密度为 $q_{c,sub}$，则可以将它表达成

$$q_{c,sub} = Fq_c \tag{3-85}$$

式中，q_c 为液体在饱和状态下的临界热流密度；F 为过冷因子。

根据实验结果整理出的过冷因子 F 的表达式为[47]

$$F = \frac{q_{c,sub}}{q_c} = 1.0 + \left(\frac{\rho_l}{\rho_v}\right)^{0.8} \frac{c_{pl}\Delta T_{sub}}{15.38 h_{fg}} \tag{3-86}$$

式中，除 c_{pl} 以外，其他物性都在饱和工况下取值；c_{pl} 则取参考温度 T_{ref} 下的值，T_{ref} 由式（3-87）确定。

$$T_{ref} = T_s - \frac{1}{2}\Delta T_{sub} \tag{3-87}$$

文献[53]中对已发表的全部过冷液体池沸腾临界热流密度的实验数据进行整理后，得到了更精确的计算 F 的表达式，为

$$F = 1 + \left(\frac{\rho_l}{\rho_v}\right)^{0.75} \frac{c_p \Delta T_{sub}}{9.8 h_{fg}} \tag{3-88}$$

此外还发现，直径为 0.4～1.2mm 的水平加热丝的临界热流密度随过冷度不是线性变化的，而且过冷沸腾时 q_c 随加热丝直径的变化也无明显的规律。

临界热流密度随系统加速度的不同，也会发生变化。实验表明[54, 55]，在 g/g_0 为 0.1～1 的范围内，仍能满足 q_c 与 g 成 1/4 次方的关系，即

$$\frac{q_c}{q_{c_0}} = \left(\frac{g}{g_0}\right)^{\frac{1}{4}} \tag{3-89}$$

在 $g/g_0 < 0.1$ 时，式（3-89）不再成立。此时，近似地有

$$q_c \sim \left(\frac{g}{g_0}\right)^{0.07} \tag{3-90}$$

水、乙醇和乙醚在失重状态下的实验表明[56]：$g = 0$ 时 $q_c/q_{c_0} = 0.38$；在超重状态下，满足 $1 < g/g_0 < 10$ 时，$q_c \sim (g/g_0)^{0.15}$；满足 $10 < g/g_0 < 100$ 时，$q_c \sim (g/g_0)^{1/4}$。

3.2.3　池沸腾临界热流密度的综合关系式

除了上述讨论的临界热流密度的模型以外，文献中还提出了其他一些池内沸腾临界热流密度的半经验解析关系式。这些半经验解析关系式所依据的物理基础，都是蒸气在加热面上形成覆盖层而导致临界热流密度出现。各个关系式中都包含了表面上蒸气流的平均速度项 $q_c/(\rho_v h_{fg})$ 以及和系统压力有关的某个函数。表 3-4 列出了计算池沸腾临界热流密度的几个主要半经验解析关系式。

表 3-4　计算池沸腾临界热流密度的几个主要半经验解析关系式

作者	临界热流密度表达式
阿特姆斯（Addoms）（1948 年）	$\phi = \left(\dfrac{g\lambda_l}{\rho_l c_{pl}}\right)^{\frac{1}{3}} f\left(\dfrac{\rho_l - \rho_v}{\rho_v}\right)$ 式中，函数 f 由图 3-23 确定

续表

作者	临界热流密度表达式
罗森诺（Rohsenow）和格里菲思（Griffith）（1956 年）	$\phi = 43.5\left(\dfrac{\rho_l - \rho_v}{\rho_v}\right)^{0.6}$
格里菲思（Griffith）（1957 年）	$\phi = \left[\dfrac{g(\rho_l - \rho_v)}{\mu_l} \times \left(\dfrac{\lambda_l}{\rho_l c_{pl}}\right)^2\right]^{\frac{1}{3}} f\left(\dfrac{p}{p_c}\right)$ 式中，函数 f 由图 3-24 确定
朱伯（Zuber）和特里伯斯（Tribus）（1958 年）	$\phi = K\left[\sigma g\dfrac{(\rho_l - \rho_v)}{\rho_v^2}\right]^{\frac{1}{4}}\left(\dfrac{\rho_l}{\rho_l + \rho_v}\right)^{\frac{1}{2}}$ $0.12 \leqslant K \leqslant 0.16$
库塔捷拉泽（Кутателадзе）（1950 年）	$\phi = K\left[\sigma g\dfrac{(\rho_l - \rho_v)}{\rho_v^2}\right]^{\frac{1}{4}}$ $0.095 \leqslant K \leqslant 0.2$
鲍里尚斯基（Bolezansky）（1955 年）	$\phi = \left[\sigma g\dfrac{(\rho_l - \rho_v)}{\rho_v^2}\right]^{\frac{1}{4}}\left\{0.13 + 4\left[\mu_l^2 g(\rho_l - \rho_v)/\rho_l^{\frac{3}{2}}\right]^{\frac{1}{2}}\right\}^{0.4}$
诺伊斯（Noyes）（1963 年）	$\phi = 0.144\left(\dfrac{g\sigma}{\rho_l}\right)^{\frac{1}{4}}\left(\dfrac{\rho_l - \rho_v}{\rho_v}\right)^{\frac{1}{2}} Pr_l^{-0.245}$
张（Zhang）和斯奈德（Snyder）（1960 年）	$\phi = 0.145\left[\sigma g\dfrac{(\rho_l - \rho_v)}{\rho_v^2}\right]^{\frac{1}{4}}\left(\dfrac{\rho_l + \rho_v}{\rho_l}\right)^{\frac{1}{2}}$
张（Zhang）（1963 年）	$\phi = K\left[\sigma g\dfrac{(\rho_l - \rho_v)}{\rho_v^2}\right]^{\frac{1}{4}}$ $K=0.098$（竖直表面） $K=0.12$（水平表面）
莫伊西斯（Moissis）和贝伦森（Berebson）（1963 年）	$\phi = 0.18\left[\sigma g(\rho_l - \rho_v)\right]^{\frac{1}{4}}\left(\dfrac{\rho_l + \rho_v}{\rho_l \rho_v}\right)^{\frac{1}{2}}\left[1 + 2\left(\dfrac{\rho_v}{\rho_l}\right)^{\frac{1}{2}} + \dfrac{\rho_v}{\rho_l}\right]^{-1}$

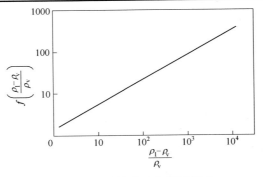

图 3-23　阿特姆斯公式中的参量 f

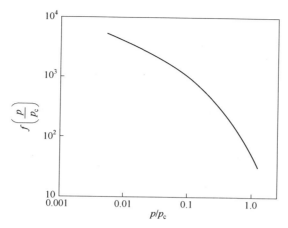

图 3-24　格里菲思公式中的参量 f

3.3　池内膜态沸腾传热

池内膜态沸腾的特征是加热面上形成稳定的蒸气膜，而将液体和固体壁面分隔开，加热面的放热量要通过蒸气膜传递。由于蒸气膜内蒸气的导热性能差，壁面与液体间的传热强度要比核态沸腾传热低得多，因而壁面温度有较大的升高。膜态沸腾区相当于图 2-1 中沸腾曲线的 CD 段。虽然从流体动力学稳定性的角度看，密度较小的蒸气位于密度较大的液体下方的这种配置方式本应是不稳定的，但由于固体壁面的温度高，导致液体无法与壁面接触而使蒸气膜能维持稳定。

液体的膜态沸腾在工程上一般较少遇到，在冶金工业的淬火与冷却中有时会出现。在低温工程中，由于室温和流体之间温差极大，低温液体与器壁之间的传热过程几乎不可避免地处在膜态沸腾的工况下，而在低温液体的装运和贮存时更经常出现。所以，研究膜态沸腾仍然有重要的应用背景。

膜态沸腾时，液体的气化不是直接发生在加热面上，而是发生在离开加热面的气液分界面上，所以膜态沸腾表现出与加热面状况无关的特征。由于膜态沸腾传热过程与加热面的状态无关，使得膜态沸腾有可能通过解析方法求解。

池内膜态沸腾传热通常有两种研究方法：一种是通过蒸气膜内的导热过程进行分析；另一种是应用气液两相流动的不稳定性理论。下面对这两种方法分别进行讨论。又由于膜态沸腾与加热面的形状和方位有很大的关系，因此分析时需要对加热面的不同布置方式分别进行讨论。

3.3.1 竖直平壁上的膜态沸腾

布朗利（Bromley）[57]最早对竖直平壁上的膜态沸腾进行了理论分析。竖直平壁上的膜态沸腾如图 3-25 所示。

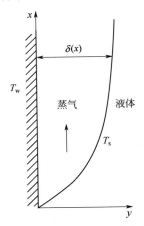

图 3-25 竖直平壁上的膜态沸腾

假定：

① 膜内蒸气的流动是稳定层流状态，加速度可以不计；

② 膜内蒸气的热物理性质是常量，按平均膜温取值；

③ 膜外液体处于静止状态，对蒸气的运动无影响；

④ 热量靠穿过蒸气膜的导热过程传递，蒸气膜内的对流与辐射的影响可忽略；

⑤ 壁温为 T_w，气液分界面温度为 T_s，两者分别维持常值。

根据蒸气膜中蒸气微元体上浮力和黏性切应力相平衡的条件，可写出蒸气的运动方程。

$$g(\rho_l - \rho_v) = -\mu_v \frac{\mathrm{d}^2 u}{\mathrm{d}y^2} \tag{3-91}$$

边界条件为

$$
\left.
\begin{aligned}
&y = 0 \text{ 时,} \quad u = 0 \\
&y = \delta \text{ 时,} \quad \frac{\mathrm{d}u}{\mathrm{d}y} = 0 \text{(假定气液分界面随蒸气向上移动)} \\
&y = \delta \text{ 时,} \quad u = 0 \text{(假定气液分界面静止)}
\end{aligned}
\right\} \tag{3-92}
$$

求解式（3-91），并利用边界条件式（3-92），可解得蒸气膜中蒸气沿 y 方向向上运动的速度分布为

$$u_v = \frac{g(\rho_l - \rho_v)}{\mu_v}\left(c\frac{\delta y}{2} - \frac{y^2}{2}\right) \tag{3-93}$$

式中，常数 c 由分界面的运动状况决定。

对于上述两种极端情况，有：

① $c=2$，分界面随蒸气运动；

② $c=1$，分界面维持静止。

沿膜层厚度 δ 的蒸气平均速度为

$$\overline{u_{\mathrm{v}}} = \frac{1}{\delta}\int_0^{\delta} u_{\mathrm{v}}\mathrm{d}y = \frac{g\left(\rho_{\mathrm{l}} - \rho_{\mathrm{v}}\right)\delta^2}{\mu_{\mathrm{v}}B} \tag{3-94}$$

式中，B 为常数，$c=1$ 时，$B=12$；$c=2$ 时，$B=30$。

通过蒸气膜传导的热量将维持液体在气液分界面上不断气化，从而使蒸气膜内的蒸气流量不断增加，蒸气膜变厚。假定蒸气膜内的温度为线性分布，则热平衡方程为

$$h_{\mathrm{fg}}\frac{\mathrm{d}M}{\mathrm{d}x} = \lambda_{\mathrm{v}}\frac{T_{\mathrm{w}} - T_{\mathrm{s}}}{\delta} = \lambda_{\mathrm{v}}\frac{\Delta T}{\delta} \tag{3-95}$$

式中，M 为蒸气流的质量流量，由式（3-96）计算。

$$M = \int_0^{\delta}\rho_{\mathrm{v}}u_{\mathrm{v}}\mathrm{d}y \tag{3-96}$$

将 u_{v} 的表达式［式（3-93）］代入式（3-95），并利用边界条件 $x=0$ 时 $\delta=0$，积分，得蒸气膜的厚度为

$$\left.\begin{array}{l} \delta\left(x\right) = \left[\dfrac{4\lambda_{\mathrm{v}}\Delta Tx\mu_{\mathrm{v}}}{h_{\mathrm{fg}}\rho_{\mathrm{v}}g\left(\rho_{\mathrm{l}} - \rho_{\mathrm{v}}\right)}\right]^{\frac{1}{4}} \quad (c=2) \\[4mm] \delta\left(x\right) = \left[\dfrac{16\lambda_{\mathrm{v}}\Delta Tx/\mu_{\mathrm{v}}}{h_{\mathrm{fg}}\rho_{\mathrm{v}}g\left(\rho_{\mathrm{l}} - \rho_{\mathrm{v}}\right)}\right]^{\frac{1}{4}} \quad (c=1) \end{array}\right\} \tag{3-97}$$

膜态沸腾的局部传热系数为

$$\alpha\left(x\right) = \frac{\lambda_{\mathrm{v}}}{\delta\left(x\right)} = \left\{\begin{array}{l} 0.7\left[\dfrac{h_{\mathrm{fg}}g\rho_{\mathrm{v}}\left(\rho_{\mathrm{l}} - \rho_{\mathrm{v}}\right)\lambda_{\mathrm{v}}^3}{\Delta Tx\mu_{\mathrm{v}}}\right]^{\frac{1}{4}} \quad (c=2) \\[4mm] 0.5\left[\dfrac{h_{\mathrm{fg}}g\rho_{\mathrm{v}}\left(\rho_{\mathrm{l}} - \rho_{\mathrm{v}}\right)\lambda_{\mathrm{v}}^3}{\Delta Tx\mu_{\mathrm{v}}}\right]^{\frac{1}{4}} \quad (c=1) \end{array}\right. \tag{3-98}$$

沿高度 L，竖直平壁的平均膜态沸腾传热系数为

$$\overline{\alpha} = \frac{1}{L}\int_0^L \alpha(x)\,\mathrm{d}x = \begin{cases} 0.943\left[\dfrac{h_{\mathrm{fg}}g\rho_{\mathrm{v}}(\rho_{\mathrm{l}}-\rho_{\mathrm{v}})\lambda_{\mathrm{v}}^3}{\Delta T L \mu_{\mathrm{v}}}\right]^{\frac{1}{4}} & (c=2) \\[4mm] 0.667\left[\dfrac{h_{\mathrm{fg}}g\rho_{\mathrm{v}}(\rho_{\mathrm{l}}-\rho_{\mathrm{v}})\lambda_{\mathrm{v}}^3}{\Delta T L \mu_{\mathrm{v}}}\right]^{\frac{1}{4}} & (c=1) \end{cases} \tag{3-99}$$

定义膜态沸腾的格拉晓夫数 Gr^* 和普朗特数 Pr^* 分别为

$$\left.\begin{array}{l} Gr^* = \dfrac{gL^3\Delta\rho}{\nu_{\mathrm{v}}^2\rho_{\mathrm{v}}} \\[4mm] Pr^* = \dfrac{h_{\mathrm{fg}}\rho_{\mathrm{v}}\nu_{\mathrm{v}}}{\Delta T \lambda_{\mathrm{v}}} \end{array}\right\} \tag{3-100}$$

则式（3-99）可改写成

$$\overline{N}_{\mathrm{u}} = \begin{cases} 0.943\left(Gr^*Pr^*\right)^{\frac{1}{4}} & (c=2) \\[3mm] 0.667\left(Gr^*Pr^*\right)^{\frac{1}{4}} & (c=1) \end{cases} \tag{3-101}$$

式（3-101）与流体层流自然对流传热的准则方程具有完全类似的形式。

实际情况下的蒸气总是存在一定的过热度。为了简化公式的形式，可以把蒸气过热的显热与潜热一并考虑，而引入一个有效气化潜热 h'_{fg}，$h'_{\mathrm{fg}} = h_{\mathrm{fg}} + 0.5c_{\mathrm{pv}}(T_{\mathrm{w}}-T_{\mathrm{s}})$，以代替上面各式中的 h_{fg}，则式（3-101）的形式不变。

在式（3-99）的推导过程中假定蒸气的运动是层流。实际上，在竖直平板的一定高度上，蒸气的流动会转变成湍流，所以按式（3-99）计算出的膜态沸腾传热系数比实际测量值偏低。

引入蒸气雷诺数 Re_{v}，并定义为

$$Re_{\mathrm{v}} = \frac{4M_{\mathrm{v}}}{U\mu_{\mathrm{v}}} \tag{3-102}$$

式中，M_{v} 为通过蒸气膜某一截面的蒸气流量；U 为润湿周界，对于单位宽度的平壁，$U=1$，对于竖直圆管，$U=\pi D$。

在蒸气雷诺数 $Re_{\mathrm{v}}=800\sim5000$ 的范围内，适用于湍流膜态沸腾传热的计算式为

$$\alpha\left[\frac{\mu_{\mathrm{v}}^2}{\lambda_{\mathrm{v}}^3\rho_{\mathrm{v}}(\rho_{\mathrm{l}}-\rho_{\mathrm{v}})g}\right]^{\frac{1}{3}} = 0.002Re_{\mathrm{v}}^{0.6} \tag{3-103}$$

3.3.2　水平加热表面上的膜态沸腾

水平表面上的膜态沸腾问题与上述竖壁上的膜态沸腾有明显的差别，不存在

蒸气受重力作用沿壁面的宏观整体流动。水平表面上发生膜态沸腾时，壁面上存在一定厚度的蒸气膜，热量通过蒸气膜导热过程转移到气液分界面，在分界面上使液体蒸发。分界面上蒸发的蒸气以气泡的形式从分界面上向外释放。由于密度较小的蒸气层存在于密度较大的液体下方，所以对膜态沸腾的分析通常与流体动力学不稳定性理论联系起来。

在稳定膜态沸腾肘，蒸气膜厚度是常数。气液分界面上蒸气的产生速率也保持不变，气液分界面呈波状，气泡从分界面上有规则地向外释放。贝伦森（Berenson）[58]把波状分界面经过规则化以后，建立了如图 3-26 所示的物理模型。假定在一个波长的平方区内有两个气泡成长，每个气泡的形状如图 3-26 所示。

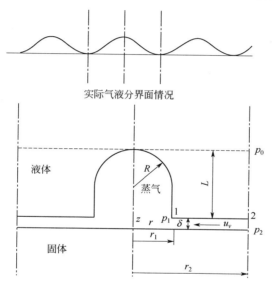

图 3-26　水平表面上膜态沸腾的物理模型

蒸气膜内蒸气的质量平衡式为

$$\rho_v \overline{u_v} \times 2\pi r \delta = \frac{Q}{h_{fg}}$$　　　　（3-104）

式中，Q 为加热面通过蒸气膜所传递的热量，可表达为

$$Q = \frac{\lambda_v \Delta T}{\delta}\left(\pi r_2^2 - \pi r^2\right)$$　　　　（3-105）

式中，r 是成长气泡的半径。

由式（3-104）和式（3-105）可求得蒸气膜内蒸气的平均速度为

$$\overline{u_v} = \frac{\lambda_v \Delta T}{\rho_v h_{fg} \delta^2} \times \frac{r_2^2 - r^2}{2r}$$　　　　（3-106）

蒸气膜内的压力梯度由蒸气的运动方程给出，即

$$\frac{\mathrm{d}p}{\mathrm{d}r} = \mu_v \frac{\partial^2 u_v}{\partial z^2} = \frac{b\mu_v \overline{u}_v}{\delta^2} \tag{3-107}$$

式中，b 为常数，对于气液分界面静止的情况，$b=12$；对于分界面上的切应力为零的情况，$b=3$。

图 3-26 中，r_1 是气泡从气液分界面上脱离时的半径，可由实验测出。文献[58] 中得到的脱离半径 r_1 的计算式为

$$r_1 = 2.35 \sqrt{\frac{\sigma}{g(\rho_1 - \rho_v)}} \tag{3-108}$$

通过实验观察和分析，r_2 和泰勒不稳定性的最危险波长 λ_D 有关。根据假定，在对应的波长平方区 λ_D^2 内有两个气泡成长，所以 r_2 可由式（3-109）计算。

$$\pi r_2^2 = \frac{\lambda_D^2}{2} \tag{3-109}$$

将式（3-107）从 r_1 到 r_2 进行积分，得到蒸气膜内蒸气流动的压力降为

$$p_2 - p_1 = \frac{8b}{\pi} \times \frac{\mu_v \lambda_v \Delta T_w}{\delta^4 \rho_v h_{fg}} \times \frac{\sigma}{g(\rho_1 - \rho_v)} \tag{3-110}$$

另外，在图 3-26 上，点 1 和点 2 之间的压力差也可用静压头差及表面张力来表示，即

$$p_2 - p_1 = (\rho_1 - \rho_v)gL - \frac{2\sigma}{r_1} \tag{3-111}$$

式中，气泡高度 L 由下列经验式确定。

$$L = 3.2 \sqrt{\frac{\sigma}{g(\rho_1 - \rho_v)}} \tag{3-112}$$

联立式（3-110）和式（3-111），可求出蒸气膜的厚度 δ 为

$$\delta = \left[1.09b \frac{\mu_v \lambda_v \Delta T_w}{h_{fg} \rho_v (\rho - \rho_v)g} \sqrt{\frac{\sigma}{g(\rho_1 - \rho_v)}} \right]^{\frac{1}{4}} \tag{3-113}$$

如果取 b 为两种极端情况下的平均值，则水平面上膜态沸腾的平均传热系数为

$$\overline{\alpha} = \frac{\lambda_v}{\delta} = 0.425 \left[\frac{\lambda_v^3 h_{fg} \rho_v g(\rho_1 - \rho_v)}{\mu_v \Delta T \sqrt{\dfrac{\sigma}{g(\rho_1 - \rho_v)}}} \right]^{\frac{1}{4}} \tag{3-114}$$

式（3-114）与竖直平壁上膜态沸腾的公式［式（3-99）］相类似，只是把式（3-99）中的特性尺寸 L 改为 $\sqrt{\sigma/\left[g(\rho_{\mathrm{l}}-\rho_{\mathrm{v}})\right]}$。

上面的结果是在假定气液分界面上气泡呈有规则分布的条件下得到的。但是实验表明，只有在蒸气速度很低时才出现这种有规则的分布。一般情况下气泡的分布是不规则的，同时蒸气的流动常处于湍流状态。与湍流自然对流相类似，$\bar{\alpha}$ 计算式中的指数将由 1/4 变为 1/3，同时常数值也需要由相应的实验值确定[53]。

3.3.3 水平圆柱体和球体上的膜态沸腾

3.3.3.1 水平圆柱体

如果将水平圆柱体表面看成由许多倾斜的平面组成，则每个小平面的液膜厚度都可用式（3-97）来确定。经过沿圆周的积分后，可得到

$$\bar{\alpha}=0.62\left[\frac{\lambda_{\mathrm{v}}^{3}\rho_{\mathrm{v}}(\rho-\rho_{\mathrm{v}})h_{\mathrm{fg}}g}{\mu_{\mathrm{v}}\Delta T_{\mathrm{w}}D}\right]^{\frac{1}{4}} \tag{3-115}$$

式中，D 为圆柱直径。

式（3-115）的计算值与直径 $D=6\sim19\mathrm{mm}$ 的水平圆柱体上测得的水、氢、正戊烷、乙醇、四氯化碳、联苯醚等的膜态沸腾实验值相比，均方根偏差为 30.2%[53]。

对于直径非常大的圆柱体和直径很小的圆柱体，式（3-115）不适用。对于直径比临界波长大得多的圆柱体，可以直接用水平表面膜态沸腾传热的公式［式（3-114）］计算。引入一个尺度参数 λ_{c}/D，文献[59]中得到的水平圆柱体膜态沸腾传热的实验综合关系式为

$$\bar{\alpha}=\left[\frac{\lambda_{\mathrm{v}}^{3}\rho_{\mathrm{v}}(\rho-\rho_{\mathrm{v}})h_{\mathrm{fg}}g}{\mu_{\mathrm{v}}\Delta T_{\mathrm{w}}\lambda_{\mathrm{c}}}\right]^{\frac{1}{4}}\left(0.59+0.069\frac{\lambda_{\mathrm{c}}}{D}\right) \tag{3-116}$$

对于大直径圆柱体，式（3-116）将简化成式（3-114）的形式。式（3-116）的计算值与十种液体的实验值的比较示于图 3-27，表明式（3-116）能适用于较宽的直径范围，而与实验值的均方根的偏差为 58.5%。

也可采用极大值的方法来确定圆柱体的膜态沸腾传热系数，其物理模型示于图 3-28，由该模型可知，蒸气是沿圆柱壁面的环形通道内流动的，流动方向指向气泡单元。气泡单元的长度 λ 和气泡半径 R_{e} 可以由约束条件（极大值条件，它是根据系统自身能够调整到容纳最大热流的假定而得到的）来确定，即

$$\frac{\partial\alpha}{\partial\lambda}=0 \qquad \frac{\partial\alpha}{\partial R_{\mathrm{e}}}=0 \tag{3-117}$$

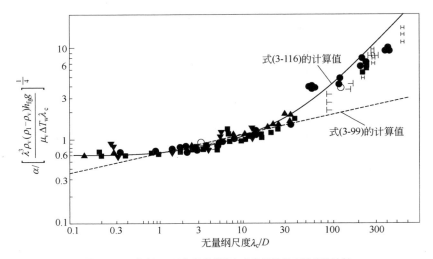

图 3-27　式（3-116）的计算值与十种液体的实验值的比较

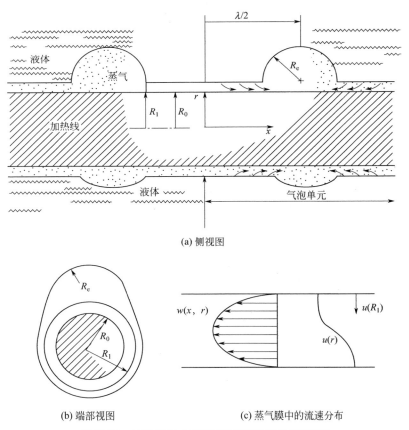

图 3-28　水平圆柱体上膜态沸腾时的蒸气流动物理模型

由此得到的水平圆柱体上膜态沸腾传热系数的计算式为

$$\alpha = 0.485 \left\{ \frac{\lambda_v^3 h'_{fg} g(\rho_l - \rho_v)\rho_v}{\mu_v \Delta T_w \sqrt{\frac{\sigma}{g(\rho_l - \rho_v)}}} \right\}^{\frac{1}{4}} \left[\left[\frac{\sqrt{\frac{\sigma}{g(\rho_l - \rho_v)}}}{D} \right]^3 \right.$$

$$\left. + 2.25 \frac{\sqrt{\frac{\sigma}{g(\rho_l - \rho_v)}}}{D} \Delta^2 \right\}^{\frac{1}{4}}$$

$$(3-118)$$

式中

$$\Delta = \frac{R_1}{R_0} = \exp\left(4.35 \frac{\lambda_v \mu_v \Delta T_w}{h'_{fg} D \rho_v \sigma} \right) \tag{3-119}$$

文献[60]中利用对比态理论导出了水平圆柱体上膜态沸腾传热的最佳拟合式，为

$$\alpha = \xi \left(\frac{1.73}{D} + 207 \right) p_{cr}^{\frac{1}{4}} \tag{3-120}$$

式中，p_{cr} 为对比压力，系数 ξ 由式（3-121）计算。

$$\xi = 13.38 - 15.53 T_{cr,s} + 6.14 T_{cr,s}^2 - 0.588 T_{cr,s}^3 \tag{3-121}$$

式中，$T_{cr,s} = T_s / T_c$ 为对比饱和温度。

式（3-120）的计算值与液氦、液氮、液氩及甲烷等多种液体的实验值相比，均方根偏差为 20%。

3.3.3.2 球体

液氮在球体上膜态沸腾的实验数据[61]表明，水平圆柱体上膜态沸腾传热系数的计算式［式（3-115）］也适用于圆球。此时的特性尺寸为球直径。球直径变化对膜态沸腾传热的影响也与圆柱体相似。

3.3.4 影响膜态沸腾的其他因素

实验表明，重力加速度的变化对膜态沸腾传热有一定的影响。文献[62]中对 R-113 在直径 D 为 4.8mm 的水平管外的膜态沸腾进行了实验研究。实验中无量纲加速度的变化范围为 $g/g_0 = 1 \sim 10$。实验结果示于图 3-29。

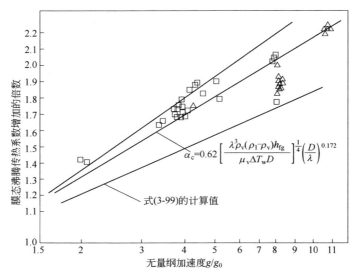

图 3-29　重力加速度对膜态沸腾的影响

文献[63]中综合考虑了液体过冷度、壁面辐射以及液体中湍流运动的影响，得到的过冷膜态沸腾传热系数的表达式为

$$\alpha_{sub} = \alpha_s + 0.88\alpha_r + 0.12\alpha_t \frac{T_s - T_l}{T_w - T_s} \qquad (3-122)$$

式中，α_s 为饱和膜态沸腾传热系数；α_r 为辐射传热系数；α_t 为液体湍流自然对流传热系数。

如果膜态沸腾时壁温很高，辐射传热与导热和对流传热量在数值上相当，则可用牛顿冷却公式来表示辐射传热量，即

$$q_r = \alpha_r \left(T_w - T_s \right) \qquad (3-123)$$

式中，辐射传热系数 α_r 可按式（3-124）计算。

$$\alpha_r = \frac{c_0}{\dfrac{1}{\varepsilon_w} + \dfrac{1}{\varepsilon_l} - \dfrac{1}{\varepsilon_l \varepsilon_w}} \times \frac{T_w^4 - T_s^4}{T_w - T_s} \qquad (3-124)$$

式中，c_0 为黑体辐射常数；ε_w、ε_l 分别为壁面和液体的黑度。

实验中还发现[63]，在过冷度很大时，如满足

$$\frac{T_s - T_l}{T_w - T_s} > \frac{\alpha_r + 1.27\alpha_s}{\alpha_t} \qquad (3-125)$$

则膜态沸腾不能维持。

压力升高可使膜态沸腾传热增强。图 3-30 示出压力变化对苯在竖直圆管上膜

态沸腾传热的影响，压力影响的机理至今还不十分清楚。

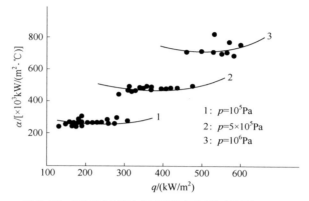

图 3-30   压力变化对苯在竖直圆管上膜态沸腾传热的影响

实验表明，减小表面粗糙度也会使膜态沸腾传热增强[64]。外加电场会使稳定的膜态沸腾变得不稳定，甚至转变为核态沸腾[65]。连续不断地吸走蒸气膜中的蒸气，可显著提高膜态沸腾传热的强度[64, 66]。

综上所述，虽然对膜态沸腾传热的研究已取得了很大进展，其过程发展的规律和物理机制已基本弄清，但是在深入研究各因素的影响时，特别是对于低温液体的膜态沸腾现象，还存在不少问题需要进行更深入的研究。

3.4   池内过渡沸腾传热

过渡沸腾区位于图 2-1 中沸腾曲线上的 BC 段，是液体从核态沸腾到稳定膜态沸腾之间的一个过渡区。过渡沸腾时，壁面热流密度随壁面温度的升高而减小。在加热面上，可以看到部分表面被不稳定的蒸气膜所覆盖，而另一部分表面上仍然进行着膜态沸腾。在沸腾进行过程中，加热面轮番地被蒸气膜和液体所占据。因此，总体来说，在过渡沸腾区域中，核态沸腾和膜态沸腾同时存在，并且随着热流密度或壁温的增减而发生相互转换，是一种不稳定的沸腾工况。

工业换热器中很少发生过渡沸腾，这是由过渡沸腾中壁温升高伴随着热流密度降低这个固有的热不稳定因素所决定的。任何换热设备都不会设计得使它工作在过渡沸腾的换热工况下。但是，在某些特殊的工程问题中，例如水冷核反应堆发生失水事故后的紧急冷却工况、金属淬火冷却等场合，都会出现过渡沸腾传热工况。因此，对过渡沸腾传热的研究仍然具有重要的实际意义。另外，对过渡沸腾传热的研究也有助于人们更深入地理解核态沸腾和膜态沸腾的规律。

过渡沸腾传热是沸腾传热研究领域中最薄弱的一坏。究其原因，一方面是由于过渡沸腾在工程中出现得较少，另一方面是由于过渡沸腾本身的不稳定性，使得在实验中实现过渡沸腾比较困难。在实验室中，通常采用增加热流密度的电加热法无法使沸腾进入过渡区，只有利用复杂的控制壁温的加热方法，或者利用蒸气凝结加热，才能达到过渡沸腾工况。所以直到目前为止，还很少有关于过渡沸腾传热规律的详尽研究。

本节简要讨论过渡沸腾传热的基本特征、影响因素和计算方法。

3.4.1 过渡沸腾传热的流体动力学特征

图 3-31 示出过渡沸腾区内三个不同阶段加热表面附近气液两相的运动状况。

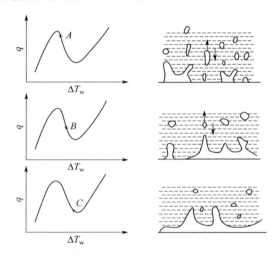

图 3-31 过渡沸腾区内三个不同阶段加热表面附近气液两相的运动状况

在过渡沸腾初期，绝大部分加热面上仍然具有核态沸腾的特征。此时，液体与加热面保持直接接触，一定数量的气泡在加热面上产生和脱离（与核态沸腾时相同），只在个别部分的加热面上，相邻的气泡之间才会发生相互连接，形成大气泡覆盖在加热面上。在大气泡上部的气液分界面上，有小气泡产生和脱离。这类大气泡的位置常常是不固定的，会在加热面上移动，因此在加热面上发生无规则的气液交替覆盖。随着加热面温度的升高，加热面上被大气泡覆盖的面积越来越大。大气泡之间产生的互相连接造成加热面上更大的蒸气泡覆盖面。此时，小部分加热面还继续产生单个气泡，液体与加热面仍维持着直接接触。加热面温度再升高而进入过渡沸腾后期以后，加热面逐渐被一层不稳定的蒸气膜完全覆盖，液体不再与加热面发生直接接触。蒸气膜的厚度沿加热面发生变化，随着气液分界面上小气泡的脱离，蒸气膜在脱离处变薄。过渡沸腾期间出现的这种不稳定的气液运动状况, 导致了加热壁面温度的强烈脉动。如图 3-32 所示是利用表面热电偶测出的高温壁面在不稳定冷却过程中进入过渡沸腾时加热表面温度的脉动信号[67]。

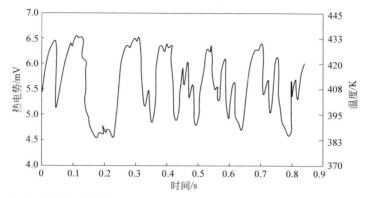

图 3-32 利用表面热电偶测出的高温壁面在不稳定冷却过程中进入过渡沸腾时加热表面温度的脉动信号

3.4.2 过渡沸腾传热机理

早期的研究普遍认为, 过渡沸腾与核态沸腾和膜态沸腾不同, 它没有自身特有的传热机制。过渡沸腾只是核态沸腾和膜态沸腾的一种不稳定的组合形式。它们交替地存在于加热面上的每个给定位置。沸腾传热强度的变化, 是由每种沸腾工况所占据的时间份额和空间份额的变化引起的。因此, 在计算过渡沸腾传热时, 只需要确定核态沸腾和膜态沸腾两种沸腾工况在加热面上各自所占区域大小的份额及延续时间的长短即可。但是, 近年来较深入的研究发现, 过渡沸腾工况存在着一些有别于单纯核态沸腾和稳态膜态沸腾的特殊规律, 例如: 存在着液体-固体之间的直接接触; 壁温有较大的脉动; 在增加和减小热流密度的过程中可以分别得到两条沸腾曲线, 而且表面润湿性能越差, 这两条沸腾曲线的偏离也越大, 这表明过渡沸腾存在着强烈的壁面效应等。显然, 深入研究过渡沸腾传热的机理, 对于液体沸腾传热理论的发展有重要的意义。

为了揭示过渡沸腾传热的机制, 首先必须了解在液体和加热面之间的分界面上所发生的一系列物理现象, 例如液体和固体相接触的频率、液体和蒸气各自的接触面积及接触时间。下面对这些问题进行较深入的讨论。

3.4.2.1 液体-固体接触特征

液体和固体之间的接触问题, 是研究过渡沸腾传热的一个焦点, 也是弄清过渡沸腾传热机理的关键。研究液体和固体在过渡沸腾过程中的接触规律, 主要是确定液体和固体的接触频率及接触范围的大小。

对于水平表面上的过渡沸腾, 文献[67]中利用高灵敏度表面热电偶测得, 水在大气压力下过渡沸腾时在最小热流密度点上液体-固体的接触频率为10Hz。在整个过渡沸腾区间，最高的液体-固体接触频率为50Hz，这与大多数实验结果相符合。

液体与加热面的接触面积份额 F 定义为

$$F = \frac{A_l}{A} \tag{3-126}$$

式中，A_l 为液体与加热面的接触面积；A 为加热面的总面积。

实测表明，F 近似等于加热面上给定点处的液体接触时间和统计的总时间之比。由此可知，液体接触的空间份额和时间份额近似相等。

过渡沸腾传热的总热流密度 q_t 可通过 F 来进行计算，即

$$q_t = Fq_l + (1-F)q_v \tag{3-127}$$

式中，q_l 和 q_v 分别为在液体接触及蒸气接触条件下加热面上各自的平均热流密度。

F 值随加热面的温度而变化。目前，通过表面热电偶或电导探针可以测定 F。图 3-33 示出了水和甲醇在水平面上过渡沸腾时 F 的实验值，图中 CHF 为临界热流密度，MHF 为最小热流密度。由图 3-33 可见，F 随壁面温度的升高而急剧下降，这与前述过渡沸腾时加热面上气液运动特征是一致的。另外的实验证明，F 还与加热面的方位有关。

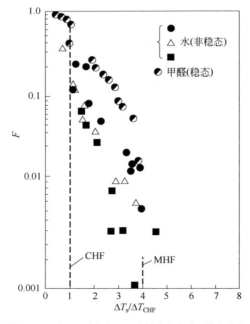

图 3-33   水和甲醇在水平面上过渡沸腾时 F 的实验值

液体的接触份额也可以通过测定加热面的温度波动得到。令 τ_l 代表加热面为液体覆盖的时间、τ_v 代表加热面为蒸气覆盖的时间，则液体的接触份额也可表示成

$$F = \frac{\tau_l}{\tau_l - \tau_v} \qquad (3\text{-}128)$$

图 3-34 示出水在铜管外（被管内蒸气加热）过渡沸腾时液体接触面积随加热面热流密度的变化。

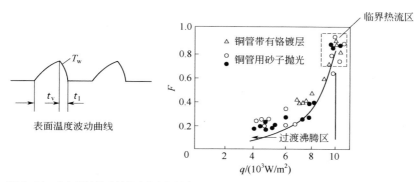

图 3-34　水在铜管外（被管内蒸气加热）过渡沸腾时液体接触面积随加热面热流密度的变化

3.4.2.2　过渡沸腾传热机理

早期的研究认为，过渡沸腾是核态沸腾和膜态沸腾以某种形式的叠加。因此，过渡沸腾的总热流 q_t 可通过沸腾曲线上两个极限热流密度，即最大热流密度 q_{CHF} 和最小热流密度 q_{min}，或者通过液体与加热面接触时的热流密度 q_l 和蒸气与加热面接触时的热流密度 q_v 的加权平均而得到，即

$$q_t = F_1 q_{CHF} + (1 - F_1) q_{min} \qquad (3\text{-}129)$$

$$q_t = F_1 q_l + (1 - F_2) q_v \qquad (3\text{-}130)$$

式中，F_1 和 F_2 分别是权重系数，主要取决于加热面的温度，可通过实验测定。

采用式（3-130）计算时常假定 $q_v = q_{MHF}$。q_t 由实验测定。根据测定的 q_{CHF} 和 ΔT_{CHF}，可写出 q_l 的实验关系式。

$$\frac{q_l}{q_{CHF}} = f\left(\frac{\Delta T_s}{\Delta T_{CHF}}\right) \qquad (3\text{-}131)$$

式中，ΔT_s 是壁面温度和液体饱和温度之差，即 $\Delta T_s = T_w - T_s$。

水和甲醇在大气压力下过渡沸腾时的 q_l 实验关系式为

$$\frac{q_l}{q_{CHF}} = 0.37 + 0.041\left(4 - \frac{\Delta T_s}{\Delta T_{CHF}}\right)^3 \qquad (3\text{-}132)$$

图 3-35 示出了水和甲醇过渡沸腾时 q_l 和 q_v 的变化曲线。

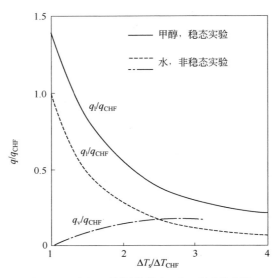

图 3-35　水和甲醇过渡沸腾时 q_l 和 q_v 的变化曲线

非常有意义的是，对于同类液体，根据它们的 q_{CHF} 和 ΔT_{CHF} 作出的无量纲过渡沸腾曲线互相重合，表明化学组分相同的同类液体的过渡沸腾传热具有相似的规律性。氟里昂液体在铜管上的过渡沸腾实验数据可整理成下列无量纲关系式。

$$\frac{q}{q_{CHF}} = 2.6 \left(\frac{\Delta T_s}{\Delta T_{CHF}} \right)^{-5.31} \tag{3-133}$$

如图 3-36 所示是氟里昂液体在非常光滑的铜表面上的池沸腾曲线，在 $1.2\Delta T_{CHF} < \Delta T < \Delta T_{MHF}$ 范围内，由式（3-133）计算的值与实验值基本吻合。

对液体过渡沸腾传热的机理已进行了一定的理论分析，问题的关键在于弄清液体和加热面之间分界面上的物理过程，亦即要弄清热量是以什么方式从加热面传给液体的。已经提出的过渡沸腾传热的物理模型大致可分为以下三类。

第一类是上述最简单的叠加模型。该模型认为，过渡沸腾传热是核态沸腾传热和膜态沸腾传热按一定的权重相互叠加的结果。这类模型没有反映出过渡沸腾过程中液体和固体接触传热的自身规律，一般只能得到一些有应用局限性的实验关系式。

第二类是统计模型。该模型将过渡沸腾曲线看成是一种类似泊松分布的统计曲线，只要给出最大热流密度点和最小热流密度点的位置，就可以用统计规律来描述整个过渡沸腾的全过程，甚至可以把加热面效应也考虑进去。目前这类模型还不成熟，其物理概念也不十分清晰，有待进一步的发展。

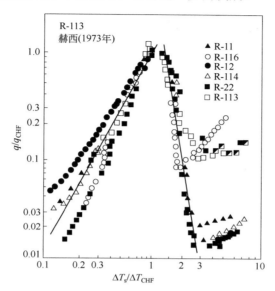

图 3-36　氟里昂液体在非常光滑的铜表面上的池沸腾曲线

　　第三类是近年来研究得比较广泛且物理概念也比较清晰的过渡沸腾传热模型。该类模型的核心是分析整个过渡沸腾期间气、液、固三相之间的接触传热规律，从而建立完整的过程模型。例如，最早的彭考夫模型[68]认为，过渡沸腾传热的主要机理是液相壁面之间的瞬态传热，但没有解释液体和加热面之间是如何发生接触的。卡托（Katto）等[69]提出，在加热面和蘑菇状的大气泡之间存在一层液膜，液膜中发生的沸腾过程是过渡沸腾传热的主要机理。当液膜层蒸发干以后，加热面将维持短暂的干涸。该模型没有考虑液膜蒸干过程中壁温的下降，因此计算结果有较大的误差。

　　还有一类半经验的过渡沸腾模型，认为在液固接触期间，液体经历瞬态导热、沸腾起始和沸腾传热过程。当液体中气泡的分布密度达到临界值时，由于气泡间的合并而使液体不再和固体表面相接触。在实验数据的基础上得到了一个半经验的传热计算公式。文献[70, 71]中又在此模型的基础上，进一步考虑了沸腾时在快速生长气泡的底部形成的液体微层蒸发过程。当单位面积上的气泡数增大到某一临界值时，气泡之间发生合并，大气泡向上运动时将液体从加热面上推开，但在加热面上遗留下一个液体薄层，这就是液体微层的形成过程。该模型所预计的表面温度波动幅度比实验中测出的要小得多。此外，在计算中引入的调节系数也缺乏明确的物理意义。

一个比较系统地描述池内过渡沸腾传热的液固接触模型是由潘（Pan）等[72]提出的，如图 3-37 所示。在蒸气覆盖期内［图 3-37（a）］，随着蒸气膜上的一个气泡长大并最后脱离，蒸气膜上撕裂处的空隙将被液体占领。由于液体运动的惯性，液体将和加热面发生直接接触，接触后即开始瞬态导热过程［图 3-37（b）］。液体被加热，并且在壁面附近的液体中形成一个热边界层。加热面输出的热量通过热边界层传给液体主体。当热边界层的温度升高到满足起始沸腾条件时，沸腾过程开始。由于过渡沸腾时壁温高，沸腾发生在高热流密度区，因此沸腾时蒸气将以射流的方式从加热面上产生，而不是以单个气泡的形式从加热面上产生［图 3-37（c）］。当蒸气和液体之间的相对运动速度大于某一临界值时，引起亥姆霍兹不稳定性，液体向加热面的运动被阻止，大气泡再一次形成。大气泡迫使液体离开加热面，并在加热面上留下一个大尺度液膜层（macrolayer）。大尺度液膜层蒸发［图 3-37（d）］时，会在气液分界面上形成气泡［图 3-37（e）］。大尺度液膜层蒸干后，液固的接触终止，蒸气覆盖期开始。由于气液分界面上的蒸发，在上阶段出现过的大气泡再一次在气液分界面出现并长大。当气泡的浮力超过气泡向上运动的阻力时，气泡从分界面上脱离，液体与固体之间的直接接触重新产生，过程重复进行，这就是池内过渡沸腾传热的物理过程。

液体和加热面之间的瞬时导热过程可以近似地认为是一维的。液固分界面的瞬时接触温度为

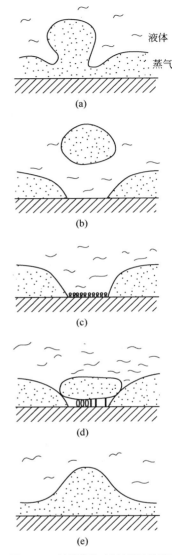

图 3-37　过渡沸腾时的液固接触模型

$$T_i = T_b + \left(T_w - T_b\right)\dfrac{\dfrac{\left(\lambda\rho c_p\right)_w^{\frac{1}{2}}}{\left(\lambda_e\rho c_p\right)_l^{\frac{1}{2}}}}{1 + \dfrac{\left(\lambda\rho c_p\right)_w^{\frac{1}{2}}}{\left(\lambda_e\rho c_p\right)_l^{\frac{1}{2}}}} \qquad (3\text{-}134)$$

式中，λ_e 是液体的有效热导率。

这已考虑到液固接触导热过程中的液体不是处于静止状态，而是处于剧烈的循环和湍流之中。因此，液体的有效热导率 λ_e 应当包括分子热导率 λ_L 和湍流热导率 λ_t 两项，即

$$\lambda_e = \lambda_L + \lambda_t \tag{3-135}$$

湍流热导率 λ_t 可由湍流热扩散率 a_t 求出，而湍流热扩散率 a_t 由传热学中常用的混合长度理论导出，即

$$a_t = u_t l \tag{3-136}$$

式中，u_t 为湍流脉动速度；l 为湍流特性尺度。

假定液体的运动主要由浮力控制，特性尺度 l 可以取气泡的脱离半径。由此得到的 a_t 的表达式为

$$a_t = c\left(g\beta\right)^{\frac{1}{2}}\left[\frac{\sigma}{g\left(\rho_l - \rho_v\right)}\right]^{\frac{3}{4}}\frac{\left(T_w - T_1\right)^2}{T_w^{\frac{3}{2}}} \tag{3-137}$$

式中，系数 c 由实验数据确定。

沸腾起始条件仍然采用核态沸腾时的许（Hsu）起始沸腾判别方法，即

$$T_1\left(x = \tau_c, \tau\right) \geqslant T_v = T_s + \frac{2\sigma}{r_c} \times \frac{T_s}{\rho_v h_{fg}} \tag{3-138}$$

由接触导热方程解出的液体中的温度分布为

$$T_1\left(x, \tau\right) = T_b + \left(T_w - T_b\right)\frac{\dfrac{\left(\lambda\rho c_p\right)_w^{\frac{1}{2}}}{\left(\lambda\rho c_p\right)_l^{\frac{1}{2}}}}{1 + \left(\lambda\rho c_p\right)_w^{\frac{1}{2}}\left(\lambda\rho c_p\right)_l^{\frac{1}{2}}}\,erfc\left(\frac{x}{2\sqrt{a_1\tau}}\right) \tag{3-139}$$

液体-固体接触导热的瞬时热流密度为

$$q_c = \left(T_w - T_b\right)\frac{\dfrac{\left(\lambda\rho c_p\right)_w^{\frac{1}{2}}}{\left(\lambda\rho c_p\right)_l^{\frac{1}{2}}}}{1 + \left(\lambda\rho c_p\right)_w^{\frac{1}{2}} \cdot \left(\lambda\rho c_p\right)_l^{\frac{1}{2}}} \times \frac{\lambda_L}{\sqrt{\pi a_1\tau}} \tag{3-140}$$

瞬态导热过程一直延续到沸腾开始时为止，所需时间可根据给定的凹坑直径分布由式（3-138）和式（3-139）计算。

液膜沸腾传热的计算采用核态沸腾的罗森诺公式，即

$$\frac{c_p\left(T_w - T_s\right)}{h_{fg}Pr_l^{1.7}} = c_{sf}\left[\frac{q_{nb}}{\mu_l h_{fg}}\sqrt{\frac{\sigma}{g\left(\rho_l - \rho_v\right)}}\right]^{0.33} \tag{3-141}$$

式中，T_w 是瞬态导热过程结束时的壁面温度。

显然，采用稳定沸腾工况下的式（3-141）来计算高热负荷和剧烈变动工况下的沸腾传热过程将会带来一定的误差。不过，这个误差可以通过恰当地选取式（3-137）中的实验常数 c 得到补偿。

液膜沸腾过程结束后，过渡沸腾传热进入大尺度液膜蒸发阶段。实验表明[73]，在这类覆盖于表面上的大尺度液膜层中也存在着沸腾现象。文献[74]中取大尺度液膜的厚度为产生亥姆霍兹不稳定的临界波长的 1/4，得到的液膜厚度 δ_m 的表达式为

$$\frac{\delta_m\left(\dfrac{q_m}{h_{fg}}\right)^2}{\sigma\rho_v} = 0.00536\left(\frac{\rho_v}{\rho_l}\right)^{0.4}\left(1 + \frac{\rho_v}{\rho_l}\right) \tag{3-142}$$

式中，q_m 是大尺度液膜沸腾热流密度。

但是，对于薄液膜沸腾还缺乏一个广泛适用的传热关联式，为此取 $q_m = q_{nb}$，而 q_{nb} 由式（3-141）计算。

大尺度液膜层完全蒸发所需要的时间由热平衡关系式求出，即

$$\tau_m = \frac{\delta_m \rho_l h_{fg}}{q_m} \tag{3-143}$$

大尺度液膜层完全蒸发后，液固接触阶段结束，过程进入蒸气覆盖阶段。在蒸气覆盖阶段，上一阶段产生的大气泡进一步在气液分界面上长大。当气泡长大到某一尺度时，将从分界面上脱离。气泡的脱离取决于浮力和向上运动阻力之间的力平衡。由此，对于一个容积长大速率为 v 的气泡，气泡在分界面上滞留的总时间为[75]

$$\tau = \left(\frac{3}{4\pi}\right)^{\frac{1}{5}}\left[\frac{4\left(\dfrac{11}{16}\rho_l + \rho_v\right)}{g\left(\rho_l - \rho_v\right)}\right]^{\frac{3}{5}}v^{\frac{1}{5}} \tag{3-144}$$

式中，单个气泡的平均容积长大速率 v 由式（3-145）计算。

$$v = \frac{\lambda_D^2 q_{ave}}{\rho_v h_{fg}} \tag{3-145}$$

式中，λ_D 是最危险的泰勒不稳定性波长，或

$$\lambda_{\mathrm{D}} = 2\pi \left[\frac{3\sigma}{g(\rho_{\mathrm{l}} - \rho_{\mathrm{v}})} \right]^{\frac{1}{2}} \tag{3-146}$$

在推导式（3-131）时，假定每 λ_{D}^2 的加热面上只有一个气泡长大。

q_{ave} 是蒸气覆盖阶段和大尺度液膜蒸发阶段的平均热流密度，由式（3-147）计算。

$$q_{\mathrm{ave}} = \frac{q_{\mathrm{m}}\tau_{\mathrm{m}} + q_{\mathrm{v}}\tau_{\mathrm{v}}}{\tau_{\mathrm{m}} + \tau_{\mathrm{v}}} = \frac{q_{\mathrm{m}}\tau_{\mathrm{m}} + (\tau - \tau_{\mathrm{m}})q_{\mathrm{v}}}{\tau} \tag{3-147}$$

式中，q_{v} 是蒸气覆盖期内的平均热流密度，由式（3-148）计算。

$$q_{\mathrm{v}} = \lambda_{\mathrm{v}} \frac{T_{\mathrm{w}} - T_{\mathrm{s}}}{\delta_{\mathrm{v}}} \tag{3-148}$$

式中，δ_{v} 是蒸气膜厚度，可由 3.3 节中贝伦森膜态沸腾模型确定，即

$$\delta_{\mathrm{v}} = 2.35 \left[\frac{\mu_{\mathrm{v}}\lambda_{\mathrm{v}}(T_{\mathrm{w}} - T_{\mathrm{s}})}{h_{\mathrm{fg}}\rho_{\mathrm{v}} g(\rho_{\mathrm{l}} - \rho_{\mathrm{v}})} \sqrt{\frac{\sigma}{g(\rho_{\mathrm{l}} - \rho_{\mathrm{v}})}} \right]^{\frac{1}{4}} \tag{3-149}$$

整个池内过渡沸腾传热的平均热流密度应为

$$q_{\mathrm{t}} = \frac{q_{\mathrm{c}}\tau_{\mathrm{c}} + q_{\mathrm{m}}\tau_{\mathrm{m}} + q_{\mathrm{v}}\tau_{\mathrm{v}}}{\tau_{\mathrm{c}} + \tau_{\mathrm{m}} + \tau_{\mathrm{v}}} \tag{3-150}$$

图 3-38 给出接触模型计算出的过渡沸腾曲线与实验值的比较。计算中加热面凹坑的口部直径的取值随加热面温度升高而从 3μm 减小到 1μm。加热表面上按照存在有一层厚度分别为 0.1μm、0.2μm 和 1μm 的氧化层时计算。由图 3-38 可见，接触模型能较好地给出过渡沸腾的主要特征。如果考虑一定厚度的表面氧化层，计算结果与实验值基本吻合。

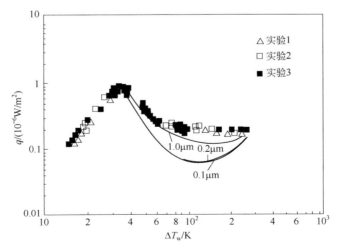

图 3-38　接触模型计算出的过渡沸腾曲线与实验值的比较

3.4.3   影响过渡沸腾传热的主要因素

3.4.3.1   加热表面状况

影响过渡沸腾传热的最主要因素是加热表面状况。表面的粗糙程度、氧化层和涂层以及污垢的沉积，都会大大影响过渡沸腾传热强度。显然，表面状况的变化影响了加热面上的气-液-固接触条件，从而对传热产生了影响。图 3-39 给出了加热表面粗糙度对过渡沸腾传热的影响。由图 3-39 可见，沸腾曲线随着表面粗糙度的增加而向左移动，从而使核态沸腾传热强度增加，使过渡沸腾传热强度下降。这是过渡沸腾与核态沸腾有明显区别的一个特征。由于膜态沸腾的最小热流密度与粗糙度关系不大，所以对于粗糙表面，过渡沸腾曲线相对比较平坦。

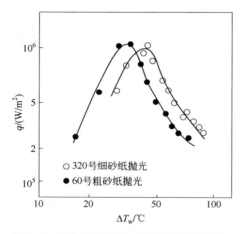

图 3-39   加热表面粗糙度对过渡沸腾传热的影响

粗糙度的这种影响可认为是由于粗糙表面上气泡密集而容易形成蒸气膜覆盖造成的。

液体对加热表面的润湿能力对过渡沸腾传热有重要影响。改善液体对加热表面的润湿能力，可以增强包括最大热流密度和最小热流密度在内的整个过渡沸腾区域的传热强度。这是因为润湿性好的液体能够增强过渡沸腾阶段液体和固体壁面的接触传热分量，或者说增加了液固接触传热在整个过渡沸腾传热中的权重。通常，液体对表面润湿性能的改变可通过表面涂层、沉积和氧化等因素达到。图 3-40 给出了加热表面沉积层对过渡沸腾传热的影响。由图 3-40 可见，表面沉积引起过渡沸腾传热曲线向右移动，即沉积层使过渡沸腾的传热强度增大。表面很薄的沉积层常能改善液体对表面的润湿性能。

图 3-41 示出加热表面上不同的镀层对过渡沸腾传热的影响。实验表明，当加热面上存在导热性能较差的镀层时，过渡沸腾传热得到改善。最明显的一个实例是加热面氧化后，氧化层有使过渡沸腾传热增强的趋势。这一方面是由于镀层或氧化层的存在改善了液体对表面的润湿能力，另一方面更主要的是由于不良导热层的存在又使沸腾表面的温度下降，从而使过渡沸腾出现在传热强度较大的区域内。图 3-42 是利用上述过渡沸腾接触模型经式（3-150）计算出的结果，所预示的不良导热镀层对过渡沸腾传热的影响与实验结果相一致。

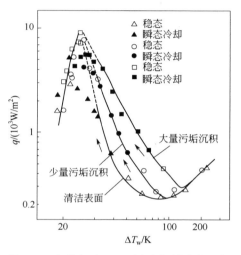

图 3-40　加热表面沉积层对过渡沸腾传热的影响

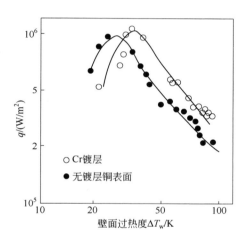

图 3-41　加热表面上不同的镀层对过渡沸腾传热的影响

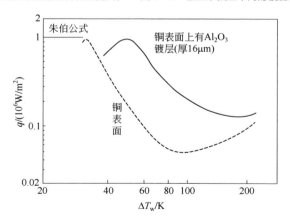

图 3-42　由式（3-150）得到的受镀层影响的计算结果

3.4.3.2　加热方式的影响

通常，实现过渡沸腾有两条途径：稳态加热（或冷却）方式和非稳态加热（或冷却）方式。实验表明，在加热过程和冷却过程中可以得到两条不同的过渡沸腾曲线，如图 3-43 所示。由图 3-43 可见，冷却过程中的过渡沸腾传热强度高于加热过程中的过渡沸腾传热强度。一般认为，两条沸腾曲线间的差别与液体的接触角有关。液体的接触角越小，即液体的润湿性能越好，两条沸腾曲线的差别越小。同时从该图也可以看出，非稳态冷却时过渡沸腾的最大热流密度低于非稳态加热时过渡沸腾的最大热流密度，也低于稳态加热时的最大热流密度。

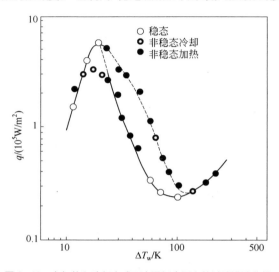

图 3-43　在加热和冷却方式下光滑铜表面上的过渡沸腾曲线

文献[76]中认为存在着两条过渡沸腾曲线：一条是当壁面温度从对应最大热流密度点进一步增加时得到的（加热过程），称为过渡核态沸腾曲线，在这个区域内存在着液体直接接触和润湿加热表面；另一条是壁面温度从对应的最小热流密度点进一步减小时得到的（冷却过程），称为过渡膜态沸腾曲线，在这个区域内不存在液体与壁面的直接接触，液体只是"吻"着加热表面。从一条沸腾曲线变化到另一条时，加热面温度出现"跳跃"式的变化。出现两条过渡沸腾曲线的原因被认为是接触角的改变，即存在着不同的前进接触角和退缩接触角。关于冷却和加热过程中接触角的变化尚待进一步的实验测定。

3.4.3.3　加热面几何尺寸的影响

通过文献中发表的不同直径加热面上过渡沸腾实验结果的比较，未发现加热面几何尺寸对过渡沸腾传热有明显的影响。

3.4.3.4　系统压力和液体过冷度的影响

大量的流动过冷沸腾的实验证实，系统压力和液体过冷度增加时，都会使过渡沸腾传热增强。对于池内过渡沸腾，上述趋势还需要进一步的实验验证。

　　总体来说，过渡沸腾传热是整个沸腾传热理论研究中比较薄弱的一个环节。虽然近年来控制表面温度的电加热实验技术已经逐步完善，为过渡沸腾实验研究创造了条件，但可利用的实验数据仍然不能满足研究分析的需要。因此，需要在较大的参数范围内开展过渡沸腾的实验研究，以建立具有广泛适用性的传热计算式。另外，对于加热面状况的影响、滞后现象机理和液固接触过程的频率及面积的计算等，仍然是今后需要研究的重要课题。

参考文献

[1] Rohsenow W M. A method of correlating heat-transfer data for surface boiling of liquids. Transactions of the American Society of Mechanical Engineers, 1952, 74(6): 969-975.

[2] Forster H K, Zuber N. Dynamics of vapor bubbles and boiling heat transfer. AIChE Journal, 1955, 1(4): 531-535.

[3] Nishikawa K, Yamagata K. On the correlation of nucleate boiling heat transfer. International Journal of Heat and Mass Transfer, 1960, 1(2-3): 219-235.

[4] Zuber N. Nucleate boiling. The region of isolated bubbles and the similarity with natural convection. International Journal of Heat and Mass Transfer, 1963, 6(1): 53-78.

[5] Addoms J N. Heat transfer at high rates to water boiling outside cylinders. Massachusetts Institute of Technology, 1948.

[6] Engelberg-Forster K, Greif R. Heat transfer to a boiling liquid—mechanism and correlations. Journal of Heat Transfer, 1959, 81(1): 43-52.

[7] Mixon F O, Chon W C, Beatty K O. The effect of electrolytic gas evolution on heat transfer. Chemical Engineering Progress Symposium Series, 1960, 30(56):75-81.

[8] Cheng L, Xia G. Fundamental issues, mechanisms and models of flow boiling heat transfer in microscale channels. International Journal of Heat and Mass Transfer, 2017, 108: 97-127.

[9] Ellion M E. A study of the mechanism of boiling heat transfer, JPL Memo 20-86. California Institute of Technology, Jet Propulsion Lab, 1954.

[10] Graham R W. Experimental observations of transient boiling of subcooled water and alcohol on a horizontal surface. NASA TND-2507, 1965.

[11] Marcus B D. Experiments on the mechanism of saturated pool boiling heat transfer. Cornell University, 1963.

[12] Hsu Y Y, Grahan R W. An analytical and experimental study of thermal boundry layer and ebullition cycle in nucleate boiling. NASA TND-594, 1961.

[13] Chi-Yeh H, Griffith P. The mechanism of heat transfer in nucleate pool boiling—Part I: Bubble initiaton, growth and departure. International Journal of Heat and Mass Transfer, 1965, 8(6): 887-904.

[14] Snyder N W. Summary of Conference on Bubble Dynamics and Boiling Heat Transfer Held at the Propulsion Laboratory, JPL Memo 20-137. Jet Propulsion Laboratory, California Institute of Technology, 1956.

[15] Moore F D, Mesler R B. The measurement of rapid surface temperature fluctuations during nucleate boiling of water. AIChE Journal, 1961, 7(4): 620-624.

[16] Hospeti N B, Mesler R B. Deposits formed beneath bubbles during nucleate boiling of radioactive calcium sulfate solutions. AIChE Journal, 1965, 11(4): 662-665.

[17] Sharp R R. The nature of liquid film evaporation during nucleate boiling. National Aeronautics and Space Administration, 1964.

[18] Bankoff S G, Mason J P. Heat transfer from the surface of a steam bubble in turbulent subcooled liquid stream. AIChE Journal, 1962, 8(1): 30-33.

[19] Wyllie G. Evaporation and surface structure of liquids. Proceedings of the Royal Society of London. Series A. Mathematical and Physical Sciences, 1949, 197(1050): 383-395.

[20] Hendricks R C, Sharp R R. Initiation of cooling due to bubble growth on a heating surface. National Aeronautics and Space Administration, 1964.

[21] Judd R L, Hwang K S. A comprehensive model for nucleate pool boiling heat transfer including microlayer evaporation. Journal of Heat Transfer, 1976, 98: 623.

[22] Graham R W, Hendricks R C. Assessment of convection, conduction, and evaporation in nucleate boiling. NASA TN-D-3943, 1967.

[23] 施明恒, 液体泡状沸腾放热的研究. 南京工学院, 1965.

[24] 施明恒. 液体泡状沸腾放热的研究. 南京工学院学报, 1979, 9(1): 19-32.

[25] 施明恒, 张小松, 白天池. 低温液体泡状沸腾换热的准则方程式. 低温工程, 1987(6).

[26] Боришанский В М. Учет влияния давления на теплоотдачу и критические нагрузки при кипении на основе теории термодинамического подобия. Вопросы теплоотдачи и гидравлики двухфазных сред/Под ред. СС Кутателадзе. M, 1961: 18-36.

[27] 刘和云. 液体泡状沸腾换热的机理——加热壁面热物性效应的研究. 南京: 南京工学院, 1987.

[28] Bowman H F, Smith Jr J L, Ziebold T O. The influence of nuclear radiation on pool-boiling heat transfer to liquid helium. Journal of Engineering for Industry, 1969, 91(2): 501-506.

[29] Bliss Jr F, Hsu S, Crawford M. An investigation into the effects of various platings on the film coefficient during nucleate boiling from horizontal tubes. International Journal of Heat and Mass Transfer, 1969, 12(9): 1061-1072.

[30] Young R, Hummel R. Improved nucleate boiling heat transfer. Chemical Engineering Progress Symposium Series, 1965, 60: 53-58.

[31] Magrini U, Nannei E. On the influence of the thickness and thermal properties of heating walls on the heat transfer coefficients in nucleate pool boiling. Journal of Heat Transfer, 1975, 97(2): 173-178.

[32] 施明恒, 马骥. 池内沸腾热滞后机理的研究. 中国工程热物理学会传热传质学术会议论文集. 烟台, 1990: IV13-18.

[33] 马骥, 施明恒. 池内沸腾滞后现象的研究. 工程热物理论文集. 西安: 西安交通大学出版社, 1990: 313-316.

[34] Lyon D N. Peak nucleate-boiling heat fluxes and nucleate-boiling heat-transfer coefficients for liquid N_2, liquid O_2 and their mixtures in pool boiling at atmospheric pressure. International Journal of Heat and Mass Transfer, 1964, 7(10): 1097-1116.

[35] Siegel R, Usiskin C. A photographic study of boiling in the absence of gravity. Journal of Heat Transfer, 1959, 81(3): 230-236.

[36] 西川兼康, 補日久男, 山崎健一, 等. 低水位にすけち核沸腾の研究. 機械学会論文集,

1966, 32(224): 1255.

[37] Kopchikov I A, Voronin G I, Kolach T A, et al. Liquid boiling in a thin film. International Journal of Heat and Mass Transfer, 1969, 12(7): 791-796.

[38] Kusuda H, NishiKaWa K. Study on nucleateboiling in liquid film. Memories of the Faculty of Engineering, Kyushu University, 1967, 27(3): 133-154.

[39] 曹一丁, 辛明道, 陈远国. 薄液膜沸腾临界液位的理论与实验研究//中国工程热物理学会传热会议, 1984.

[40] Nishikawa K, Kusuda H, Yamasaki K, et al. Nucleate boiling at low liquid levels. Bulletin of JSME, 1967, 10(38): 328-338.

[41] 林瑞泰. 沸腾换热. 北京: 科学出版社, 1988.

[42] Rohsenow W M, Griffith P. Correlation of maximum heat flux data for boiling of saturated liquids. Cambridge, Massachusetts: Massachusetts Institute of Technology, Division of Industrial Cooperation, 1955.

[43] Kutateladze S S. A hydrodynamic theory of changes in a boiling process under free convection. Izvestia Akademia Nauk Otdelenie Tekhnicheski Nauk, 1951, 4: 529-536.

[44] Zuber N. On the stability of boiling heat transfer. Transactions of the American Society of Mechanical Engineers, 1958, 80(3): 711-714.

[45] Zuber N. Hydrodynamic aspects of boiling heat transfer. United States Atomic Energy Commission, Technical Information Service, 1959.

[46] Zuber N. The hydrodynamic crisis in pool boiling of saturated and subcooled liquids. International Heat Transfer Conference, 1961.

[47] Ded J S, Lienhard J H. The peak pool boiling heat flux from a sphere. AIChE Journal, 1972, 18(2): 337-342.

[48] Linehard J, Dhir V K. Extended hydrodynamic theory of the peak and minimum pool boiling heat fluxes. NASA, 1973.

[49] Sun K H, Lienhard J H. The peak pool boiling heat flux on horizontal cylinders. International Journal of Heat and Mass Transfer, 1970, 13(9): 1425-1439.

[50] Frea W J, Costello C P. Mechanisms for increasing the peak heat flux in boiling saturated water at atmospheric pressure. University of Washington, 1963.

[51] Costello C P. A salient nonhydrodynamic effect on pool boiling burnout of small semicylindrical heaters. Chemical Engineering Progress Symposium Series, 1965, 61(57): 258-268.

[52] Lienhard J H, Keeling Jr K B. An induced-convection effect upon the peak-boiling heat flux. Journal of Heat Transfer, 1970, 92(1): 1-5.

[53] Frost W, Harper W L. Terminology and physical description of two-phase flow. Heat Transfer at Low Temperatures. Boston, MA: Springer, 1975: 89-106.

[54] Merte Jr H, Clark J A. Boiling heat transfer with cryogenic fluids at standard, fractional, and near-zero gravity. Journal of Heat Transfer, 1964, 86(3): 351-358.

[55] Usiskin C M, Siegel R. An experimental study of boiling in reduced and zero gravity fields. Journal of Heat Transfer, 1961, 83(3): 243-251.

[56] Kirichenko Y A. Study of boiling in flat inclined containers, modeling weak gravitational fields. Teplofizika Vysokikh Temperature, 1970, 8(1): 130-135.

[57] Bromley L A. Heat transfer in stable film boiling. US Atomic Energy Commission, Technical Information Division, 1949.

[58] Berenson P J. Film-boiling heat transfer from a horizontal surface. Journal of Heat Transfer, 1961, 83(3): 351-356.

[59] Breen B P. Effect of Diameter of Horizontal Tubes of Film Boiling. University of Illinois at Urbana-Champaign, 1961.

[60] Capone G J, Park E L. Comparison of the experimental film boiling behavior of carbon monoxide with several film boiling correlations. Advances in Cryogenic Engineering. Boston, MA: Springer, 1972: 407-413.

[61] Merte H, Clark J A. Boiling heat-transfer data for liquid nitrogen at standard and near-zero gravity. Advances in Cryogenic Engineering. Boston, MA: Springer, 1962: 546-550.

[62] Pomerantz M L. Film boiling on a horizontal tube in increased gravity fields. Journal of Heat Transfer, 1964, 86(2): 213-218.

[63] Hamill T D. Effect of subcooling and radiation on film-boiling heat transfer from a flat plate. National Aeronautics and Space Administration, 1967.

[64] Pai V K, Bankoff S G. Film boiling of nitrogen with suction on an electrically heated horizontal porous plate: Effect of flow control element porosity and thickness. AIChE Journal, 1965, 11(1): 65-69.

[65] Markels Jr M, Durfee R L. The effect of applied voltage on boiling heat transfer. AIChE Journal, 1964, 10(1): 106-110.

[66] Wayner Jr P C, Bankoff S G. Film boiling of nitrogen with suction on an electrically heated porous plate. AIChE Journal, 1965, 11(1): 59-64.

[67] Lee L Y W, Chen J C, Nelson R A. Liquid-solid contact measurements using a surface thermocouple temperature probe in atmospheric pool boiling water. International Journal of Heat and Mass Transfer, 1985, 28(8): 1415-1423.

[68] Bankoff S G, Mehra V S. A quenching theory for transition boiling. Industrial & Engineering Chemistry Fundamentals, 1962, 1(1): 38-40.

[69] Katto Y, Yokoya S. Principal mechanism of boiling crisis in pool boiling. International Journal of Heat and Mass Transfer, 1968, 11(6): 993-1002.

[70] Farmer M T, Jones B G, Spencer R W. Analysis of transient contacting in the low temperature film boiling regime. Part Ⅱ: Comparison with experiment. Nonequilibrium Transport Phenomena, 1987.

[71] Farmer M T, Jones B G, Spencer R W. Analysis of transient contacting in the low temperature film boiling regime. Part Ⅰ: Modeling of the process. Nonequilibrium Transport Phenomena, 1987.

[72] Chin P, Hwang J, Lin T. The mechanism of heat transfer in transition boiling. International Journal of Heat and Mass Transfer, 1989, 32(7): 1337-1349.

[73] Chi-Liang Y, Mesler R B. A study of nucleate boiling near the peak heat flux through measurement of transient surface temperature. International Journal of Heat and Mass Transfer, 1977, 20(8): 827-840.

[74] Haramura Y, Katto Y. A new hydrodynamic model of critical heat flux, applicable widely to both pool and forced convection boiling on submerged bodies in saturated liquids. International Journal of Heat and Mass Transfer, 1983, 26(3): 389-399.

[75] Gaertner R F. Method and means for increasing the heat transfer coefficient between a wall and boiling liquid: US 3301314, 1967.

[76] Witte L, Lienhard J. On the existence of two'transition'boiling curves. International Journal of Heat and Mass Transfer, 1982, 25(6): 771-779.

第4章
流动沸腾

　　流动沸腾与池沸腾的主要区别在于流动沸腾存在液体的宏观整体运动。例如，动力锅炉水冷壁管中的液体沸腾就是典型的流动沸腾实例。不同尺度下，流动沸腾中换热过程伴随着剧烈的气液两相运动，比池沸腾更复杂。由于流动沸腾传热的复杂性，目前常用的研究方法是实验研究和半经验物理建模。同时结合高速摄像技术对流动沸腾流态进行分析，研究流型与传热机制的内在联系。由于流动沸腾的多样性和复杂性，目前还无法对流动沸腾过程进行解析求解。本章对不同尺度下流动沸腾传热的规律进行比较全面与深入的分析和讨论。

4.1　沸腾两相流型

4.1.1　通道的定义

　　相比于池沸腾的开放式空间，流动沸腾发生于受限空间内，受限空间主要指各类型不同尺度的通道。在实际应用中，流动沸腾通道主要采用金属（如铜、铝等）、硅等材料。流动沸腾过程中，单位时间内产生的大量蒸气可能会导致通道中出现不稳定的两相流动，引起流量、温度和压降波动。针对受限空间中流动与传热研究，Mehendale 等[1]提出了一个通道尺度分类标准：水力直径在 $1 \sim 100 \mu m$ 之间为微通道，$100 \mu m \sim 1 mm$ 的为介通道（meso-channel）；$1 \sim 6 mm$ 的为紧凑式通道（compact passage）；大于 6mm 的为常规通道。这种分类方法是基于通道尺度的简单分类。Kandlikar[2]则基于流体流动因素分析，针对不同尺度通道中的气体的稀薄效应（Knudsen 数）进一步定义了通道细化分类标准：常规通道，$D_h > 3mm$；小通道，$D_h = 200 \mu m \sim 3mm$；微通道，$D_h = 10 \sim 200 \mu m$。

4.1.2　竖直管内流动沸腾的流型

　　大多数流动沸腾都发生在等截面的通道中。由于沿途加热和蒸发的结果，气液两相流的流型会发生一系列变化。同时，由于容积流量的增大，流体逐步加速，压力降增大而引起系统压力下降，使饱和温度也随之发生变化。因此，对沿加热管的流动沸腾的分析和计算常需分段进行。工程上，加热管的配置可以是竖直方式或者水平方式。两者在流动和沸腾特性方面有较明显的差别。当前，对微通道流动沸腾的研究也取得了长足的进展。因此，本小节分别讨论常规尺度管流动沸腾和微通道流动沸腾。

如图 4-1 所示是典型的常规尺度竖直管内流动沸腾的流型和换热工况。单相流体从下部进入加热管以后，由于受热的结果，液体温度升高，并逐步在壁面上某些满足成核条件的地点出现小气泡。小气泡不断长大，最后脱离壁面进入主流中。在气泡刚开始出现的管段中，液体核心区的温度尚低于对应系统压力下的饱和温度，因此脱离后的气泡很快在过冷液体中凝结，促使液体温升，此时的换热工况称为流动过冷沸腾。当液体主流温度达到饱和温度后，液体进入饱和沸腾工况。随着液体中气泡数量的不断增加，液体中小气泡之间发生碰撞和合并，液体中出现较大的弹状大气泡，流动进入弹状流动区。液体进一步蒸发的结果，使两相流动进入环状流动区。在环状流动条件下，一层液膜附着在管壁上，中间则是蒸气核心区，换热工况由饱和沸腾逐步演变为强制对流蒸发，蒸发发生在气液分相面上。如果此时壁面温度很高或者壁面热流密度很大，则从环状流可以一直演

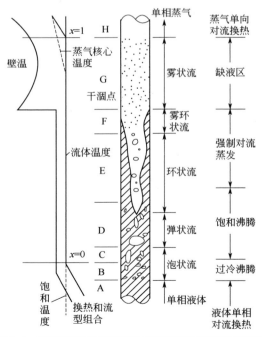

图 4-1　典型的常规尺度竖直管内流动沸腾的流型和传热工况

变成雾环状流和雾状流，或者可能从泡状流直接过渡到反环状流。环状流发生在两相流干度（质量含气率）较高的条件下，核心区以蒸气夹带液滴为主；反环状流则发生在高热负荷、低干度的条件下，在壁面上形成一层蒸气膜，主流核心区则是液体。雾状流动条件下的换热工况俗称干涸后换热或缺液区换热工况。最后，当蒸气中的液体全部蒸发后进入单相蒸气对流换热工况。

　　从加热壁面与液体直接接触演变到与蒸气发生直接接触，中间有一段不稳定的过渡区，两相流的流型与流动沸腾工况沿途不断发生变化。在干涸点，壁温出现突然飞升的现象。流动沸腾时的流型和换热工况组合见表4-1。由表4-1可知，过冷沸腾和饱和沸腾通常发生在泡状流区内。饱和沸腾既可以发生在泡状流区内，也可以发生在弹状流区内。过渡沸腾通常发生在不稳定流动区内，而膜态沸腾则发生在反环状流或雾状流区内。

表4-1　流动沸腾时的流型和换热工况组合

换热工况	两相流流型							
	单相流	泡状流	弹状流	环状流	过渡区	反环状流	雾状流	单相蒸气
单相液体对流	A							
过冷核态沸腾		B						
饱和沸腾		C	D	E				
过渡沸腾					F			
膜态沸腾						G	G	
单相蒸气对流								H
传热区之间的过渡： 沸腾开始 A→B，A→C 最大热流密度 B→F，C→F，D→F，E→F 最小热流密度 F→G，F→H								

　　液体从过冷状态被逐步加热到饱和状态，此后，在两相流流动区内，液体温度维持饱和温度不变，直到液体干涸为止。干涸点以后的蒸气被过热，蒸气中的液滴仍维持饱和温度。待液滴全部蒸发后，蒸气温度会有一个较大幅度的升高。

　　壁面温度总是高于液体的温度。在过冷沸腾区，由于换热系数高于单相对流区，壁温会有所下降。在干涸点以后，由于换热系数突然下降，因而壁温迅速升高。之后，由于液滴的蒸发，两相流流速增大，换热系数相应增大而使壁温稍微下降。进入纯蒸气区以后，壁温和蒸气温度同时均匀升高。

4.1.3　水平管内流动沸腾的流型

　　图4-2显示出了常规尺度水平加热管内随着液体的不断蒸发，管内气液两相

流流型发生演变的过程。由图 4-2 可见，流型的类型和演变大致与竖直管内发生的演变相类似。所不同的是，由于加热管水平放置，使蒸气在管内沿截面分布不均匀。大部分气泡积聚在管子的上部空间。在蒸气含量较大时，会出现气液的分层流动。流速越低，分层流动的趋势越大。而且，随着气相对液相相对运动的增大，两相分界面会出现波动。这种波动有时很剧烈，引起液体周期性地冲刷管壁上表面，在某些部位出现间断式的干涸状态。当蒸气含量更多时，两相流发展成为环状流动和雾状流动，最后形成蒸气的单相对流形态。由于蒸气沿管子截面分布不均，特别在流速低的情况下，部分加热面会直接与蒸气接触，所以上半部壁温的平均值要高于下半部壁温的平均值，这也给水平管流动沸腾的分析带来一定的困难。

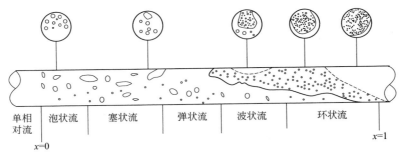

图 4-2　水平加热管内流动沸腾时的流型

4.1.4　微通道流动沸腾流型

由于空间受限作用，微通道内气泡受力是影响两相流流型的重要因素。气泡限制作用使得微通道中的流动不稳定性变得非常重要。在微通道中，可以观察到拉长的气泡，主要流型包括孤立泡流、聚结泡流、塞状流和环状流。了解气泡动力学及流型演化是研究流动沸腾传热机制的必要条件。如图 4-3 所示，流动沸腾传热主要由核态沸腾（涉及加热壁面上气泡的形成和气泡动力学）和对流沸腾构成（涉及传导、对流和薄液膜蒸发）。在核态沸腾主导中，流动沸腾传热对热流的影响较大；而在对流沸腾主导中，流动沸腾传热对热流的影响较小，对质量通量和蒸气质量的影响较大。需要指出的是，为了简便起见，人们可以假设这些沸腾机制是相互独立作用的。然而，在高蒸气质量时，两种主流沸腾机制可能同时存在，对流沸腾逐渐抑制核态沸腾。因此，核态沸腾和对流沸腾对传热过程的贡献可以叠加在非常复杂的机制上，到目前为止还没有完全了解这些机制。总体而言，宏观通道中的流动沸腾传热机理为微观通道中的流动沸腾传热机理的研究奠定了良好的基础，而微观通道中的流动沸腾传热机理需要综合考虑气泡限制、通道尺寸和形状效应等更多的影响因素，进行系统的研究。采用先进的实验技术和正确的数据分析方法，对表面粗糙度、液膜和传热进行精确测量和相应的流态观测。

在竖直通道中，惯性力对流动沸腾起着重要作用，并影响着流动模式和传热行为。图 4-4 显示了不同流动速率对流型的影响及其主导传热机制。对于微尺度通道中的流动沸腾，质量通量和热流通量都对沸腾过程有显著影响，这取决于通道的大小和形状、流体类型和操作条件。入口过冷也可能在微通道流动沸腾传热机制中起作用。

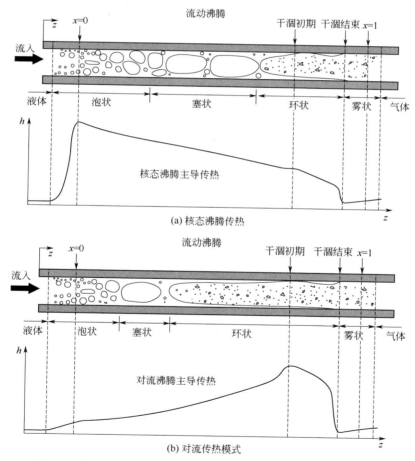

图 4-3　流动沸腾传热模式受流型的影响及热传递系数（h）随流型的变化[3]

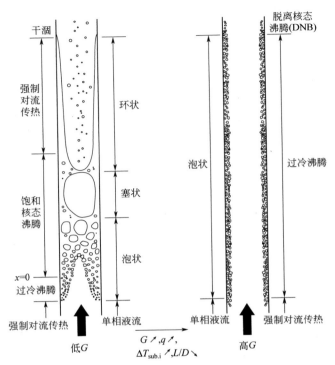

图 4-4　不同流动速率对流型的影响及其主导传热机制[4]

G—质量通量；*q*—热流密度；*L*—通道长度；*D*—通道直径

4.2　流动过冷沸腾

当具有一定过冷度的液体进入蒸发管时，只要加热壁面的热流密度足够大，就会在液体核心区仍处于过冷的条件下，在壁面上某些满足沸腾起泡条件的点处产生气泡。这种只在壁面上局部地点出现气泡，且气泡附着在壁面上，或即使脱离壁面，但脱离后进入液体中立刻消失的沸腾工况，称为局部过冷沸腾。那些未被蒸气覆盖的壁面部分与液体间仍维持单相对流换热工况[5]。

4.2.1　过冷沸腾的起始点

沸腾的起始点是液体从单相对流换热向核态沸腾传热过渡的标志，发生在壁温超过当地液体饱和温度的某些地点。根据第 2 章讨论的壁面上气化核心活化的判据，对于流动沸腾，起始点同样应当满足气泡温度曲线和管壁附近过热液体层中温度分布曲线相切的条件（图 4-5），即

$$\frac{\mathrm{d}T_1(y)}{\mathrm{d}y}=\frac{\mathrm{d}(T_b)}{\mathrm{d}y}\bigg|_{y=r_c} \tag{4-1}$$

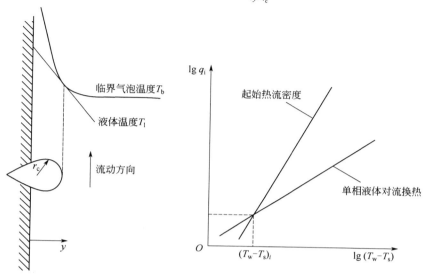

图 4-5　流动过冷沸腾起始点和过冷沸腾起始点

由此可求得流动沸腾的起始热流密度。显然，它与池沸腾有相同的表达形式，即

$$q_i=\frac{\lambda_1 h_{fg}\rho_v}{8\sigma T_s}(T_w-T_s)^2 \tag{4-2}$$

在 $\lg q_i$ 和 $\lg(T_w-T_s)$ 的坐标图上，式（4-2）的计算结果是一条直线。如果将单相强制对流换热的迪特斯-贝尔特（Dittus-Boelter）公式也画在该图上，则两条直线的交点就是实际流动沸腾的起始点，如图 4-5 所示。式（4-2）的计算结果和水的起始沸腾实验值比较符合。

式（4-2）推广到其他液体的场合，引入了液体物性的影响，得到

$$q_i=\frac{\lambda_1 h_{fg}\rho_v}{8\sigma T_s}\left(\frac{T_w-T_s}{Pr_1}\right)^q \tag{4-3}$$

式中，Pr_1 是液体的普朗特数。

根据在几种工业用管道上得到的水的起始沸腾实验结果，文献[6]中用图解法获得了起始沸腾热流密度的表达式，为

$$q_i=1120p^{1.156}\left(1.8\Delta T_{ONB}\right)^{\frac{2.16}{p^{0.0234}}} \tag{4-4}$$

式中，q_i 为起始热流密度，单位为 W/m²；p 为压力，单位为 bar❶（绝对）；

---

❶ 压力单位"bar"已不用。1bar=10⁵Pa。

ΔT_{ONB} 为起始沸腾壁面过热度。

式（4-4）对水在压力为 1～138bar 范围内的流动沸腾是正确的，式（4-4）的预测值与实验值符合得很好。

4.2.2　过冷沸腾的空隙率和压力降

4.2.2.1　空隙率的沿程变化

过冷沸腾时，各截面上气相占整个截面面积的份额称为空隙率或截面含气率。空隙率沿蒸发管长的分布对于换热和沿程压力降的计算都具有重要作用[7]。图 4-6 示出流动过冷沸腾空隙率沿程的变化。由图 4-6 可见，在 I 区内，虽然加热管壁面温度和其邻近的液体层温度都已满足气泡生成的条件，但由于液体核心区过冷度很高，在达到 B 截面之前气泡层不能显著地增长。近壁处过热液层很薄，气泡只能黏附在壁面上。此时，液体核心区中还没有气泡存在，气泡只存在于壁面上，气泡上下界面在不断地发生气化和凝结，犹如一根根小热管附在加热面上一样。所以，I 区的空隙率极小，常称为壁面空隙率。到达 B 截面以后，气泡开始脱离壁面，进入液体主流中才凝结，空隙率将明显增大。B 称为净蒸气产生点，常用 SNVG 表示，也有称为气泡跃离点。到达 B 截面时，按照热平衡计算出的蒸气干度（质量含气率）为零，即 $x=0$，但此时核心部分的液体仍处于过冷状态。显然，对于传热和压力降来说，I 区是重要的，但对于空隙率则是无关紧要的。注意，只有当液体主流达到饱和温度时，实际含气率与由热平衡计算出来的热力学含气率才会一致。在过冷沸腾时，实际含气率是正的，但热力学含气率可能是负的。负的含气率本身无实际意义，但在绘制某一变量随含气率的变化时，可以把过冷沸腾区也包括进去。

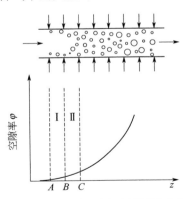

图 4-6　流动过冷沸腾空隙率沿程的变化

4.2.2.2　过冷沸腾起始点

过冷沸腾起始点 A 应当满足壁面热流密度 q 大于或等于被液体单相对流所带

走的热量，即

$$q_A \geqslant \alpha_1 (T_w - T_b) \qquad (4\text{-}5)$$

式中，T_b 是 A 点处截面上液体的平均温度；α_1 为单相对流换热系数。

A 点的过冷度为

$$\Delta T_A = T_s - T_b = (T_w - T_b) - (T_w - T_s) = \frac{q}{\alpha_1} - \Delta T_s \qquad (4\text{-}6)$$

式中，ΔT_s 是壁面过热度，可用池内核态沸腾传热公式计算，即

$$\Delta T_s = cq^n \qquad (4\text{-}7)$$

代入式（4-6），得 A 点的过冷度为

$$\Delta T_A = \frac{q}{\alpha_1} - cq^n \qquad (4\text{-}8)$$

4.2.2.3　净蒸气产生点的确定

净蒸气产生点 B 的位置仅取决于蒸气的产生速率和蒸气的冷凝速率。文献[6]中提出了确定净蒸气产生点位置的物理模型。假定在低质量流速下，B 点的位置主要受热力工况控制，即取决于对流换热过程。因此，起决定作用的换热相似准则为努塞尔数 Nu，其定义为

$$Nu = \frac{\alpha_1 D_h}{\lambda_1} = \frac{q D_h}{\lambda_1 (T_s - T_b)} \qquad (4\text{-}9)$$

式中，D_h 为管道的水力直径；T_b 为 B 点液体的平均温度。

在高质量流速下，B 点的位置主要受流体动力学工况控制。附着在壁面上的气泡像表面粗糙度一样影响着流动。假定此时满足动量传递和热量传递之间的雷诺类比，则起决定性作用的相似准则为斯坦顿数 St，其定义为

$$St = \frac{q}{G c_{pl} (T_s - T_b)} \qquad (4\text{-}10)$$

如果将净蒸气产生点的实验值表示在 $St\text{-}Pe$ 的对数坐标图上（图 4-7），发现可以得到两个不同的区域[6]。

① $Pe \leqslant 70000$ 时，$Nu = St \times Pe = 455$。

由式（4-9）可得净蒸气产生点处的过冷度为

$$\Delta T_s = 0.0022 \frac{q D_h}{\lambda_1} \qquad (4\text{-}11)$$

② $Pe > 70000$ 时，$St = 0.0065$。

由式（4-10）可得净蒸气产生点处的过冷度为

$$\Delta T_s = 154 \frac{q}{G c_{pl}} \qquad (4\text{-}12)$$

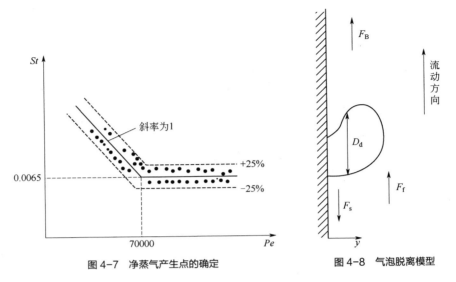

图 4-7　净蒸气产生点的确定　　　　图 4-8　气泡脱离模型

$Pe \leqslant 70000$ 时 Nu 为常数，换热强度与质量流速无关，因此净蒸气产生点的位置主要受热力工况控制。$Pe \geqslant 70000$ 时 St 为常数，即换热强度与质量流速 G 有关。净蒸气产生点的位置受流体动力工况控制，与先前的假设完全一致。

为了确定净蒸气发生点 B 处的空隙率 α_B，假定 B 点处壁面由直径为 D_d 的一层球形气泡所覆盖，则气泡层的平均厚度为 $0.335 D_d$。

所以 B 点处的空隙率为

$$\alpha_B = 0.335 D_d \frac{P_H}{A} \qquad (4\text{-}13)$$

式中，P_H 为受热面周长；A 为流通截面积；D_d 为脱离直径。

为了确定气泡的脱离直径 D_d，提出了管内过冷沸腾的气泡脱离模型（图 4-8）。气泡的脱离是由于作用在气泡上的浮力 F_B、摩擦阻力 F_f 和表面张力 F_s 平衡的结果，即

$$F_B + F_f - F_s = 0 \qquad (4\text{-}14)$$

式中三个力分别由下列公式计算。

$$F_B = \frac{\pi}{12} D_d^3 g (\rho_l - \rho_v) \qquad (4\text{-}15)$$

$$F_f = \frac{\pi D_d^2}{4} \tau_w = \frac{\pi}{32} D_d^2 \lambda_d \omega_l^2 \rho_l \qquad (4\text{-}16)$$

$$F_s = \pi D_d \sigma f(\theta) \qquad (4\text{-}17)$$

式中，λ_d 为假想的按气泡半径 $D_d / 2$ 为粗糙度的粗糙面摩阻系数；ω_l 为气泡外液体流动速度，$\omega_l = G / \rho_l$；G 为质量流速；$f(\theta)$ 为气泡接触角的函数，根据实验 $f(\theta) \approx 0.196 \sim 0.294$。

将这些力的表达式代入式（4-14），整理后得

$$\frac{(\rho_l - \rho_v)g}{12\sigma f(\theta)} D_d^2 + \frac{\lambda_d \omega_l^2 \rho_l}{32\sigma f(\theta)} D_d = 1 \qquad （4-18）$$

由此可求得气泡的脱离直径 D_d。

在压力为（$0.98 \sim 98$）$\times 10^5$Pa 范围内的脱离直径可以表达为

$$D_d = 7.26 \times 10^{-3} p^{-0.237} \qquad （4-19）$$

由此得到

$$\alpha_B = 2.435 \times 10^{-3} p^{-0.237} \frac{P_H}{A} \qquad （4-20）$$

式中，压力 p 的单位为 Pa；P_H 的单位为 m；A 的单位为 m^2。

例如，当 p=4.12MPa、管内径 D=20mm 时，求出的空隙率仅为 0.013。这是一个很小的值，所以图 4-6 上区域 AB 间的空隙率可以忽略不计。

4.2.2.4　过冷沸腾区内空隙率沿管长的变化

由上述分析可知，在净蒸气产生点处的空隙率很小，可近似地取 α_B=0。从 B 截面起，过冷沸腾区内空隙率上升较快。为了计算空隙率沿管长的变化，可以采用提出的如下方法。

气泡脱离点处的热力学干度为

$$x_B = \frac{c_{pl}(T_B - T_s)}{h_{fg}} \qquad （4-21）$$

式中，T_B 为脱离点处液体的平均温度。

实际干度为 $x' \approx 0$。离开脱离点一定距离处，主流已逐步接近于饱和温度，当其热力学干度 x_e 满足 $x_e \gg x_B$ 时，可近似认为实际干度近似等于热力学干度，即 $x' \approx x_e$。对于沿长度变化的各个 x' 的中间值，即 $0 < x' < x_e$，假定满足下列关系式。

$$x' = x_e - x_B \exp\left(\frac{x_e}{x_B} - 1\right) \qquad （4-22）$$

则对于给定的输入热量，就可以确定 x_e，于是 $x'(z)$ 也就跟着被确定。再假定空隙率 α_B 与绝热两相流动时干度之间的关系式也适用于过冷沸腾的场合，例如采用朱伯的公式[8]。

$$\alpha_B = \frac{x'}{\rho_v} \left\{ 1.13 \left(\frac{x'}{\rho_v} + \frac{1-x}{\rho_l} \right) + \frac{1.18}{G} \left[\frac{\sigma g (\rho_l - \rho_v)}{\rho_l^2} \right]^{\frac{1}{4}} \right\}^{-1}$$ （4-23）

式中，G 为流过管内的质量流速。

于是，可确定沿管长各点的空隙率。这个方法还可以用来确定加热热流密度中的蒸发分量 q_{ev}，因为蒸发分量可表达成

$$q_{ev} = AGh_{fg} \frac{dx'}{dz}$$ （4-24）

式中，A 是流通截面积；G 是质量流速。

总热流密度 q 可表达成

$$q = AGh_{fg} \frac{dx_e}{dz}$$ （4-25）

所以蒸发分量与总热流密度之比可利用式（4-26）确定，即

$$\frac{q_{ev}}{q} = 1 - \exp\left(\frac{x_e}{x_B} - 1 \right)$$ （4-26）

式（4-26）表明，蒸发热流分量 q_{ev} 与热力学干度 x_e 有关，而 x_e 是沿长度变化的，所以 q_{ev} 随流动的距离而发生变化。

4.2.2.5　过冷沸腾的压力降

过冷沸腾的压力降主要是指沸腾起始点 A 以后区域内的压力降。为了确定压力降，首先需要确定沸腾起始点 A 的位置。但是，第一个气泡出现的那个点是不确定的，它只有理论上的意义。实际点 A 的位置往往是根据在沸腾开始后，表现出使壁温变化出现平坦或摩擦压力降开始显著增长的位置来确定的。过冷沸腾开始后，摩擦压力降显著增长的原因是：①附在壁面上的气泡相当于增加了壁面的粗糙度；②气泡脱离导致液体向壁面方向运动所引起的动量交换，相当于湍流切应力的增大。

从理论上来说，可以利用实际干度 $x'(z)$ 的表达式来计算过冷沸腾的两相摩擦压力降。因为，在高过冷度的区域内，可以算出附着在壁面上的气泡尺寸，将它作为壁面粗糙度来处理。实际上由于摩擦压力降的组成复杂，很难把压力降的每个分量加以分开，所以一般都采用实验方法确定。文献中推荐的各种计算过冷沸腾压力降的经验关系式，都假定过冷沸腾摩擦压力降梯度 $d(\Delta p_{sub})/dz$ 与不受热的单相流动的压力降梯度 $d(\Delta p_0)/dz$ 之比可以表达成

$$\frac{\dfrac{d(\Delta p_{sub})}{dz}}{\dfrac{d(\Delta p_0)}{dz}} = 1 + f(p, G, q, \Delta i_{sub})$$ （4-27）

然后用实验数据来确定函数 f 的具体形式。式中，Δi_{sub} 是液体的过冷焓。

对水的过冷沸腾压力降实验数据[9]进行整理后得到

$$\frac{\dfrac{\mathrm{d}\left(\Delta p_{sub}\right)}{\mathrm{d}z}}{\dfrac{\mathrm{d}\left(\Delta p_0\right)}{\mathrm{d}z}} = 1+\left(\frac{q}{h_{fg}G}\right)^{0.7}\left(\frac{\rho_l}{\rho_v}\right)^{0.78}\frac{20Z}{1.315-Z} \qquad (4\text{-}28)$$

式中，Z 为无量纲长度，定义为

$$Z = \frac{i-i_A}{i_s'-i_A} \qquad (4\text{-}29)$$

式中，i_s' 为饱和液体的焓；i_A 为过冷沸腾起始点的液体焓。

将式（4-28）积分后，可以得到沿管子全程的摩擦压力降梯度之比 $\Delta p_{sub}/\Delta p_0$。

文献[10]中提出了一个计算水在竖直管内过冷沸腾时摩擦压力降的简单实验综合关系式，即

$$\frac{\dfrac{\mathrm{d}\left(\Delta p_{sub}\right)}{\mathrm{d}z}}{\dfrac{\mathrm{d}\left(\Delta p_0\right)}{\mathrm{d}z}} = 0.97+0.028\mathrm{e}^{6.18z} \qquad (4\text{-}30)$$

可供工程设计时使用。

低压水过冷沸腾时总压力降的测量结果如图 4-9 所示。由图 4-9 可见，各曲线均存在着过冷沸腾压力降低于绝热流动压力降的一个区间。这一点与文献[11]中的结论是一致的。图 4-9 中 q/q_s 是实际热流密度和使管子出口液体刚好达到饱和所需的热流密度之比。由图 4-9 可知，长度和直径之比 z/D 是一个很重要的参数，对过冷沸腾压力降有较大的影响[12]。

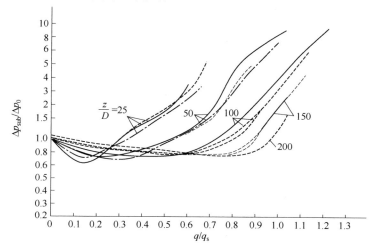

图 4-9　低压水过冷沸腾时总压力降的测量结果

4.2.3 过冷沸腾的传热关联式

流动过冷沸腾时的沸腾曲线如图 4-10 所示。当加热管入口的过冷液体经过一段距离后，即使在液体整体尚未达到饱和温度之前，壁面上就开始出现气泡，进入过冷沸腾状态。起始时，气泡只是在加热面的局部地点产生，气泡在未脱离壁面时就被冷凝而消失，或者以小气泡的形式一直附着在壁面上，称这时的沸腾工况为部分过冷沸腾。不产生气泡的壁面与液体间的换热仍然是单相对流换热。因此，在部分过冷沸腾区内，热量将由单相对流和核态沸腾共同传递。总换热量可表达成

$$q = q_c + q_n \tag{4-31}$$

式中，q_c 为单相对流换热分量；q_n 为核态沸腾传热分量。

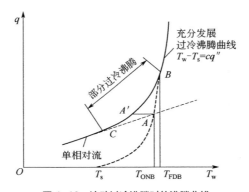

图 4-10 流动过冷沸腾时的沸腾曲线

随着液体温度的上升，当液体主流温度仍低于系统压力下的饱和温度，而整个加热面上都被气泡所布满时，换热过程完全由核态沸腾所控制，这时的沸腾工况称为充分发展过冷沸腾。文献[13]中将单相液体的强制对流换热曲线和充分发展核态沸腾曲线的延长线的相交点所对应的热流密度 q_0'' 定义为充分发展核态沸腾传热的起始热流密度 q_{FDB}，而文献[14]中则建议 $q_{FDB} = 1.4q_0''$。

关于部分过冷沸腾区内沸腾曲线的做法已经提出了几种方案，比较典型的为下述两种插值法。

（1）库塔捷拉泽插值法 采用如下插值式计算部分过冷沸腾区的热流密度。

$$\frac{q}{q_C} = \left[1 + \left(\frac{\dfrac{q_{FDB}}{T_w - T_b}}{\dfrac{q_C}{T_w - \overline{T}_b}} \right)^2 \right]^{\frac{1}{2}} \tag{4-32}$$

式中，q_{FDB} 为充分发展核态沸腾的热流密度，取池内饱和沸腾的数值；q_C 为起始沸腾点 C 的对流换热热流密度。

（2）伯格尔斯（Bergles）和罗森诺（Rohsenow）插值法　利用同一批管子中某些用作试验的不锈钢管，在相同的表面条件下进行流动沸腾和池沸腾的试验，发现过冷度对池沸腾有强烈的影响，也发现流动沸腾的流体动力学特性和池沸腾有着明显的区别。得出的结论是，流动沸腾曲线不能用池内饱和沸腾的数据为依据，而须用实际的流动沸腾数据。为此，他们提出用如下的内插式确定部分过冷沸腾曲线。

$$\frac{q}{q_C} = \left\{ 1 + \left[\frac{q_B}{q_C}\left(1 - \frac{q_{Bi}}{q_B}\right)^2 \right] \right\}^{\frac{1}{2}} \tag{4-33}$$

式中，q_B 为充分发展核态沸腾的热流密度，取强制流动沸腾时的数据；q_{Bi} 为充分发展核态沸腾曲线与起始沸腾点壁面温度线交点 C'' 的热流密度，如图 4-11 所示。

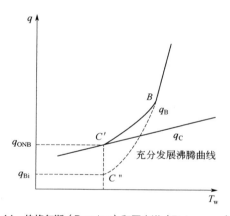

图 4-11　伯格尔斯（Bergles）和罗森诺（Rohsenow）模型

式（4-33）所代表的曲线在起始沸腾点趋近于单相强制对流曲线 q_C，而在高热流密度下趋近于充分发展的沸腾曲线 q_B。文献[14]中另外又给出了一个简单的叠加方程，与上述内插式具有相同的渐近线。

$$q = q_C + q_B - q_{Bi} \tag{4-34}$$

无论是式（4-33）还是式（4-34），都和实验值符合得很好。

总体来说，流动沸腾曲线随着热流密度的增加，将依次通过单相对流区、部分沸腾区与充分发展沸腾区。设 T_{ONB} 为沸腾的起始点（图 4-10 中 A 点），则在此点之前，随着热流密度的增加，壁温将按单相对流关系式所表示的直线 CA 变化。在 A 点以后，由于沸腾开始后换热强度增大，壁温将有所下降（$A \rightarrow A'$）。此后，热流密度与壁温的关系将按 $A'B$ 过渡曲线变化。于是，流动过冷沸腾传热可以分成以下三个区域进行计算。

① 当壁温低于 T_{ONB} 时，完全是单相强制对流换热，而有

$$q = q_C = \alpha_1 (T_w - T_b) \tag{4-35}$$

② 当壁温满足 $T_{ONB} \leqslant T_w \leqslant T_{FDB}$ 时沸腾开始，有

$$\left.\begin{aligned} q &= q_C + q_B \\ q_B &= \left(\frac{T_w - T_s}{c}\right)^{\frac{1}{n}} \\ q_C &= \alpha_1 (T_w - T_b) \end{aligned}\right\} \tag{4-36}$$

③ 当壁温满足 $T_w > T_{FDB}$ 后，有

$$\left.\begin{aligned} q &= q_B = \left(\frac{T_w - T_s}{c}\right)^{\frac{1}{n}} \\ q_C &= 0 \end{aligned}\right\} \tag{4-37}$$

在 q_B 的计算式中，常数 c 和指数 n 应根据充分发展流动沸腾的实验数据整理得到。

实验表明，在局部过冷沸腾区，过冷度和流速对换热有很大影响，且与池内沸腾曲线有较大的偏离。图 4-12 给出了流动过冷沸腾实验曲线[14]。由图 4-12 可

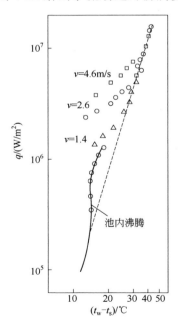

图 4-12　流动过冷沸腾实验曲线

见，在局部沸腾区，换热系数随流速 v 的增加而增大。进入充分发展过冷沸腾后，流速和液体的过冷度不再对换热产生明显的影响。池沸腾的实验数据基本落在充分发展流动过冷沸腾曲线的延长线上。

与池沸腾不同，加热面的粗糙度对充分发展过冷沸腾传热的影响不大，如图 4-13 所示。这是由于只要壁面上存在符合核化条件的凹坑，起始沸腾点的位置与表面粗糙度就没有多大关系。

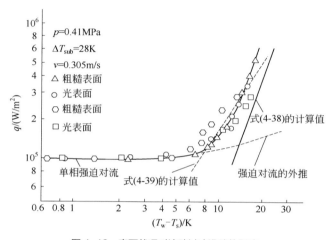

图 4-13　表面状况对流动过冷沸腾的影响

据此，文献[15～17]中分别推荐了水在低干度下过冷沸腾传热的下列实验综合关系式。

琼斯（Jens）等[15]：

$$T_w - T_s = 25q^{0.25}\mathrm{e}^{-\frac{p}{62}} \tag{4-38}$$

汤姆（Thom）等[16]：

$$T_w - T_s = 22.65q^{0.5}\mathrm{e}^{-\frac{p}{8i}} \tag{4-39}$$

韦瑟里德（Weatherhead）[17]：

$$T_w - T_s = \left(33.5 - 0.229T_s\right)q^{0.25} \tag{4-40}$$

式中，T 的单位为℃；p 的单位为 bar；q 的单位为 MW/m²。

式（4-38）和式（4-39）的计算值曲线也一起示于图 4-13，式（4-39）的计算值与实验值符合得很好。

文献[18]中推荐了如下一个无量纲综合式，可适用于各种表面和几何形状（过冷度 $\Delta T_s > 10$℃）。

$$\frac{\alpha}{\alpha_l} = 78.5 Pr_f^{0.46} \left(\frac{h_{fg}}{c_{pl}\Delta T_s}\right)^{0.53} \left(\frac{q}{h_{fg}\rho_v \omega}\right)^{0.67} \left(\frac{\rho_v}{\rho_l}\right)^{0.7} \qquad (4\text{-}41)$$

式（4-41）与包括水、乙醇、异丙醇、正丁醇、氨、苯胺和联氨的 90%的实验数据偏差小于±40%。式中，Pr_f是以膜温度（壁温和液体主流温度的算术平均值）为特征温度的普朗特数。

另一类计算流动过冷沸腾传热的公式，是基于过冷沸腾传热是单相对流换热和核态沸腾传热的叠加［式（4-31）］。著名的陈氏公式虽然是针对下节讨论的流动饱和沸腾所提出的，但实验证明也适用于低过冷度沸腾。计算式为

$$q = \alpha_{mac} F(T_w - T_b) + \alpha_{mic} S(T_w - T_s) \qquad (4\text{-}42)$$

式中，α_{mac} 和 α_{mic} 分别为单相液体强制对流换热和池内核态沸腾传热系数；F 和 S 为系数，其物理意义及取值方法在 4.3 节给出。

流动过冷沸腾的研究还很少，除对一些基本的流动参数对换热的影响进行了较多的实验研究外，还没有建立比较完整的理论分析方法。文献中所提出的经验式都有一定的局限性，只能在满足实验条件的范围中使用。

4.3　流动饱和沸腾

当液体的核心区温度达到对应系统压力下的饱和温度时，液体进入饱和沸腾工况。从原理上说，饱和沸腾的机理和池沸腾的机理相同，流速和干度对沸腾不会产生明显的影响。但实验证明，除质量流速较低或者气泡布满加热面的高热流密度这两类情况外，采用池沸腾公式计算流动沸腾传热是不可靠的。一般来说，流动饱和沸腾在液体中的含气量增加到一定值以后，总会导致环状流型，即在壁面附近存在液体层，而在流动的中心区出现蒸气流，形成气液两相环状流动，如图 4-14 所示。这是因为，在泡状流中，随着含气率的增大，根据伯努利效应，在加速的两相流动中，在同样的压力梯度下，密度较小的一相可获得较高的动能和流速，所以气泡慢慢集中到中心高速区，从而形成环状流动。

当液层的厚度足够大时，核态沸腾仍可以在该液体层中发生。随着液体的不断蒸发，液层逐步减薄，最后变成一层薄液膜附在加热面上。气液分界面和蒸气核心区都处于饱和温度，壁温是饱和温度加上通过液膜的温度降，即壁面过热度等于这一温度降。由于液膜的厚度变小，壁面的过热度以及它附近液体的过热度都较小，气化核心的活化受到抑制，使核态沸腾难以继续维持。此时，核心区蒸气的流速很高，气液分界面的波动十分激烈，换热的机制将发生变化。热量主要

依靠导热和对流从加热壁面通过液膜传递到气液分界面上。在分界面上液体进行蒸发，整个过程具有对流的特性。换热系数受流动状况的影响很明显。通常把这类核态沸腾受到抑制的传热工况称为两相强制对流蒸发。由于蒸气流速很高，液膜扰动激烈，所以其换热强度仍然很高。下面对流动饱和沸腾中出现的各种换热工况分别进行讨论。

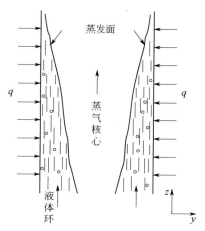

图 4-14　环状流动和强制对流蒸发

4.3.1　两相强制对流蒸发

两相强制对流蒸发通常发生在环状流动区。此时，换热是通过壁面上液膜导热与对流以及界面上的蒸发共同进行的。假定在气液分界面和核心区蒸气都维持饱和温度 T_s，全部热阻都发生在液膜中。通过液膜的温度下降为 $T_w - T_s$。液膜很薄，液体内部的扰动也很激烈，换热系数可达到 $2 \times 10^5 \mathrm{W/(m^2 \cdot ℃)}$。液膜内的换热过程可分成层流和湍流两种不同的流态来讨论。

4.3.1.1　层流液膜换热

对于管径不太小的竖直圆管内的环状液膜，可近似看成是无限大竖直平面上的二维层流液膜，如图 4-14 所示。通常，轴向导热可以忽略，液体的黏性耗散效应也不大。液膜导热方程可由下列一维对流导热方程来描述。

$$c_{pl} \rho_l \omega_z \frac{\partial T}{\partial z} = \lambda_l \frac{\partial^2 T}{\partial y^2} \tag{4-43}$$

液膜的平均温度 T_b 由式（4-44）计算。

$$T_b = \frac{1}{v} \int_0^\delta \omega_z T \mathrm{d}y \tag{4-44}$$

式中，δ 为液膜厚度；v 为单位时间流过液膜单位宽度的液体量，或

$$v = \int_0^\delta w_z \mathrm{d}y \tag{4-45}$$

液膜的热平衡方程可写成

$$v c_{p_1} \rho_1 \frac{\mathrm{d}T_b}{\mathrm{d}z} = q_w - q_i \tag{4-46}$$

式中，q_w 为壁面热流密度；q_i 为通过液膜界面向蒸气相传递的热流密度。

对于充分发展的液膜换热，液体沿轴向（z 方向）的温度变化与液膜厚度方向无关，所以有

$$\frac{\partial T}{\partial z} = \frac{\mathrm{d}T_b}{\mathrm{d}z} = \frac{q_w - q_i}{v c_{pl} \rho_l} \tag{4-47}$$

将式（4-47）代入式（4-43），得

$$\frac{\partial^2 T}{\partial y^2} = \frac{(q_w - q_i) w_z}{\lambda_l v} \tag{4-48}$$

假定壁面热流密度全部用于液膜的蒸发，即 $q_w = q_i$，则

$$\frac{\partial^2 T}{\partial y^2} = 0 \tag{4-49}$$

对式（4-49）积分两次，最后得到

$$T_w - T_s = \frac{q_w \delta}{\lambda_l} \tag{4-50}$$

由此得到液膜的换热系数为

$$\alpha_1 = \frac{q}{T_w - T_s} = \frac{\lambda_l}{\delta} \tag{4-51}$$

对于液膜不断蒸发，核心区蒸气流速较高且向上流动的情况，可认为液膜内的切应力等于液膜界面上的切应力 τ_i，并维持为常数，即

$$\tau = \tau_i = \mu_l \frac{\mathrm{d}\omega_l}{\mathrm{d}y} = \mu_l \frac{\mathrm{d}^2 v}{\mathrm{d}y^2} = 常数 \tag{4-52}$$

对式（4-52）积分，可得液膜厚度为

$$\delta = \left(\frac{2\mu_l v}{\tau_i} \right)^{\frac{1}{2}} \tag{4-53}$$

代入式（4-51），可得液膜的换热系数为

$$\alpha_1 = \left(\frac{\lambda_l^2 \tau_i}{2\mu_l v} \right)^{\frac{1}{2}} \tag{4-54}$$

4.3.1.2　湍流液膜换热

通过湍流液膜的总热流密度，由分子扩散（导热）和湍流效应（涡团扩散）两者组成。湍流液膜换热关系式为

$$q = -\left(\lambda_1 + \varepsilon_H \rho_1 c_{p1}\right)\frac{\mathrm{d}T}{\mathrm{d}y} \tag{4-55}$$

式中，ε_H 为涡团热扩散率。

在环状液膜传热的情况下，总是假定 ε_H 和涡团黏度 ε_M 相等，并且假定在液膜中 ε_M 与 y 的关系与单相管流相同。

定义液膜无量纲温度为[11]

$$T_1^+ = \frac{c_{p1}\rho_1\omega^*}{q_w}\left(T_w - T_1\right) \tag{4-56}$$

式中，ω^* 为摩擦速度，$\omega^* = \sqrt{\tau_w / \rho_1}$。

换热系数 α 可直接由式（4-57）写出，为

$$\alpha = \frac{q_w}{T_w - T_i} = \frac{c_{p1}\rho_1\omega^*}{T_i^+} \tag{4-57}$$

液膜努塞尔数 Nu_1 为

$$Nu_1 = \frac{\alpha\delta}{\lambda_1} = \frac{Pr_1\delta^+}{T_i^+} \tag{4-58}$$

式中，δ^+ 为无量纲液膜厚度，由式（4-59）计算。

$$\delta^+ = \frac{\delta\rho_1\omega^*}{\mu_1} \tag{4-59}$$

无量纲液膜厚度 δ^+ 是无量纲液膜流量 ω^+ 的函数（图 4-15），即

$$\delta^+ = f\left(\omega^+\right) \tag{4-60}$$

ω^+ 用式（4-61）计算。

$$\omega^+ = \frac{Q\rho_1}{\mu_1} \tag{4-61}$$

因此，液膜努塞尔数可表达为

$$Nu_1 = F\left(\omega^+\right) \tag{4-62}$$

Nu_1 与 ω^+ 之间的关系示于图 4-15。计算时首先按式（4-61）确定 ω^+，然后从图 4-15 上估算 δ^+。由 δ^+ 按式（4-59）求出，根据确定的 ω^+ 和已知的 Pr_1 从图 4-15 上查出 Nu_1，最后由式（4-57）计算换热系数 α。按上述步骤计算出的换热系数比

实测值偏高，这是由于某些简化假设与复杂的湍流液膜换热的实际情况有一定的偏差。计算结果可供工程设计参考。

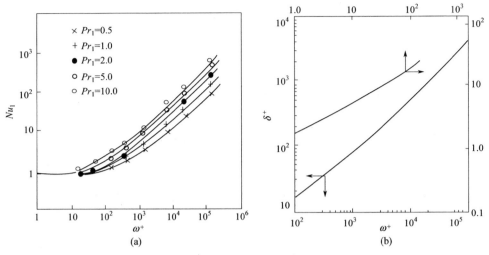

图 4-15 Nu_l 与 ω^+ 以及 δ^+ 与 ω^+ 间的关系

4.3.1.3 液膜换热的经验关系式

液膜换热的实验数据，常常利用两相流的马蒂内利参数 X_{tt} 来关联。X_{tt} 定义为

$$X_{tt} = \left(\frac{1-x}{x}\right)^{0.9}\left(\frac{\rho_v}{\rho_l}\right)^{0.5}\left(\frac{\mu_l}{\mu_v}\right)^{0.1} \tag{4-63}$$

液膜的换热关联式可表达成

$$\frac{\alpha}{\alpha_l} = a\left(\frac{1}{X_{ii}}\right)^n \tag{4-64}$$

式中，α 为强制对流蒸发换热系数；α_l 为管内液体单相对流换热系数；a、n 为常数，其值由表 4-2 给出。

表 4-2 式（4-64）中的常数值

作者	a	n	液体
贝内特（Bennett）[19]	2.9	0.66	水
登格勒（Dngler）和阿特姆斯（Addoms）[20]	3.50	0.50	水
格里埃里（Guerrieri）和塔尔泰（Talty）[21]	3.40	0.45	有机液
科利尔（Collier）和普林（Pulling）[22]	2.17	0.70	水
施罗克（Schrock）和格罗斯曼（Grossman）[23]	2.50	0.75	水
普乔尔（Pujol）和斯坦宁（Stenning）[24]	4.0	0.37	F-113
萨默维尔（Somerville）[24]	7.55	0.33	正丁醇

4.3.2　流动饱和沸腾

　　流动饱和沸腾对于锅炉的设计及运行十分重要。流动饱和沸腾一般总是和两相环状流工况相联系。从传热的机理上来说，核态沸腾和强制对流蒸发往往同时存在。当液膜很厚时，核态沸腾占支配地位；当液膜变薄时，强制对流蒸发逐步占优势。它们各自在总传热量中所占的比例，将视流动参数的改变而改变。很难弄清由核态沸腾转变为强制对流蒸发的确切地点，一般只能提供一个转变的范围。例如，常压下水沸腾时，当干度 $x<0.1$ 时核态沸腾不会受到抑制。高压下，例如压力为 13.8MPa，当 $x>0.7$ 以后核态沸腾就会受到明显的抑制。文献[25]中给出了由实验确定的常压下水的流动核态沸腾和强制对流蒸发工况的界限，如图 4-16 虚线所示。

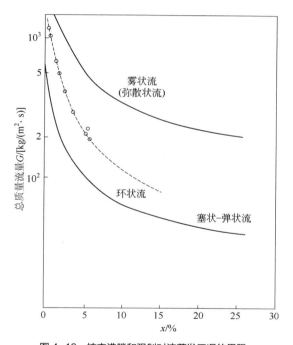

图 4-16　核态沸腾和强制对流蒸发工况的界限

　　在两相环状流工况下，具有高流速的薄液膜会对气泡的生长起抑制作用；反过来，高流速和气泡运动又会加强对流的湍流程度。因此有理由推测，在流动饱和沸腾区，核态沸腾和强制对流所起作用的大小会随着流动条件的不同而有所变化。陈氏（Chen）研究了这种变化关系，推荐了一个著名的叠加公式，用以计算流动饱和沸腾传热，已在工程上获得广泛采用，且公认为是计算流动饱和沸腾的最好公式。

陈氏假定核态沸腾和两相强制对流蒸发各以某种程度发生在整个饱和沸腾区内，且两者的贡献是相叠加的，即总换热系数可表达成

$$\alpha = \alpha_{\text{mac}} + \alpha_{\text{mic}} \qquad (4\text{-}65)$$

式中，α_{mac} 是由强制对流引起的换热系数分量；α_{mic} 是由核态沸腾引起的换热系数分量。

实际上，核态沸腾和强制对流换热之间互有影响，α_{mac} 和 α_{mic} 可按下述方式计算。

α_{mac} 是由流体作强制流动所引起的，可按对流换热的迪特斯-贝尔特公式计算。

$$\left.\begin{array}{l} \text{对于单相液体} \quad \alpha_1 = 0.023 Re_1^{0.8} Pr_1^{0.33} \dfrac{\lambda_1}{D} \\[3mm] \text{对于两相混合物} \quad \alpha_{\text{mac}} = 0.023 Re_{\text{TP}}^{0.8} Pr_{\text{TP}}^{0.33} \dfrac{\lambda_{\text{TP}}}{D} \end{array}\right\} \qquad (4\text{-}66)$$

将两式相除，得

$$\frac{\alpha_{\text{mac}}}{\alpha_1} = \left(\frac{Re_{\text{TP}}}{Re_1}\right)^{0.8} \left(\frac{Pr_{\text{TP}}}{Pr_1}\right)^{0.33} \frac{\lambda_{\text{TP}}}{\lambda_1} \qquad (4\text{-}67)$$

对于大部分液体，近似地有

$$\frac{Pr_{\text{TP}}}{Pr_1} = 1, \ \frac{\lambda_{\text{TP}}}{\lambda_1} = 1 \qquad (4\text{-}68)$$

则

$$\alpha_{\text{mac}} = \left(\frac{Re_{\text{TP}}}{Re_1}\right)^{0.8} \alpha_1 = F\alpha_1 \qquad (4\text{-}69)$$

式中，F 是经验系数，表明沸腾过程对对流换热过程的影响。

显然，由于液膜中气泡的产生和成长加剧了液膜和气流中的湍流运动，可以预料 $F \geqslant 1$。图 4-17 是根据实验数据得出的系数 F 的取值曲线。

陈氏利用雷诺类比求出的 F 的半经验表达式为

$$F = \left(1 + X_{\text{tt}}^{-0.5}\right)^{1.78} \qquad (4\text{-}70)$$

式中，X_{tt} 为马蒂内利参数。

α_{mic} 是由核态沸腾决定的换热系数分量，可反映出整个流动沸腾传热强度的大小。从传热的机理看，可采用前面讨论过的池内核态沸腾公式计算。但是，由于流体的流动和湍流混合，壁面附近过热液体层的厚度将减薄，温度分布变得较陡，对气泡成长将起到抑制作用。可把 α_{mic} 表达成

$$\alpha_{\text{mic}} = s\alpha_{\text{n}} \qquad (4\text{-}71)$$

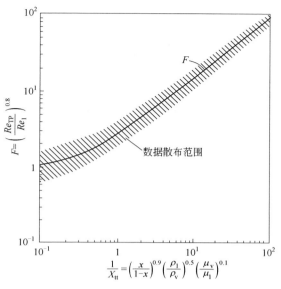

图 4-17　系数 F 的取值曲线

式中，α_n 为池内核态沸腾传热系数；s 为沸腾抑制因子，显然有 $s \leqslant 1$。

陈氏采用福斯特-朱伯公式计算 α_n，即用

$$\alpha_n = B\Delta T_s^{0.24} \Delta p_s^{0.75} \tag{4-72}$$

来计算池内核态沸腾传热。式中，B 是由物性组成的常数。

在流动沸腾的情况下，式（4-71）可改写成

$$\alpha_{mic} = s\alpha_n = sB\Delta T_{se}^{0.24} \Delta p_{se}^{0.75} \tag{4-73}$$

式中，ΔT_{se} 和 Δp_{se} 分别为对应流动沸腾时的有效壁面过热度及压力差，都是两相雷诺数 Re_{TP} 的函数。由此

$$s = \frac{\alpha_{mic}}{\alpha_n} = \left(\frac{\Delta T_{se}}{\Delta T_s}\right)^{0.24} \left(\frac{\Delta p_{se}}{\Delta p_s}\right)^{0.75} \approx \left(\frac{\Delta T_{se}}{\Delta T_s}\right)^{0.99} \tag{4-74}$$

或写成

$$s = f\left(Re_{TP}\right) = f\left(Re_l F^{1.25}\right) \tag{4-75}$$

如图 4-18 所示是由实验数据得到的系数 s 的取值曲线。上述曲线可整理成下列经验公式。

$$s = 0.9622 - 0.5822\left(\arctan \frac{Re_{TP}}{6.18 \times 10^4}\right) \tag{4-76}$$

$$Re_{TP} = Re_l F^{1.25} \tag{4-77}$$

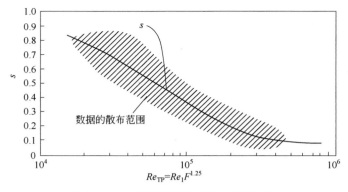

图 4-18 由实验数据得到的系数 s 的取值曲线

陈氏公式的最终表达式为

$$\alpha = F\alpha_1 + s\alpha_n \qquad (4\text{-}78)$$

与水、甲醇、环己烷、苯、庚烷和戊烷等近 600 组实验数据相比较，式（4-78）的计算值和实验值的平均偏离度为 11%。对于水平管道，如果气水不分层，则式（4-78）仍适用。式（4-78）也适用于过冷沸腾，只要在计算对流换热温差时采用液体的温度代替饱和温度，即

$$q = \alpha_1 F\left(T_w - T_l\right) + \alpha_n s\left(T_w - T_s\right) \qquad (4\text{-}79)$$

陈氏公式的适用范围如下：

① 压力为 0.09～6.9MPa；

② 质量流速为 $5.4\times10\sim4.1\times10^3 kg/(m^2 \cdot s)$；

③ 蒸气干度为 0～0.7。

最近，一个新的计算流动沸腾传热的叠加公式被报道[26]，即

$$a = \sqrt{\left(E\alpha_1\right)^2 + \left(s\alpha_n\right)^2} \qquad (4\text{-}80)$$

式中

$$E = \left[1 + xPr_1\left(\frac{\rho_1}{\rho_v} - 1\right)\right]^{0.35}$$

$$s = \left(1 + 0.055E^{0.1}Re_1^{0.16}\right)^{-1}$$

$$\alpha_1 = 0.023\frac{\lambda_1}{d}Re_1^{0.8}Pr_1^{0.4}$$

$$\alpha_n = 55Pr^{0.12}q^{\frac{2}{3}}\left(-\lg Pr\right)^{-0.55}M^{-0.5} \qquad (4\text{-}81)$$

式（4-80）与 1349 个实验数据相比，平均偏差为 29.6%，优于其他综合关系

式。其适用的参数范围如下：质量流速为 12.4～8179.3kg/(m² · s)；热流密度为 348.9～2.62×10⁶W/m²；干度为 0～95%；管径为 2.95～32mm；折算压力为 0.0023～0.895；液体雷诺数为 568.9～8.75×10⁵；液体普朗特数 $Pr_1 = 0.83～9.1$。

4.4 流动膜态沸腾

在冶金、动力以及低温工程中，经常会遇到流体在强制对流情况下的膜态沸腾传热现象。在流动沸腾的两相流系统中，膜态沸腾可以发生在反环状流工况，也可以发生在雾状流工况，如图 4-19 所示。无论是发生哪一类膜态沸腾，加热面都会被一层蒸气所覆盖，而导致加热面温度很高。一般来说，在两相混合物的含气量（干度）较低时，包括液体过冷情况，会出现反环状流膜态沸腾，形成液体核心区，周围被一层与加热壁面相接触的蒸气膜所包围。冶金工业中过冷水对高速轧材的急速冷却就属于这类膜态沸腾。如果两相混合物的含气量较高，则会出现雾状流膜态沸腾，整个流道中充满蒸气，液相以液滴的形式被蒸气所夹带。雾状流膜态沸腾常发生在大容量直流锅炉以及核动力堆芯紧急冷却的事故工况下。由于对核动力堆运行安全的关注，近年来已对雾状流膜态沸腾进行了广泛的研究。

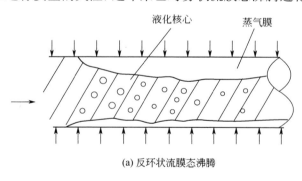

(a) 反环状流膜态沸腾

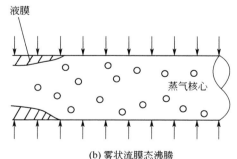

(b) 雾状流膜态沸腾

图 4-19 流动膜态沸腾工况

无论哪一类流动膜态沸腾，传热的阻力主要产生在与加热面接触的蒸气膜中。然而，对于每一类膜态沸腾，传热和流动的机理并不同。下面分别对这两类流动膜态沸腾进行分析。

4.4.1　反环状流膜态沸腾

4.4.1.1　液体沿水平平板受迫流动时的层流膜态沸腾传热

液体沿水平平板受迫流动时的膜态沸腾，可以采用两相边界层理论进行分析。文献[28]中最早报道了关于液体沿等温平板层流饱和膜态沸腾的研究结果。

假定：

① 流动是稳定的层流，气液两相分界面是光滑的；

② 液体和蒸气的物性为常数；

③ 气液分界面温度为饱和温度；

④ 加热面温度为常数。

沿水平平板层流膜态沸腾传热的物理模型如图 4-20 所示。气膜内蒸气的连续性方程、动量方程和能量方程分别为

$$\frac{\partial u_1}{\partial x} + \frac{\partial v_1}{\partial y} = 0 \tag{4-82}$$

$$u_1 \frac{\partial u_1}{\partial x} + v_1 \frac{\partial u_1}{\partial y} = v_1 \frac{\partial^2 u_1}{\partial y^2} \tag{4-83}$$

$$u_1 \frac{\partial T_1}{\partial x} + v_1 \frac{\partial T_1}{\partial y} = a_1 \frac{\partial^2 T_1}{\partial y^2} \tag{4-84}$$

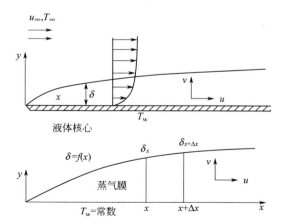

图 4-20　沿水平平板层流膜态沸腾传热的物理模型

蒸气膜以外，即 $y > \delta$ 的区域内，液流的连续性方程、动量方程和能量方程分别为

$$\frac{\partial u_2}{\partial x} + \frac{\partial v_2}{\partial y} = 0 \tag{4-85}$$

$$u_2 \frac{\partial u_2}{\partial x} + v_2 \frac{\partial u_2}{\partial y} = v_2 \frac{\partial^2 u_2}{\partial y^2} \tag{4-86}$$

$$u_2 \frac{\partial T_2}{\partial x} + v_2 \frac{\partial T_2}{\partial y} = a_2 \frac{\partial^2 T_2}{\partial y^2} \tag{4-87}$$

边界条件为

$$\left.\begin{array}{l} y = 0 \text{ 时} \quad u_1 = v_1 = 0 \quad T_1 = T_{\mathrm{w}} \\ y \to \infty \text{ 时} \quad u_2 = u_\infty \quad T_2 = T_\infty \end{array}\right\} \tag{4-88}$$

在气液分界面上，满足下列动量、质量和热量的平衡条件（衔接条件）为

$$\left.\begin{array}{l} T = T_{\mathrm{s}} \quad u_1 = u_2 \\ \mu_1 \dfrac{\partial u_1}{\partial y} = \mu_2 \dfrac{\partial u_2}{\partial y} \\ \rho_1 \left(u_1 \dfrac{\mathrm{d}\delta}{\mathrm{d}x} - v_1 \right) = \rho_2 \left(u_2 \dfrac{\mathrm{d}\delta}{\mathrm{d}x} - v_2 \right) = \dot{m} \\ -\lambda_1 \dfrac{\partial T_1}{\partial y} = -\lambda_2 \dfrac{\partial T_2}{\partial y} + \dot{m} h_{\mathrm{fg}} \end{array}\right\} \tag{4-89}$$

为了求解上述层流膜态沸腾的微分方程组，可以采用类似沿平板单相对流所采用的变量代换方法。对于蒸气膜，定义下列变量。

$$\eta = \frac{y}{2} \sqrt{\frac{u_\infty}{v_1 x}} \quad f(\eta) = \frac{\psi}{\sqrt{v_1 u_\infty x}} \quad \theta(\eta) = \frac{T_1 - T_\infty}{T_{\mathrm{w}} - T_\infty} \tag{4-90}$$

式中，ψ 是蒸气的流函数，有

$$u_1 = \frac{\partial \psi}{\partial y} = \frac{u_\infty}{2} f' \quad v_1 = -\frac{\partial \psi}{\partial x} = \frac{1}{2} \sqrt{\frac{v_1 u_\infty}{x}} (\eta f' - f) \tag{4-91}$$

式中，$f' = \partial f / \partial \eta$。

对于主流液体，定义下列变量。

$$\xi = \frac{y}{2} \sqrt{\frac{u_\infty}{v_2 x}} \quad F(\xi) = \frac{\phi}{\sqrt{v_2 u_\infty x}} \tag{4-92}$$

式中，ϕ 为液体的流函数，有

$$u_2 = \frac{\partial \phi}{\partial y} = \frac{u_\infty}{2} F' \quad v_2 = -\frac{\partial \phi}{\partial x} = \frac{1}{2} \sqrt{\frac{v_2 u_\infty}{x}} (\xi F' - F) \tag{4-93}$$

将这些新变量分别引入蒸气和液体的三个守恒方程中，并假定液体的温度为系统压力下的饱和温度，则可得到下列三个常微分方程。

$$f''' + f'' = 0 \tag{4-94}$$

$$\theta'' + Prf\theta' = 0 \tag{4-95}$$

$$F''' + ff'' = 0 \tag{4-96}$$

边界条件为

$\eta = 0$时 $f(0) = f'(0) = 0, \quad \theta(0) = 1$

$\xi = 0$时 $\eta = \eta_\delta$ (即以气液分界面为ξ的起算点)

$$\left.\begin{array}{l} F(0) = -\dfrac{(\rho\mu)_1}{(\rho\mu)_2}\bigg|^{\frac{1}{2}} f(\eta_\delta) \\[3mm] F'(0) = f'(\eta_\delta) \\[3mm] F''(0) = \left[\dfrac{(p\mu)_1}{(\rho\mu)_2}\right]^{\frac{1}{2}} f''(\eta_\delta) \\[3mm] \theta(\eta_\delta) = 0 \end{array}\right\} \tag{4-97}$$

$\xi \to \infty$ 时 $F' \to 2$

常微分方程组［式（4-94）～式（4-96）］及其相应的边界条件和分界面衔接条件组成了完整的微分方程组，可以通过数值计算求得三个未知变量 F、f、θ，从而可以求出蒸气膜内的温度和速度分布以及膜态沸腾传热量。

在工程实际问题中，最常遇到的是流体远离临界态的情况。此时可忽略蒸气动量方程中的惯性项以及能量方程中的对流项，而不致产生较大的误差。式（4-94）和式（4-95）可简化成

$$f''' = 0 \tag{4-98}$$

$$\theta'' = 0 \tag{4-99}$$

利用边界条件，这些方程的解为

$$f = \frac{1}{2}\left[\frac{(\rho\mu)_2}{(\rho\mu)_1}\right]^{\frac{1}{2}} F''(0)\eta^2 \tag{4-100}$$

$$\theta = 1 - \frac{\eta}{\eta_\delta} \tag{4-101}$$

加热壁面的局部热流密度为

$$q = -\lambda_1 \left(\frac{\partial T_1}{\partial y}\right)_{y \to 0} \tag{4-102}$$

利用温度分布［式（4-101）］，可得

$$q = \frac{\lambda_1}{2}\sqrt{\frac{u_\infty}{vx}}\left(T_w - T_\infty\right)\frac{1}{\eta_\delta}$$（4-103）

由式（4-100）可得

$$\eta_\delta = \frac{f'(\eta_\delta)}{f''(\eta_\delta)} = \left[\frac{(\rho\mu)_1}{(\rho\mu)_2}\right]^{\frac{1}{2}}\frac{F'(0)}{F''(0)}$$（4-104）

代入式（4-103），得

$$g = \frac{\lambda_1}{2}\sqrt{\frac{u_\infty}{vx}}\left(T_w - T_\infty\right)\left[\frac{(\rho\mu)_2}{(\rho\mu)_1}\right]^{\frac{1}{2}}\frac{F''(0)}{F'(0)}$$（4-105）

定义下列无量纲准则数。

$$\left.\begin{array}{ll}努谢尔特数 & Nu = \dfrac{\alpha x}{\lambda_1}\\[3mm]雷诺数 & Re = \dfrac{u_\infty x}{v_2}\end{array}\right\}$$（4-106）

式中，α 为换热系数，$\alpha = q/\left(T_w - T_\infty\right)$。式（4-105）可简化为

$$\frac{Nu}{\sqrt{Re}}\left[\frac{(\rho\mu)_1}{(\rho\mu)_2}\right]^{\frac{1}{2}} = \frac{1}{2}\times\frac{F''(0)}{F'(0)}$$（4-107）

通过求解式（4-96），可以得知 $F''(0)$ 和 $F'(0)$ 之间满足下列关系。

$$F''(0) = \frac{2}{\sqrt{\pi}}\left[2 - F'(0)\right]$$（4-108）

由分界面上的能量平衡条件，并利用 f、θ 的解，可得

$$\frac{c_p\left(T_w - T_\infty\right)}{Pr_1 h_{fg}}\frac{(\rho\mu)_2}{(\rho\mu)_1} = \frac{1}{2}\times\frac{F'(0)^3}{F''(0)^2}$$（4-109）

将式（4-108）和式（4-109）代入式（4-107），整理后得到

$$\frac{Nu}{\sqrt{Re_1}}\left[\frac{(\rho\mu)_1}{(\rho\mu)_2}\right]^{\frac{1}{2}}\left\{1 + \sqrt{\pi}\,\frac{Nu}{\sqrt{Re}}\left[\frac{(\rho\mu)_1}{(\rho\mu)_2}\right]^{\frac{1}{2}}\right\}^{\frac{1}{2}} = 0.5\left[\frac{(\rho\mu)_1}{(\rho\mu)_2}\times\frac{c_{p_1}\left(T_w - T_\infty\right)}{h_{fg}Pr_1}\right]^{-\frac{1}{2}}$$

（4-110）

对于远离临界态的流体，$(\rho\mu)_2 \gg (\rho\mu)_1$，式（4-110）可简化成

$$Nu = 0.5 Re_1^{\frac{1}{2}}\left[\frac{h_{fg}Pr_1}{c_{p_1}\left(T_w - T_\infty\right)}\right]^{\frac{1}{2}}$$（4-111）

对于壁面热流密度为常数的情况，根据类似上述的推导，由文献[20]中得到

$$Nu = 0.707 \left[\frac{\rho_1 h_{fg} u_\infty x}{\lambda_1 (T_w - T_\infty)} \right]^{\frac{1}{2}} \qquad (4\text{-}112)$$

针对上面的分析，文献[28,29]中首次提出，由于蒸气膜厚度沿程的变化，以及在远离临界态时气液两相之间密度差别很大，随着两相边界层的发展，由浮升力引起的沿途压力变化将对蒸气膜层内的速度分布产生影响，从而对传热强度有较大的影响，特别是当来流速度 u_∞ 较小时影响更为明显。

令 p_x 和 $p_{x+\Delta x}$ 分别表示相分界面上 x 和 $x+\Delta x$ 处的压力，如图 4-21 所示。两点之间的压力差可表达成

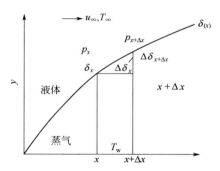

图 4-21　考虑压力变化的层流膜态沸腾模型

$$p_x - p_{x+\Delta x} = (\rho_2 - \rho_1) g \Delta \delta_x \qquad (4\text{-}113)$$

或

$$\frac{\partial p}{\partial x} = -(\rho_2 - \rho_1) g \frac{\mathrm{d}\delta}{\mathrm{d}x} \qquad (4\text{-}114)$$

于是蒸气膜内的动量方程变为

$$u_1 \frac{\partial u_1}{\partial x} + v_1 \frac{\partial u_1}{\partial y} = \nu_1 \frac{\partial^2 u_1}{\partial y^2} + \frac{\rho_2 - \rho_1}{\rho_1} g \frac{\mathrm{d}\delta_x}{\mathrm{d}x} \qquad (4\text{-}115)$$

连续性方程和能量方程仍维持不变。按照类似前述引入新变量的方法，将上述动量方程及能量方程变为下列常微分方程。

$$f''' + \eta_\delta \varepsilon = 0 \qquad (4\text{-}116)$$

$$\theta'' = 0 \qquad (4\text{-}117)$$

式中，系数 ε 为

$$\varepsilon = \frac{1}{u_\infty^2} \sqrt{\frac{\nu_1 x}{u_\infty}} g \frac{\rho_2 - \rho_1}{\rho_1} = \frac{Ar}{Re_1^{\frac{5}{2}}} \qquad (4\text{-}118)$$

其中

$$Ar = \frac{g\left(\rho_2 - \rho_1\right)x^3}{\rho_1 v_1^2} \qquad (4\text{-}119)$$

为阿基米德数。

利用前述相同的边界条件，对式（4-116）和式（4-117）进行求解，得到

$$\left(\frac{Nu}{\sqrt{Re_1}}\right)^5 = \frac{Pr_1 h_{fg}}{c_{p_1}\left(T_w - T_s\right)}\left[\frac{1}{4}\left(-\frac{Nu}{\sqrt{Re_1}}\right)^3 + \frac{1}{48}Ar\right] \qquad (4\text{-}120)$$

当 $\varepsilon \to 0$，即浮升力的影响可忽略时，式（4-120）就退化成式（4-111）。

当来流速度趋向零时，式（4-120）可简化成

$$Nu = 0.46\left[\frac{Pr h_{fg}}{c_{p_1}\left(T_w - T_s\right)}\right]^{\frac{1}{5}}Ar \qquad (4\text{-}121)$$

此时换热过程由浮升力支配。

图 4-22 示出浮升力对层流膜态沸腾的影响[27]。由图 4-22 可见，当液体过冷度较小，即 s 值较小时，浮升力的影响较大；而当液体过冷度较大时，式（4-120）中右端第一项比浮升力的影响大得多，因而浮升力的影响可忽略。

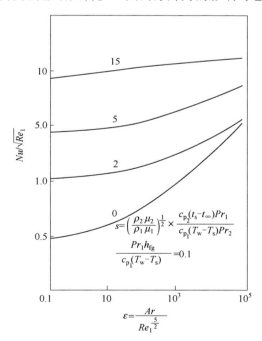

图 4-22　浮升力对层流膜态沸腾的影响

4.4.1.2　液体沿水平平板受迫流动时的湍流膜态沸腾传热[29]

液体沿水平平板受迫流动膜态沸腾时，若液体的速度或流过的沿程距离增大到超过某一临界值，流动边界层将从层流过渡到湍流。与单相流动相比，由于气液界面蒸发产生的蒸气喷射，以及气液界面混合所产生的涡旋脉动，更容易促进湍流出现。层流膜态沸腾常只限于平板前沿很短的一段长度，随后就过渡为湍流膜态沸腾。当来流速度较高时，甚至在一开始就会转变为湍流工况。

为了分析湍流膜态沸腾工况，提出了分区处理的方法。假定：

① 整个流动结构可以分成三层，即紧靠固体壁面的蒸气膜层、液流区和两者之间的气液混合中间层即两相区；

② 气液混合中间层内温度维持为系统压力下的饱和温度；

③ 液流区内的速度等于来流速度；

④ 湍流边界层位于蒸气膜内，可当作单相流体湍流边界层处理。

湍流膜态沸腾的物理模型如图 4-23 所示，下面分区进行分析。

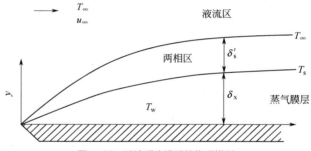

图 4-23　湍流膜态沸腾的物理模型

（1）液流区　把气液相分界面作为 y 坐标的起点，即 $y=0$，并假定液体的物性为常数。液流区的能量方程为

$$u_2 \frac{\partial T_2}{\partial x} = \frac{\partial}{\partial y}\left[\left(a_2 + \varepsilon_{t_2} \right) \frac{\partial T_2}{\partial y} \right] \tag{4-122}$$

式中，ε_{t_2} 为液体湍流热扩散率，$\varepsilon_{t_2} = \dfrac{\lambda_{t_2}}{\rho_2 c_{p_2}}$，$\lambda_{t_2}$ 为液体湍流热导率。

边界条件为

$$\left. \begin{array}{ll} x = 0时 & T_2 = T_\infty \\ y = 0时 & T_2 = T_s（分相面温度） \\ y \to \infty时 & T_2 = T_\infty \end{array} \right\} \tag{4-123}$$

对于旺盛湍流，通常有 $\varepsilon_{t_2} \gg a_2$，且湍流普朗特数接近 1，即 $\varepsilon_{t_2} \approx \varepsilon_{M_2}$，$\varepsilon_{M_2}$ 为

湍流黏度。所以式（4-122）可简化成

$$u_\infty \frac{\partial T_2}{\partial x} = \frac{\partial}{\partial y}\left(\varepsilon_{M_2} \frac{\partial T_2}{\partial y}\right) \tag{4-124}$$

假定液流区热边界层中的湍流黏度不随 y 变化，这对气液界面有强烈脉动的湍流膜态沸腾来说是可以接受的。显然，由于随着沿流动方向距离 x 的增加，两相混合区也增厚，使液流区边界层内的湍流运动增强，因此可以认为湍流黏度 ε_{M_2} 是 x 的函数。表示成无量纲形式时，有

$$\frac{\varepsilon_{M_2}}{v_2} = K\left(\frac{u_\infty x}{v_2}\right)^m = KRe_x^m \tag{4-125}$$

式中，K 为常数。

将式（4-125）代入式（4-124），有

$$u_\infty \frac{\partial T_2}{\partial x} = Kv_2\left(\frac{u_\infty x}{v_2}\right)^m \frac{\partial^2 T_2}{\partial y^2} \tag{4-126}$$

其边界条件由式（4-123）描述。

为了求解上述微分方程，引入无量纲过冷度 $\theta = \dfrac{T_s - T_2}{T_s - T_\infty}$，则式（4-126）可改写成

$$u_\infty \frac{\partial \theta}{\partial x} = Kv_2\left(\frac{u_\infty x}{v_2}\right)^m \frac{\partial^2 \theta}{\partial y^2} \tag{4-127}$$

令 $\eta = \left(\dfrac{u_\infty x}{v_2}\right)^{m-1} x^2$，式（4-127）可简化成

$$\frac{\partial \theta}{\partial \eta} = \frac{K}{m+1} \times \frac{\partial^2 \theta}{\partial y^2} \tag{4-128}$$

相应的边界条件为

$$\left.\begin{array}{ll} \eta = 0时 & \theta = 1 \\ y = 0时 & \theta = 0 \\ y \to \infty时 & \theta = 1 \end{array}\right\} \tag{4-129}$$

求解式（4-128），并将 η 的定义式代入，最后得

$$\theta = erf\left(\frac{y}{\sqrt{\dfrac{K}{m+1}}\left(\dfrac{u_\infty x}{v_2}\right)^{\frac{m-1}{2}} x}\right) \tag{4-130}$$

经过气液混合区传给液体的热流密度 q_1 为

$$q_1 = -\lambda_{t_2} \frac{\partial T_2}{\partial y}\bigg|_{y=0} = -\rho_2 c_{p_2} \varepsilon_{M_2} \frac{\partial T_2}{\partial y}\bigg|_{y=0} = \rho_2 c_{p_2} \varepsilon_{M_2} (T_s - T_\infty) \frac{\partial \theta}{\partial y}\bigg|_{y=0}$$

$$= \frac{\sqrt{\dfrac{K(m+1)}{\pi}}(T_s - T_\infty)\rho_2 c_{p_2} \nu_2 \left(\dfrac{u_\infty x}{\nu_2}\right)^{\frac{m+1}{2}}}{x} \tag{4-131}$$

（2）蒸气膜层　由假定④可知，蒸气膜层内的速度分布可沿用单相流动时的湍流边界层通用速度分布。传热关系式可沿用卡门比拟式，即

$$\frac{T_w - T_m}{q_w} = \frac{\dfrac{u_\infty}{\sqrt{\dfrac{\tau_w}{\rho_1}}} + 5Pr_1 - 1 + 5\ln\dfrac{5Pr_1+1}{6}}{\rho_1 c_{p_1}\sqrt{\dfrac{\tau_w}{\rho_1}}} \tag{4-132}$$

式中，τ_w 为壁面摩擦阻力，可由白拉修斯（Blausius）公式计算，即

$$\tau_{wx} = D_{fx}\frac{\rho_1 u_\infty^2}{2} = 0.023\left(\frac{u_\infty \delta}{\nu_1}\right)^{-\frac{1}{4}}\rho_1 u_\infty^2 \tag{4-133}$$

对于远离临界态的水及大部分液体，其蒸气的普朗特数 Pr_1 接近 1，因此，式（4-132）可简化成

$$\frac{T_w - T_s}{q_w} = \frac{u_\infty}{c_{p_1}\tau_w} \tag{4-134}$$

蒸气膜内速度分布近似地服从普朗特提出的 1/7 次方规律，即

$$\frac{u_1}{u_\infty} = \left(\frac{y}{\delta_x}\right)^{\frac{1}{7}} \tag{4-135}$$

蒸气膜内的能量平衡方程为

$$q_w = q_1 + q_v \tag{4-136}$$

式中，q_w 为壁面热流密度，W/m^2；q_1 为通过气液混合区传入液体的热流密度，由式（4-131）计算；q_v 为使气液混合区内液体蒸发的热流密度，由式（4-137）计算。

$$q_v = \rho_1 h_{fg}\frac{d\overline{u}_1}{dx} = \rho_1 h_{fg}\frac{d}{dx}\int_0^\delta u_1 dy$$

$$= \frac{7}{8}\rho_1 h_{fg} u_\infty \frac{d\delta}{dx} \tag{4-137}$$

将式（4-134）、式（4-131）和式（4-137）代入式（4-136），可得到只含有变量 δ 和 x 的一阶微分方程，解出蒸气膜层厚度 δ 随 x 的变化规律，从而可求得湍流膜态沸腾的传热系数。作为一个特例，当液体过冷度较高时，膜态沸腾主要受

液体的流动参数和液体物性的支配，而与壁面温度关系不大，有点类似于换热过程的"自模性"。此时壁面热量基本上都传给了液膜，亦即 $q_l = q_w$。

定义

$$Nu = \frac{q_w}{T_s - T_w} \times \frac{x}{\lambda_2} \qquad (4-138)$$

则由式（4-131）得到

$$Nu = K_1 Re_x^{\frac{m+1}{2}} Pr_2 \qquad (4-139)$$

式中，$K_1 = \sqrt{K(m+1)/\pi}$。

对于水，在流速为 $1\sim4.5\text{m/s}$、过冷度为 $22\sim72{}^\circ\text{C}$ 的范围内，根据文献[29]的实验结果，得

$$Nu_x = 0.054 Re_x^{0.84} Pr \qquad (4-140)$$

文献[30]中对流体的流动膜态沸腾的研究进展做了最新的系统综述，包括对过冷度、流速等影响的深入讨论，并引申到管槽的流动膜态沸腾。

4.4.2　雾状流膜态沸腾

雾状流膜态沸腾常常发生在高干度情况下，这是指含有液滴的蒸气流过加热管道时所发生的传热过程。一般来说，研究路线大致可分为两类。一类是假定两相雾状混合物处于热力学平衡状态，即假定气液两相间传热速率很高，所有加入的热量全部用于液滴的蒸发，蒸气温度维持在对应系统压力之下的饱和温度。另一类则认为气液两相之间处于热力学不平衡状态，两相雾状混合物由过热蒸气和饱和液滴组成。大量的实验测量表明，在雾状流膜态沸腾工况下，蒸气确实经常处于过热状态，即两相处于热力学不平衡状态。

雾状流膜态沸腾传热涉及液滴与壁面、液滴与蒸气、蒸气与壁面三者之间的换热问题，过程十分复杂，其简单的传热过程示于图 4-24。

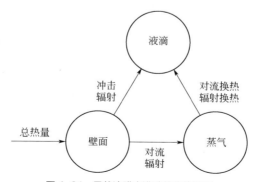

图 4-24　雾状流膜态沸腾的传热过程

早期的工作主要是把实验数据整理成与单相对流换热相类似的经验关系式。近年来出现了一些半经验半理论的分析模型，为此问题的解决迈进了一步。

4.4.2.1　不考虑热力学不平衡的换热关系式

假定雾状两相混合物是处于热力学平衡的均匀混合物，并可沿用单相强制对流形式的准则公式，流体的物性采用两相混合物的平均值，即

$$\bar{\psi} = \psi_1(1-\varphi) + \psi_v\varphi \tag{4-141}$$

式中，ψ 代表某一物性；φ 是局部空隙率。

利用液氢的实验数据，文献[30]中得到如下换热准则式。

$$Nu_f = 0.023 Re_f^{0.8} Pr_f^{0.4} \tag{4-142}$$

式中，各准则根据定性温度 T_f 和空隙率 φ_f 来确定。T_f 和 φ_f 按下列算式取值。

$$\left.\begin{array}{l} T_f = T_b + C_{mf}(T_w - T_b) \\ \varphi_f = \varphi_b + C_{mf}(1-\varphi_b) \end{array}\right\} \tag{4-143}$$

式中，φ_b 是主流空隙率；φ_f 是参考空隙率；C_{mf} 是空隙率的一个函数，由实验确定，也可按 $C_{mf} = (0.964\bar{\varphi}_b - 0.9684)/(\bar{\varphi}_b - 1.02)$ 计算。

文献[31]中根据收集到的大量流动膜态沸腾实验数据，整理出如下的适用于管内和环形通道内雾状流膜态沸腾的传热系数计算式。

$$\alpha = a\frac{\lambda_v}{D_\theta}\left\{Re_v\left[x + \frac{\rho_v}{\rho_1}(1-x)\right]\right\}^b Pr_x^c Y^d \tag{4-144}$$

式中

$$Y = 1 - 0.1\left(\frac{\rho_1 - \rho_v}{\rho_v}\right)^{0.4}(1-x)^{0.4} \tag{4-145}$$

常数 a、b、c、d 的值如下。

对圆管

$$\left.\begin{array}{ll} a = 1.09 \times 10^{-3} & b = 0.989 \\ c = 1.41 & d = -1.15 \end{array}\right\} \tag{4-146}$$

对环形通道

$$\left.\begin{array}{ll} a = 5.2 \times 10^{-2} & b = 0.688 \\ c = 1.26 & d = -1.06 \end{array}\right\} \tag{4-147}$$

用上述公式综合实验数据时，圆管上 438 个实验点的均方根误差≤11.5%，环形通道上 266 个实验点的均方根误差≤6.9%。

4.4.2.2　考虑热力学不平衡的分析方法

热力学不平衡条件下壁温蒸气温度和干度沿均匀加热管长度的变化如图 4-25 所示。图 4-25 中干涸发生在距进口距离为 z_{D_0} 处。假定干涸点处气液两相尚处于热力学平衡，干涸点以后壁面传出的热量仅有一部分用于液滴的蒸发，其余部分用于将蒸气加热到过热状态。图 4-25 中，虚线表示在理想的热力学平衡时蒸气温度和干度的变化，z_{eq} 表示在假想的热力学平衡条件下（$x_e = 1$）液滴完全蒸发所需的距离，z^* 是实际条件下液滴完全蒸发所需的距离。

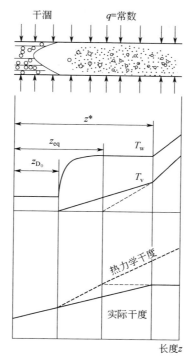

图 4-25　热力学不平衡条件下壁温蒸气温度和干度沿均匀加热管长度的变化

假定在总热负荷下 q_1 用于液滴的蒸发，q_v 用于蒸气的过热，则有

$$q(z) = q_1(z) + q_v(z) \tag{4-148}$$

热力学干度 $x_e(z)$ 可由热平衡计算得到，即

$$x_e(z) - x_{D_0} = \frac{q\pi d\left(z - z_{D_0}\right)}{\dfrac{\pi d^2}{4} G h_{fg}} = \frac{4q\left(z - z_{D_0}\right)}{d G h_{fg}} \tag{4-149}$$

式中，x_{D_0} 是干涸点的干度。

实际干度 $x(z)$ 为

$$x(z) - x_{\mathrm{D}_0} = \frac{4q_1\left(z - z_{\mathrm{D}_0}\right)}{dGh_{\mathrm{fg}}} = \frac{4\varepsilon q}{dGh_{\mathrm{fg}}}\left(z - z_{\mathrm{D}_0}\right) \tag{4-150}$$

式中，$\varepsilon = q_1(z)/q(z)$，为热流密度中用于液滴蒸发的份额。

若在 $z = z^*$ 时液滴完全蒸发，即 $x(z^*) = 1$，则

$$z^* = \frac{dGh_{\mathrm{ig}}}{4\varepsilon q}\left(1 - x_{\mathrm{D}_0}\right) + z_{\mathrm{D}_0} \tag{4-151}$$

由式（4-149）和式（4-150）可得

$$\left.\begin{array}{l} \varepsilon = \dfrac{x(z) - x_{\mathrm{D}_0}}{x_{\mathrm{e}}(z) - x_{\mathrm{D}_0}} \\[3mm] \text{或}\quad \varepsilon = -\dfrac{z_{\mathrm{eq}} - z_{\mathrm{D}_0}}{z^* - z_{\mathrm{D}_0}} \end{array}\right\} \tag{4-152}$$

实际蒸气温度用 $T_{\mathrm{v}}(z)$ 表示，则

$$\left.\begin{array}{l} T_{\mathrm{v}}(z) = T_{\mathrm{s}} + \dfrac{4(1-\varepsilon)q\left(z - z_{\mathrm{D}_0}\right)}{Gc_{\mathrm{pv}}d} \quad (z < z^*) \\[4mm] T_{\mathrm{v}}(z) = T_{\mathrm{s}} + \dfrac{4q\left(z - z_{\mathrm{eq}}\right)}{Gc_{\mathrm{pv}}d} \quad (z > z^*) \end{array}\right\} \tag{4-153}$$

文献[32]中推荐的 ε 经验关系式为

$$\begin{array}{l} \text{对于水}\quad \varepsilon = 0.402 + 0.0674\ln\left[G\left(\dfrac{d}{\rho_{\mathrm{v}}\sigma}\right)^{0.5}\left(1 - x_{\mathrm{D}_0}\right)^5\right] \\[5mm] \text{对于氟里昂}\quad \varepsilon = 0.236 + 0.811\ln\left[G\left(\dfrac{d}{\rho_{\mathrm{v}}\sigma}\right)^{0.5}\left(1 - x_{\mathrm{D}_0}\right)^5\right] \end{array} \tag{4-154}$$

式中，物性采用英制单位。

为了建立热力学不平衡条件下雾状流膜态沸腾的换热模型，假定壁面的总热流密度 q 由两部分组成：蒸气和壁面之间的对流换热分量 q_{v} 以及液滴冲击壁面时的换热量 q_1[35,36]。即

$$q = q_{\mathrm{v}} + q_1 \tag{4-155}$$

这里忽略了辐射换热分量。式（4-155）可改写成

$$q = \alpha_{\mathrm{v}}\left(T_{\mathrm{w}} - T_{\mathrm{v}}\right) + \alpha_1\left(T_{\mathrm{w}} - T_{\mathrm{s}}\right) \tag{4-156}$$

式中，α_{v} 为蒸气的强制对流传热系数；α_1 是液滴冲击壁面时的传热系数，与很多因素有关。

考虑到气液两相混合物的影响，α_{v} 可由修正的迪特斯-贝尔特公式计算，即

$$\alpha_{\mathrm{v}} = \frac{\lambda_{\mathrm{v}}}{D} 0.0336 Re^{0.743} Pr^{0.4} \qquad (4\text{-}157)$$

作为一种近似，可采用高温壁面上静止液滴的传热系数（即莱登夫罗斯特膜态沸腾传热系数），再对液滴的速度、重力以及液滴的冲击频率等进行修正，其计算式为[33]

$$\alpha_{\mathrm{l}} = k_1 k_2 \frac{\pi}{4} \times \frac{6G}{\pi \rho_{\mathrm{l}}} \left(\frac{1-x_{\mathrm{A}}}{u_{\mathrm{d}}} \right)^{\frac{2}{3}} \left[\frac{\lambda_{\mathrm{v}}^3 h_{\mathrm{fg}} g \rho_{\mathrm{v}} \rho_{\mathrm{l}}}{(T_{\mathrm{w}} - T_{\mathrm{s}}) \mu_{\mathrm{l}} \sqrt[3]{\frac{\pi}{6}} D_{\mathrm{d}}} \right]^{\frac{1}{4}} \qquad (4\text{-}158)$$

式中，k_1 是考虑液滴加速运动的修正系数；k_2 是考虑液滴冲击频率的修正系数；u_{d} 是液滴冲击速度；x_{A} 是两相混合物的实际干度。

k_1、k_2 的乘积由实验确定，随流体不同而变化，其值在 0.2～2 之间变化。

由于计算 α_{l} 时涉及壁温 T_{w}，需要进行迭代计算，并且还要先确定液滴速度 u_{d} 及其直径 D_{d}。需要注意的是，液滴直径 D_{d} 由于蒸发和流动切应力而一直在发生变化。

考虑竖直管内的向上流动时，液滴的加速度为

$$\frac{\mathrm{d}u_{\mathrm{d}}}{\mathrm{d}\tau} = u_{\mathrm{d}} \frac{\mathrm{d}u_{\mathrm{d}}}{\mathrm{d}z} = \frac{3C_{\mathrm{D}}\rho_{\mathrm{v}}(u_{\mathrm{v}} - u_{\mathrm{d}})^2}{4\rho_{\mathrm{l}}D_{\mathrm{d}}} - g \qquad (4\text{-}159)$$

或

$$\frac{\mathrm{d}u_{\mathrm{d}}}{\mathrm{d}z} = \frac{3C_{\mathrm{D}}\rho_{\mathrm{v}}(u_{\mathrm{v}} - u_{\mathrm{d}})^2}{4\rho_{\mathrm{l}}D_{\mathrm{d}}} - \frac{g}{u_{\mathrm{d}}} \qquad (4\text{-}160)$$

式中，C_{D} 是液滴运动的阻力系数，由下列实验式求出。

$$\left. \begin{array}{ll} Re < 2000 时 & C_{\mathrm{D}} = \dfrac{24}{Re}\left(1 + 0.142 Re^{0.698}\right) \\ Re > 2000 时 & C_{\mathrm{D}} = 0.45 \end{array} \right\} \qquad (4\text{-}161)$$

液滴与蒸气之间的传热系数可按式（4-162）计算。

$$\alpha_{\mathrm{d,v}} = \frac{\lambda_{\mathrm{v}}}{D_{\mathrm{d}}} \left\{ (2.0 - 0.55) \left[\frac{(u_{\mathrm{v}} - u_{\mathrm{d}})D_{\mathrm{d}}}{v_{\mathrm{v}}} \right]^{0.5} Pr_{\mathrm{v}}^{0.33} \right\} \qquad (4\text{-}162)$$

液滴直径的变化由热平衡求得，即

$$\frac{\mathrm{d}D_{\mathrm{d}}}{\mathrm{d}z} = \frac{1}{u_{\mathrm{d}}} \times \frac{\mathrm{d}D_{\mathrm{d}}}{\mathrm{d}t} = \frac{2q_{\mathrm{d}}}{h_{\mathrm{fg}}\rho_{\mathrm{l}}u_{\mathrm{d}}} \qquad (4\text{-}163)$$

实际干度的变化为

$$\frac{\mathrm{d}x}{\mathrm{d}\tau} = -\frac{1-x_0}{D_{\mathrm{d}_0}^3} \times \frac{\mathrm{d}D_{\mathrm{d}}^3}{\mathrm{d}z} = -\frac{3(1-x_0)D_{\mathrm{d}}^2}{D_{\mathrm{d}_0}^3} \times \frac{\mathrm{d}D_{\mathrm{d}}}{\mathrm{d}z} \qquad (4\text{-}164)$$

式中，D_{d_0}、x_0 分别是某一给定截面上的液滴直径与干度的初始已知值。

由连续性方程

$$\frac{Gx_A}{\rho_v u_v} + \frac{G(1-x_A)}{\rho_l u_l} = 1 \qquad (4\text{-}165)$$

可求得蒸气速度。

$$u_v = \frac{Gx_A}{\rho_v}\left[1 - \frac{G(1-x_A)}{\rho_l u_l}\right]^{-1} \qquad (4\text{-}166)$$

式中，G 是总的质量流量。

整个计算包括确定 q_l、q_v 以及两相混合物的干度和液滴尺寸，最终算出壁面温度。计算可以从接近管子入口处某一截面开始。这个起始位置可以在已知总热流 q 的条件下，由假定的 x_A 值再通过热平衡确定，并取 $T_v = T_s$。假定在该截面处 $\mathrm{d}u_d/\mathrm{d}\tau = 0$，且液滴的韦伯数 $We = \rho_l(u_v - u_d)^2 D_d/\sigma$ 取不破裂时的临界值，即 $We = 7.5$。这样，根据式（4-160）和 We 的定义式，可以计算出 $(u_v - u_d)$ 和 D_d，再利用式（4-166）求出 u_v 和 u_d。由已知的 x_A、T_v、D_d、u_v 和 u_d 利用式（4-155）、式（4-156）和式（4-164）可求出 T_w，并求出 q_l 和 q_v。图 4-26 示出了雾状流膜态沸腾传热的分析结果和实验值的比较[33]。由图 4-26 可见，只要能正确给出 k_1 和 k_2，计算与实验结果就能够很好地吻合。

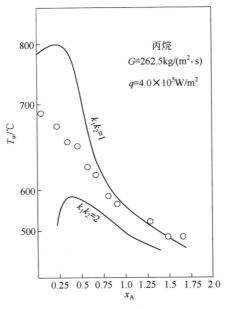

图 4-26　雾状流膜态沸腾传热的分析结果和实验值的比较

　　总体来说，雾状流膜态沸腾的机理和换热的计算方法尚不成熟，需要继续进行深入的研究。例如文献[40,41]中提出的从干涸点起逐步积分的计算模型，考虑了液滴的尺寸和分布以及壁面、液滴、蒸气三者之间的相互换热关系，可计算出干涸点以后局部的各点参数。

4.5　流动沸腾临界现象

　　流动沸腾临界现象与池沸腾临界现象一样，也是以加热面壁面温度突然急剧上升为特征，伴随局部沸腾传热系数的突然急剧下降。在发生流动沸腾的主要热工设备中，例如动力锅炉和核反应堆，受热面的热流密度是控制变量，出现临界现象时，受热面温度将急剧升高，而有导致壁面烧毁的危险，从而造成严重事故。所以，流动沸腾临界现象又常称为流动沸腾危机。对流动沸腾危机的研究引起了各国传热界的极大重视，并已进行了大量的实验和理论研究工作，获得了许多实验数据和实验关联式，以指导实际应用。本节讨论流动沸腾临界现象出现的机制和影响因素，给出计算临界热流密度的方法。

4.5.1　流动沸腾临界现象的发生机制

　　流动沸腾危机出现的条件和两相流动的流型以及外界条件有着密切的关系。尽管已进行了长期的实验和理论方面的研究工作，但至今对引起临界现象的机理仍没有彻底弄清楚。总体来说，由于含气量的不同，流动沸腾临界现象出现的机理不尽相同。根据含气量的多少，流动沸腾临界现象大致可划分成两类，下面分别进行讨论。

4.5.1.1　过冷和低干度条件下的临界现象

　　图 4-27 显示出在过冷和低干度条件下三种可能导致临界现象出现的物理机制。

　　（1）蒸气团下出现的局部干涸［图 4-27（a）］　在稳定的沸腾条件下，由于液体微层的气化，在成长气泡的下面会形成蒸气干斑。在通常情况下，当气泡从壁面上脱离后，这块干斑会被液体重新润湿。但是，如果壁面热流密度很高，在气泡脱离以后，由于干斑处壁温很高，使得该处不能被液体再润湿，而导致在干斑处出现临界现象。干斑处的持续高温，会使加热管局部氧化和结垢，最终导致管壁局部强度下降，出现裂缝或穿孔。

　　（2）气泡拥挤和蒸气覆盖［图 4-27（b）］　在中等过冷度下，气泡边界层会进一步扩大。由于气泡密集在加热面附近，使得加热面附近的液体不能顺利地通向加热面。如果液体最终不能到达加热壁面，则壁面将会被一层连续的蒸气膜覆盖，而导致临界现象出现。这与池沸腾临界现象的机理是相似的。发生这类临界现象时，由于加热面被蒸气膜覆盖的区域较大，常导致加热壁面较早地出现破坏。

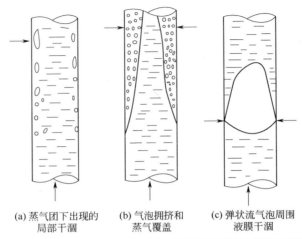

(a) 蒸气团下出现的　　(b) 气泡拥挤和　　(c) 弹状流气泡周围
　　局部干涸　　　　　　蒸气覆盖　　　　　液膜干涸

图 4-27　在过冷和低干度条件下三种可能导致临界现象出现的物理机理

（3）弹状流气泡周围液膜干涸［图 4-27（c）］　在较低的质量流速下，通常会出现弹状流动。如果气泡四周管壁上的液膜蒸发速度大于邻近液体对壁面的再湿速度，那么管壁上的这一部分会干涸，而达到临界状态。由于弹状流气泡一般有相当的流速，所以这类临界现象不大会引起比较严重的后果。

4.5.1.2　高干度（环状流）工况下的临界现象

在环状流工况下，加热管出口处环状液膜的流量是管长和加热功率的函数。当此液膜的流量变为零时，临界状态出现。因此，临界工况必然和液膜的干涸相联系。除此以外，液膜发生突然破裂或形成干斑，以及液膜下形成蒸气区，也会导致临界现象出现。

图 4-28 显示出了在高干度时可能出现临界现象的各种机理。

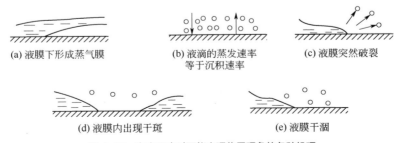

(a) 液膜下形成蒸气膜　　(b) 液滴的蒸发速率　　(c) 液膜突然破裂
　　　　　　　　　　　　等于沉积速率

(d) 液膜内出现干斑　　　(e) 液膜干涸

图 4-28　在高干度时可能出现临界现象的各种机理

　　文献[37]中报道了液膜流动情况下临界现象的可视化实验结果，进一步证实了液膜蒸干是导致临界现象发生的主要机理。临界现象的可视化实验装置如图 4-29 所示。通过一段多孔壁管，将液膜引到加热棒的表面。用大电流直接对加热棒加热。在液膜流过一段距离后，再次利用多孔壁管将液膜从棒上引走并测出其流量。加热棒放置在一根玻璃管中，蒸气在管子与测量棒之间形成的环形通道内流动。实验中观察到，当热流密度加大时，通道出口处的液膜变薄。只要液膜不发生干涸，临界现象就不会出现。测量表明，液膜流量随加热功率的增加而减少。当加热管末端的液膜流量逐步减少到零时临界现象出现。环状流液膜流量的大小，取决于蒸气核心区内液滴在液膜上的沉积速率和蒸气从液膜上夹带液体的速率。当蒸气夹带速率超过液滴的沉积速率时，液膜就发生干涸。

　　为了定量地描述环状流中液膜的干涸过程，取微元管长 dz，如图 4-30 所示。液膜中的液体质量平衡方程为

$$\dot{M}_{\mathrm{lf}} + \pi D \dot{m}_{\mathrm{d}} \mathrm{d}z = \dot{M}_{\mathrm{lf}} + \frac{\partial \dot{M}_{\mathrm{lf}}}{\partial z}\mathrm{d}z + \pi D E \mathrm{d}z + \pi D \frac{q}{h_{\mathrm{fg}}}\mathrm{d}z + \frac{\partial M_{\mathrm{lf}}}{\partial t}\mathrm{d}z \qquad (4\text{-}167)$$

　　式中，$\dot{M}_{\mathrm{lf}}$ 为液膜中液体的质量流量；D 为管径；$\dot{m}_{\mathrm{d}}$ 为液滴在液膜上的沉积速率；E 为蒸气从液膜上带走液滴的夹带速率；q 为局部热流密度；M_{lf} 为单位长度液膜中液体的质量。

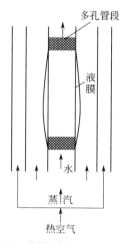

图 4-29　临界现象的可视化实验装置

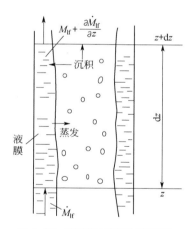

图 4-30　环状流中液膜的质量平衡

　　到达沸腾临界状态时，环状液膜的厚度趋向于零。知道了液滴的沉积速率、夹带速率以及液膜的厚度，就可通过沿长度积分，直到 $M_{\mathrm{lf}}=0$，而求得液膜干涸点的位置。上述三个参数通常由经验关系式给出。

　　通常，为了简化计算，可以不考虑液滴在液膜上的沉积。此时液膜的质量平

衡方程可表达为

$$\frac{\mathrm{d}M_{\mathrm{lf}}}{\mathrm{d}z} = -\pi D\left(E + \frac{q}{h_{\mathrm{fg}}}\right) \tag{4-168}$$

文献[34]中推荐，液膜被蒸气夹带的速率可由式（4-169）计算。

$$E = c_{\mathrm{k}}\left(\frac{q}{h_{\mathrm{fg}}}\right)^{m}\frac{M_{\mathrm{lf}}}{\pi D} \tag{4-169}$$

式中，c_{k} 为由压力决定的经验常数；指数 m 近似取 1.5。

环状流起始点处干度为

$$x = x_0 \quad M_{\mathrm{lf}} = \frac{\pi D^2}{4}G\left(1-x_0\right)\left(1-\xi_1\right) \tag{4-170}$$

干涸点处干度为

$$x = x_{\mathrm{c}} \quad M_{\mathrm{lf}} = 0 \tag{4-171}$$

根据以上两个边界条件，求解式（4-167），可得到均匀加热管沸腾临界工况的表达式为

$$x_{\mathrm{c}} - x_0 = \frac{1}{c_{\mathrm{k}}}\left(\frac{Lh_{\mathrm{g}}}{i_{\mathrm{c}} - i_{\mathrm{i}}}\right)^{0.5}\left(\frac{4}{DG}\right)^{1.5}\ln\left[1 + c_{\mathrm{k}}\left(1-x_0\right)\left(1-\xi_1\right)\left(\frac{i_{\mathrm{c}} - i_{\mathrm{i}}}{Lh_{\mathrm{fg}}}\right)^{0.5}\left(\frac{DG}{4}\right)^{1.5}\right]$$

$$\tag{4-172}$$

式中，L 为管道受热段长度；i_{c} 运和 i_{i} 分别为临界点处及入口处两相流体的焓；ξ_1 为蒸气核心中的液体份额。

式（4-172）与水的实验值相比，偏差小于 15%。

由于液滴的沉积和夹带过程十分复杂，与许多因素有关，理论上的精确计算还存在一定的困难，所以环状流工况下的临界热流密度的确定主要还是通过实验方法。

4.5.2 流动沸腾临界热流密度的影响因素

对于均匀加热的竖直管，当一定量的流体在压力为 p、质量流速为 G 和进口焓为 i_{i} 的条件下，沿长度为 L、管径为 D 的通道内流动时，如在出口处达到沸腾临界工况，则此时的能量平衡为

$$i_{\mathrm{c}} - i_{\mathrm{i}} = \frac{4}{GD}\int_0^L q\,\mathrm{d}z \tag{4-173}$$

若 q 为常数，则

$$i_{\mathrm{c}} - i_{\mathrm{i}} = \frac{4L}{GD}q_{\mathrm{c}} \tag{4-174}$$

由此可见，影响出口焓值亦即影响临界热流密度的主要因素有五个：入口焓、入口流速、系统压力、管径和管长。即

$$q_{\mathrm{c}} = f\left(G, i_{\mathrm{i}}, p, D, L\right) \tag{4-175}$$

由于临界工况常出现在加热段的出口处，因此可以根据出口条件来整理临界热流密度的数据。管子出口处流体的热力学状态可以是过冷的，也可以是饱和的。可以选择流体焓 $i(z)$ 或两相流的热力学干度 $x(z)$ 来表征出口状态。它们分别通过下列热平衡关系式和入口过冷焓 $\Delta i_{\mathrm{sub,i}}$ 或入口过冷度 $\Delta T_{\mathrm{sub,i}}$ 相联系。

$$i(z) = i_{\mathrm{i}} + \frac{4qL}{DG} - \Delta i_{\mathrm{sub,i}} \tag{4-176}$$

$$x(z) = \frac{1}{h_{\mathrm{fg}}}\left(\frac{4qL}{DG} - \Delta T_{\mathrm{sub,i}} c_{p_{\mathrm{l}}}\right) \tag{4-177}$$

实验表明[35]，临界热流密度与上述五个参数有如下的关系。

① 当压力 p、管径 D 和管长 L 一定时，对于一定的质量流速，临界热流密度 q_{c} 随入口液体的过冷焓 $\Delta i_{\mathrm{sub,i}}$ 或入口过冷度 $\Delta T_{\mathrm{sub,i}}$ 的增加而线性地增加。但是，在 L/D 较小时，这种线性关系不再成立。对于一定的入口过冷焓，q_{c} 随质量流速的增加而增加。

② 当 p、D、G 一定时，对于给定的入口过冷焓，q_{c} 随管长的增加而减小。对于给定的出口干度，管长对 q_{c} 的影响不大。

③ 当 p、L、G 一定时，对于给定的入口过冷焓，q_{c} 随管径 D 的增加而增加；对于给定的出口干度，q_{c} 随管径的增加而减小。

④ 当 D、L、G 一定时，在入口过冷度不变的情况下，q_{c} 经历一个最大值，然后随压力的进一步增加而下降；在给定的出口干度下，q_{c} 随压力增加而急剧下降。

除上述诸参数对 q_{c} 有影响以外，其他诸如不均匀加热、管道的空间位置和形状、受热面的清洁程度以及流动的稳定性等都对临界热流密度有影响，在系统设计时应当特别引起注意。

4.5.3 流动沸腾临界热流密度的实验关联式

4.5.3.1 均匀加热竖直圆管中的临界热流密度

计算均匀加热竖直圆管中的临界热流密度的实验式很多，且各有其适用的参数范围，计算结果往往差别很大，选用时要特别注意参数范围的一致性。

总括起来，计算临界热流密度的关系式可以分成两类。

一类是把临界热流密度 q_{c} 表达成临界状态点的局部干度 x_{c} 的单值函数。这类方法称为局部状态法，即

$$q_{\mathrm{c}} = F_1\left(x_{\mathrm{c}}\right) \tag{4-178}$$

另一类是以烧毁时的蒸气干度 x 和沸腾长度 L_B 之间的函数关系来表示，即

$$x_c = F_2(L_B) \tag{4-179}$$

式（4-179）意味着干度沿沸腾长度发生变化，所以临界热流密度与整个加热管的加热功率有关。这类处理 q_c 的方法常被称为总功率法或整体效应法。

其实，两种表达式是互相等效的，这可从热平衡式看出，即

$$L_B = \frac{GxDh_{fg}}{4q} \tag{4-180}$$

从通道入口到出现临界状态的加热管长可表达为

$$(L_B)_c = \frac{GxDh_{fg}}{4F_1(x_c)} = \frac{GDh_{fg}}{4}F_3(x_c) \tag{4-181}$$

所以式（4-181）与式（4-179）是等价的。

用来预测临界热流密度的关系式很多，但绝大部分是建立在实验数据基础上的经验关系式。在设计计算中使用时必须注意符合该关系式的适用条件。下面列出目前用得较多的几个经验式。

（1）麦克贝思（Macbeth）公式   麦克贝思假定临界热流密度 q_c 和 x_c 之间有如下线性关系。

$$q_c = A - Bx_c = A - B\left(\frac{4q_c L}{DGh_{fg}} - \frac{\Delta i_{sub,l}}{h_{fg}}\right) \tag{4-182}$$

化简后得到

$$q_c = \frac{A + \frac{1}{4}CDG\Delta i_{sub,i}}{1 + CL} \tag{4-183}$$

式中，$C = \dfrac{4B}{DGh_{fg}}$，系数 A 和 C 都是与 G、D、p 等参数有关的函数。

实验结果表明，临界热流密度随质量流速 G 的变化明显地分为低速区和高速区。在低速区 q_c 随 G 的增加而增大，且接近于线性关系；而在高速区，这种关系不十分明显。这两个区域的大致边界如图4-31所示。

在低速区，假定 C 为 G 和 D 的指数函数，即

$$C = ND^{n_1}G^{n_2} \tag{4-184}$$

式中，N 是常数。

考虑到当 $x_c \to 1$ 时 $q_c \to 0$，由式（4-182）可得到

$$A = B = \frac{CDGh_{fg}}{4} \tag{4-185}$$

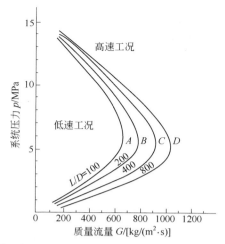

图 4-31 水在圆管内流动时低速区和高速区临界工况的大致边界（低速区在曲线左边）

则式（4-183）可简化成

$$q_c = \frac{G\left(h_{fg} + \Delta i_{sub,i}\right)}{N_1 d^{-(1+n_1)} G^{-n_2} + \dfrac{4L}{d}} \qquad (4\text{-}186)$$

根据实验结果可求出 N_1、n_1、n_2，得到

$$q_c \times 10^{-3} = \frac{G \times 10^{-3}\left(h_{fg} + \Delta i_{sub,i}\right)}{124 d^{0.1}\left(G \times 10^{-3}\right)^{0.49} + \dfrac{4L}{d}} \qquad (4\text{-}187)$$

式中，G 的单位为 kg/(m^2·s)；D 的单位为 cm。

在各种系统压力下式（4-187）与发表的实验数据能较好地拟合，其均方根偏差为 5.5%。

对于高速区，麦克贝思把 5000 个数据按压力分成 8 个组，然后对每组数据用计算机作最佳拟合，得到 8 组不同的拟合常数。其综合关系式的形式为

$$q_c \times 10^{-3} = \frac{A' + \dfrac{1}{4} D\left(G \times 10^{-3}\right)\Delta i_{sub,i}}{C' + L} \qquad (4\text{-}188)$$

式中，A' 和 C' 是以压力、管径和质量流速表示的多项式。

（2）鲍林（Bowring）关系式 鲍林在上述工作的基础上又提出了新的关系式，既保持了麦克贝思公式的基本点和精确度，又具有使用方便的优点。假定 q_c 是局部干度 $x(z)$ 的线性函数，经简化后得到

$$q_{c} = \frac{A + B\Delta i_{sub,i}}{C + z} \qquad (4\text{-}189)$$

式中，q_c 是临界热流密度，W/m^2；$\Delta i_{sub,i}$ 是入口过冷焓，J/kg；z 是管长，m；函数 A、B 和 C 由下列各式计算。

$$\left.\begin{array}{l} A = 2.317\dfrac{\left(0.25h_{fg}DG\right)F_1}{1.0 + 0.0143F_2D^{0.5}G} \\[3mm] B = 0.25DG \\[3mm] C = \dfrac{0.077F_3DG}{1.0 + 0.347F_4\left(\dfrac{G}{1356}\right)^n} \end{array}\right\} \qquad (4\text{-}190)$$

式中，D 为管径，m；G 为质量流速，$kg/(m^2 \cdot s)$；指数 $n=2.0-0.00725p$，p 为系统压力，$10^{-1}MPa$；F_1、F_2 和 F_3、F_4 是系统压力的函数，见表4-3。

表4-3　鲍林关系式中的常数值（适用于水）

压力/MPa	F_1	F_2	F_3	F_4
0.1	0.478	1.782	0.4	0.0004
0.5	0.478	1.619	0.4	0.0053
1	0.478	0.662	0.4	0.0166
1.5	0.478	0.514	0.4	0.0324
2	0.478	0.441	0.4	0.0521
2.5	0.48	0.403	0.401	0.0753
3	0.488	0.39	0.405	0.1029
3.5	0.519	0.406	0.422	0.138
4	0.59	0.462	0.462	0.1885
4.5	0.707	0.564	0.538	0.2663

鲍林关系式的适用范围是：压力 p 为 $0.2 \sim 19MPa$；管径 D 为 $0.002 \sim 0.045m$；管长 z 为 $0.15 \sim 3.7m$；质量流速 G 为 $136 \sim 18600kg/(m^2 \cdot s)$。计算值与实验值的偏差为 7%。

（3）临界热流密度标准数据表　苏联科学院出版了水的临界热流密度的标准数据表，以代替各种类型的经验关系式。表中列出了对于直径为 8mm 的直管在不同的压力和质量流速下，当 $z/D \geqslant 20$ 时对应于不同局部过冷度和不同局部质量含气量的水的临界热流密度的实验值。对于管径不等于 8mm 的管子，临界热流密度由如下近似式估算。

$$q_c = q_{c,8mm}\left(\frac{8}{D}\right)^{0.5} \qquad 4mm \leqslant D \leqslant 16mm \qquad (4\text{-}191)$$

式中，$q_{c,8mm}$ 是管径为 8mm 的管子的临界热流密度。

这类标准数据表非常实用，在规定的条件下具有很高的精确度，可作为工程设计计算的依据。

（4）西屋公司推荐的流动沸腾条件下的临界工况关联式　在饱和沸腾含气的两相流动工况下，流动沸腾临界现象主要是一个流体动力学问题，使用临界焓增量比使用临界热流密度更能反映出流体的特征。文献[38,39]中最早提出了这类关系式，其形式为

$$i_c - i_i = 0.529\left(i_{sl} - i_i\right) + \left[0.825 + 2.32\exp\left(-669.3D_e\right)\right]h_{fg}\exp\left(-\frac{1.103}{10^3}G\right)$$
$$- 0.41h_{fg}\exp\left(-\frac{0.0048L}{D_e}\right) - 1.12h_{fg}\frac{\rho_v}{\rho_l} + 0.548h_{fg}$$

（4-192）

式中，i_{sl} 为饱和水的焓，J/kg；D_e 是通道当量直径，m。

式（4-192）的适用范围为：$0.544\times10^3\text{kg/(m}^2\cdot\text{s})<G<3.4\times10^3\text{kg/(m}^2\cdot\text{s})$；$0.00254\text{m}<D_e\leqslant0.0137\text{m}$；$55.2\times10^5\text{Pa}<p<189.6\times10^5\text{Pa}$；$0.229\text{m}<L\leqslant1.93\text{m}$。

式（4-192）可用于均匀和非均匀加热的圆管、矩形通道和棒束。对于进口焓 i_i 低于饱和液体焓 i_{sl} 但高于 930kJ/kg、出口干度在 $0\sim0.9$ 范围内、受热周界长与润湿周界长之比为 $0.88\sim1.0$、局部热流密度为 $0.3154\times10^6\sim5.677\times10^6\text{W/m}^2$ 的情况，式（4-192）的计算值与 1000 个实验值相比，95%的实验点偏差在 25%以内。对于热流密度以余弦状分布和作间隔热块斑状分布的数据，式（4-192）也能较好地吻合。对于过冷和低干度区，临界热流密度的表达式为

$$\frac{q_c}{3.54\times10^8} = \{(2.022 - 6.24\times10^{-8}p) + (0.1722 - 1.43\times10^{-8}p)$$
$$\exp[(18.177 - 5.99\times10^{-7}p)x]\}$$
$$\left[(0.1484 - 1.596x) + 0.1729x\,|\,x\,|\,\frac{0.735G}{10^3} + 1.037\right]$$
$$(1.157 - 0.869x)\left[0.2664 + 0.8357\exp(-124.1D_e)\right]$$
$$\left[0.8258 + 0.00034(i_{sl} - i_i)\right]$$

（4-193）

式（4-193）与实验点的偏差小于 $\pm23\%$。适用范围 p 为 $1.58\times10^6\sim6.894\times10^6\text{Pa}$；$x$ 为 $-0.15\sim0.15$；受热周界长/润湿周界长为 $0.88\sim1.0$；G 为 $1.36\times10^3\sim6.8\times10^3\text{kg/}$（$\text{m}^2\cdot\text{s}$）；$i_i\geqslant931.2\text{kJ/kg}$；$D_e$ 为 $0.0051\sim0.178\text{m}$；L 为 $2.75\sim3.56\text{m}$。

4.5.3.2　不均匀加热竖直圆管中的临界热流密度

在大多数工程实用场合热流密度都是沿流动方向发生变化的，在锅炉的水冷

壁管中热流还沿圆周方向发生变化，这些都属于不均匀加热的实例。由于不均匀加热时临界现象不一定发生在管道的出口，因而需要确定发生临界状态时的总功率和临界状态出现的位置。对于不均匀加热条件下的临界热流密度的预测，已提出了多种不同的方法。

（1）局部状态假设法　假定在临界热流密度和局部质量干度之间存在着唯一的因变关系。若以 z 表示沿管子的长度，$f(z)$ 表示不均匀热流密度的分布函数，则 z 点处的局部临界热流密度可简单地采用类似麦克贝思公式来表达，即

$$q_c(z) = \frac{A + B\Delta i_{sub,i}}{Cf(z) + \int_0^z f(z)\mathrm{d}z} \tag{4-194}$$

式中，A、B、C 为常数，可利用均匀受热时 q_c 的实验值先行确定。

临界热流密度最小值出现的条件应满足如下条件。

$$\frac{\mathrm{d}q_c(z)}{\mathrm{d}z} = 0 \tag{4-195}$$

则
$$\frac{\mathrm{d}}{\mathrm{d}z}\left[cf(z) + \int_0^z f(z)\mathrm{d}z\right]^{-1} = 0 \tag{4-196}$$

由此法确定的局部临界热流密度常常比实验值偏高，且无法精确确定临界点出现的位置，但能满意地预示临界现象出现的区域。总体来说，局部状态假设法不考虑上游过程的影响，只考虑局部条件，因而并不能普遍适用。

（2）总功率假设法　假定在临界沸腾出现之前，对于相同尺寸的管子，在相同的入口条件下，加到不均匀受热管上的总功率和加到均匀受热管上的总功率相等。与实验数据的对比表明，本方法能较好地预示正弦分布热流条件下的临界功率，但对其他热流分布并不合适，也不能确定临界状态出现的精确位置。

（3）F 因子法　F 因子法是由汤（Tong）提出的一种经验方法，其实质是将均匀加热情况下得到的局部临界热流密度值除以一个因子 F 而得到不均匀加热条件下的局部临界热流密度值。F 因子的定义为

$$F = \frac{q_c(z)_{均匀}}{q_c(z)_{不均匀}} \tag{4-197}$$

通过能量平衡导出的 F 因子的半经验公式为

$$F = \frac{\Omega}{1 - \exp(-\Omega z_c)} \int_0^{z_c} \frac{q(z)}{q(z_c)} \exp\left[-\Omega(z_c - z)\right]\mathrm{d}z \tag{4-198}$$

式中，z_c 为临界点的位置；Ω 为经验函数，是局部蒸气干度 $x(z_c)$ 和质量流速

G 的函数，Ω 的表达式为

$$\Omega = 10.2 \frac{\left[1 - x(z_\mathrm{c})\right]^{7.9}}{\left(G \times 10^3\right)^{1.72}} \tag{4-199}$$

式中，G 的单位为 kg/(m² · s)。

F 因子的计算比较复杂，通常需要用计算机进行。

总体来说，不均匀加热时的临界功率常低于均匀加热时的临界功率。目前还没有一个通用的分析方法来预测不均匀加热负荷下的临界热流密度。

4.6 两相流动不稳定性

在流动沸腾过程中通常会出现两相流动不稳定性。持续的流动振荡可能会导致换热器件的机械振动或系统控制问题。流动振荡会影响局部传热特性，并可能导致出现流动沸腾危机。特别地，两相流动稳定性在水冷式核反应堆和蒸气发生器中显得尤为重要。在实际应用中，设计师的重要工作之一就是预测流动不稳定性的阈值，以便对其进行专门设计或对其进行补偿。

受限空间内流动沸腾以流动波动形式出现的不稳定性，是由于狭窄通道中不断增长的气泡受到严重限制，导致同时向上游和下游扩展造成的。短暂时间内，长气泡的液膜可能会局部干涸，气泡生长减速。然后，新补充的液体进入通道产生更多蒸气，再次形成拉长的气泡。当这个过程重复发生时，流体就会发生振荡现象。当通道尺寸小于气泡尺寸时，通常会出现气泡膨胀受到限制。和毛细管参数密切相关的名义气泡尺寸与通道尺度的比值可用约束数 Co 来表示。Co 与 Bond 数（Bo）成反比。因此，当 Bond 数较小时，通道中气泡成长通常会受到限制，继而引发产生两相流动不稳定性。Bond 数的定义式为

$$Bo = \frac{g(\rho_\mathrm{f} - \rho_\mathrm{g})d_\mathrm{h}^2}{\sigma} \tag{4-200}$$

Ledinegg 不稳定性是通道中两相流动不稳定性的一种重要形式。Ledinegg 不稳定性[36, 38]也称流量漂移，为典型的静态两相流动不稳定性。除静态两相流性不稳定性之外，两相流动不稳定性还包括动态流动不稳定性，如压降和密度波不稳定性。实验过程中观察到的压降在两相区域波动很大，通常认为是动态流动不稳定性的结果。目前已有大量关于 Ledinegg 不稳定性的实验和理论研究。Ledinegg 不稳定性的影响因素主要有系统压力、流体类型、平行通道数量、热通量、入口温度过冷度和通道水力直径等。热通量、入口温度过冷度和通道水力直径对流动

稳定性的影响通常取决于质量通量。

图 4-32 给出了通道中流动沸腾的经典 $\Delta p\text{-}G$ 曲线[38]，用于分析 Ledinegg 不稳定性。当两相回路的 $\Delta p\text{-}G$ 曲线为单值函数时，则此回路的静力学特性是稳定的。如果两相回路的 $\Delta p\text{-}G$ 曲线是多值函数，即一个压降可对应两种甚至多种流量，则通道中的流动沸腾易受到静态 Ledinegg 不稳定性的影响。在给定的热流密度下，核态沸腾起始点（onset of nucleate boiling，ONB）前单相流的压降随质量通量的增加而增大。在 ab 段，$\Delta p\text{-}G$ 曲线的斜率为正；相反，在流动不稳定起始点(onset of flow instability,OFI)左侧，两相区压力降随质量通量的减小而增大，即在 ce 段，$\Delta p\text{-}G$ 曲线的斜率为负。Boure 等认为[39]，当 $\left.\dfrac{\partial(\Delta p)}{\partial G}\right|_{\text{channel-pumping}} \leqslant 0$ 时，在平行通道中系统易受到静态 Ledinegg 不稳定性的影响。因此，可以通过 $\Delta p\text{-}G$ 曲线的负斜率评估系统的流动不稳定性。当斜率变得更陡时，系统更有可能表现出流动不稳定性，导致过早的临界热流状况。影响曲线斜率的因素有热通量、饱和压力、质量通量和通道水力直径，可表述为[38]

$$\frac{\mathrm{d}(\Delta p)}{\mathrm{d}G} = f\left(P_{\text{sat}}, G, \Delta T_{\text{sub,i}}, q'', D_{\text{h}}, L, fluid\right) \tag{4-201}$$

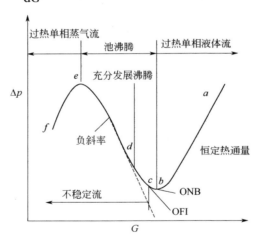

图 4-32   通道中流动沸腾的经典$\Delta p\text{-}G$曲线[38]

此外，还可通过评估回路中的 Ledinegg 不稳定性准则来预测回路流动偏移的阈值，如下所示。

$$\left.\frac{\partial(\Delta p)}{\partial G}\right|_{\text{channel-pumping}} \leqslant \left.\frac{\partial(\Delta p)}{\partial G}\right|_{\text{pump supply}} \tag{4-202}$$

式中，外部的 Δp 由泵提供；变量 G 是回路质量通量。

参考文献

[1] Mehendale S S, Jacobi A M, Shah R K. Fluid flow and heat transfer at micro- and meso-scales with applications to heat exchanger design. Appl Mech Rev, 2000, 53(7): 175-193.

[2] Kandlikar S G. Fundamental issues related to flow boiling in minichannels and microchannels. Exp Therm Fluid Sci, 2002, 26: 389-407.

[3] Kim S M, Mudawar I. Review of databases and predictive methods for heat transfer in condensing and boiling mini/micro-channel flows. Int J Heat Mass Transf, 2014, 77: 627-652.

[4] Mudawar L, Bowers M B. Ultra-high critical heat flux (CHF) for subcooled water flow boiling—I: CHF data and parametric effects for small diameter tubes. Int J Heat Mass Transf, 1999, 42(8): 1405-1428.

[5] Deng D, Zeng L, Sun W. A review on flow boiling enhancement and fabrication of enhanced microchannels of microchannel heat sinks. Int J Heat Mass Transf, 2021, 175: 121332.

[6] Addoms J N. Heat transfer at high rates to water boiling outside cylinders. Cambridge (Massachusetts): Department of Mechanical Engineering, Massachusetts Institute of Technology, 1948.

[7] Yuan Y, Chen L, Zhang C, et al. Numerical investigation of flow boiling heat transfer in manifold microchannels. Appl Therm Eng, 2022, 217: 119268.

[8] Zuber N, Findly J A. Average volumetric concentration in two-phase flow systems. J Heat Transfer, 1961, 83: 351.

[9] Siegel R, Usiskin C. A photographic study of boiling in the absence of gravity. J Heat Transfer, 1959, 81(3): 230-236.

[10] Kutateladze S S. Turbulent Boundary Layers in Compressible Gases.New York: Academic Press, 1964.

[11] Hewitt G F. Analysis of annular two-phase flow: Application of the Dukler analysis to vertical upward flow in a tube. United Kingdom Atomic Energy Authority, Research Group, 1961.

[12] Darges S J, Devahdhanush V S, Mudawar I. Assessment and development of flow boiling critical heat flux correlations for partially heated rectangular channels in different gravitational environments. Int J Heat Mass Transf, 2022,196: 123291.

[13] McAdams W H. Heat transfer at high rates to water with surface boiling. Ind Eng Chem, 1949, 41: 1945-1955.

[14] Bergles A E , Rohsenow W M. The Determination of Forced Convection Surface Boiling Heat Transfer. ASME Paper 63-HT-22, 1963.

[15] Jens W H, Lottes P A. Analysis of Heat Transfer, Burnout, Pressure Drop and Density Data for High Pressure Water. USAEC Rept ANL-4627, 1951.

[16] Thom J R S, Walker W M, Fallon T A, et al. Boiling in Subcooled Water During Flow in Tubes and Annuli. Proc Inst Mech Engy, 1965: 226.

[17] Weatherhead R J. Nucleate Boiling Characteristics and the Critical Heat Flux Occurrence in Subcooled Axial-Flow Water System. USAEC Rept ANL-6675, 1962.

[18] Moles F D, Shaw J R G. Boiling heat-transfer to sub-cooled liquids under conditions of forced convection. Trans Inst Chem Eng, 1972, 50: 77-84.

[19] Bennett J, Collins J, Pratt H, et al. Heat Transfer to Two-phase Gas-Liquid System. Report

AERE-R-3159, UKAEA Harwell, 1959.

[20] Dengler C E. Heat transfer mechaniam for vaporization of water in a vertical tube. Chem Eng Prog Symp Series, 1956, 52(18): 95-103.

[21] Guerrieri S, Talty R. A study of heat transfer to organic liquids in single tube natural circulation vertical tube boilers. Chem Eng Prog Symp Series, 1956, 52(18): 69-77.

[22] Collier J G, Pulling D J. Heat Transfer to Two-phase Gas-Liquid System. Part II: Further Data on Steam, Water Mixture. UK Report AERE-R-3809, 1962.

[23] Schrock V, Grossman L M. Forced convection boiling in tubes. Nucl Sci Eng, 1962, 12(4): 474-481.

[24] Butterworth D, Hewitt G F. Two-phase Flow and Heat Transfer. New York: Oxford University Press, 1977.

[25] Bennett J A R, Collier J G, Pratt H R C, et al. Heat Transfer to two-phase gas-liquid system. Part I: Steam-water mixture in the liquid-dispersed region in an annulus. Trans Inst Chem Engrs (London), 1961, 39: 113-126.

[26] Cooper M G. Saturation Nucleate Boiling, A simple: Correlation. 1st U. K. National Conference on Heat Transfer (I Chem E Symposium Series No. 86), 1984, 2: 785-793.

[27] Wang B X, Shi D H. Film boiling in laminar boundary-layer flow along a horizontal plate surface. Int J Heat Mass Transf, 1984, 27(7): 1025-1029.

[28] Cess R, Sparrow E. Film boiling in a forced-convection boundary-layer flow. J Heat Transfer, 1961, 83(3): 370-376.

[29] 王补宣, 石德惠. 过冷液体沿水平板受迫湍流时的膜沸腾传热. 工程热物理学报, 1985, 6(2): 148-153.

[30] Yun H Y, Cowgill G R, Hendricks R C. Mist-Flow Heat Transfer Using Single-Phase Variable-Property Approach. Washington D C: National Aeronautics and Space Administration, 1967.

[31] Groeneveld D C. An investigation of heat transfer in the liquid deficient regime. AECL-3281. Canada: Atomic Energy of Canada Ltd, 1969.

[32] Plummer D N, Griffith P, Rohsenow W M. Post-critical heat transfer to flowing liquid in a vertical tube.16th National Heat Transfer Conference, St. Louis, 1976.

[33] Hynek S J. Forced-convection, dispersed-flow film boiling. Cambridge (Massachusetts): Department of Mechanical Engineering, Massachusetts Institute of Technology, 1969.

[34] Tong L S. New correlations predict DNB conditions. Nucleonics, 1963, 21(5): 43.

[35] Forslund R, Rohsenow W M. Dispersed flow film boiling. J Heat Transf-Trans ASME, 1968, 90: 399-407.

[36] Hill W S, Rohsenow W M. Dryout droplet distribution and dispersed flow film boiling. Technical report 85694-105. Cambridge (Massachusetts): Department of Mechanical Engineering, Massachusetts Institute of Technology, 1982.

[37] Hewitt G F, Kearsey H A, Lacey P M C, et al. Burnout and nucleation in climbing film flow. Int J Heat Mass Transf, 1965, 8(5): 793-814.

[38] Zhang T, Tong T, Chang J Y, et al. Ledinegg instability in microchannels. Int J Heat Mass Transf, 2009, 52: 5661-5674.

[39] Boure J A, Tong L S. Review of two-phase flow instability. Nucl Eng Des, 1973, 25(2): 165-192.

[40] Yoder G L, Rohsenow W M. Dispersed Flow Film Boiling, Heat Transfer Lab. Rept 85694-103, MIT, 1980, also ASME paper, Session 31, 20th Nat Heat Transfer Conf, Milwaukee, 1981.

[41] Hill W S, Rohsenow W M. Dryout Droplet Distribution and Dispersed Flow Film Boiling. Heat Transfer Lab Rept 85684-105,MIT,1982.

第 5 章
沸腾传热模型

伴随高性能计算设备的进步以及计算流体力学和数值传热学的发展，构建沸腾传热理论模型并数值求解沸腾传热过程的控制方程，以此获得沸腾过程的气液两相界面演化、温度分布及热质传递行为，已成为探索沸腾传热机理的重要手段。目前应用于沸腾传热研究的数值方法主要包括基于各类宏观守恒方程的宏观方法和基于玻尔兹曼方程的介观方法，本章对已发展的宏观和介观沸腾两相流传热模型做简要介绍。

5.1　宏观方法

在单相流体流动中，描述流场特征的主要参数有速度、流体密度、温度等。运用基本的守恒定律建立质量、动量、能量守恒方程构成控制方程组，再结合适当的边界条件和初始条件便可进行求解。与单相流相比，沸腾气液两相流模拟需要额外考虑相界面的变化和两相之间的相互作用，对于涉及相变过程的多相流问题还需要处理相间传质。因而，在模拟沸腾相变过程时，常常还需要进行界面的追踪或捕获并精确估计界面的质量传递。

5.1.1　界面捕获方法

最为常用的两种界面捕获方法是流体体积（Volume of Fluid, VOF）法[1]和水平集（Level-Set, LS）法[2]。

VOF 法的思想是利用取值在 0～1 之间的两相体积分数 α 捕捉界面。对于每一个控制体，相体积分数之和都为 1。定义控制体内流体 q 的体积分数为 α_q，则：当 $\alpha_q = 0$ 时，控制体内无该流体；当 $\alpha_q = 1$ 时，单元体内充满该流体；当 $0 < \alpha_q < 1$ 时，单元体内包含该流体与其他流体的界面。体积分数满足如下对流方程。

$$\frac{\partial \alpha_q}{\partial t} + u \nabla \alpha_q = 0 \tag{5-1}$$

LS 法将随时间运动的相界面看作某个距离函数 ϕ 的零等值面，取正负值时分别代表两相流体。该函数满足如下方程。

$$\frac{\partial \phi}{\partial t} + u \nabla \phi = 0 \tag{5-2}$$

需指出的是，以上两种方法所定义的标记两相的参数具有相同形式的控制方程，但是 VOF 法中的体积分数在界面附近的网格单元内是不连续的，即在界面附近的网格取值为 0～1，在其余网格单元只可能为 0 或 1，因而 VOF 法固有质量守恒的特性，但是也导致需要界面重构的 VOF 法面临着界面精度的挑战。在 LS 法中，距离函数 ϕ 是连续的，各个物理量可以在界面上光滑连续地过渡，相界面的捕捉效果好。但是 LS 方程在每一个时间步都要重新初始化，这些初始化的过程中总伴随着界面位置的移动，会造成质量损失，导致质量不守恒。而改善初始化步骤来矫正质量守恒又会增加计算时间，提升计算成本。

通过以上分析可见，VOF 法和 LS 法的优缺点互补，Sun 和 Tao[3] 提出了一种结合两种方法优点的 VOSET 法，既可以保持两相质量的守恒，也可以计算出准确的界面曲率。近年来，VOSET 法得到了进一步的推广，已经被应用于解决非结构网格下气液相变传热问题[4~7]，有望成为模拟沸腾传热过程气液两相界面捕捉的重要方法。

5.1.2　传质模型

在沸腾相变传热的数值模拟中，连续性方程包含的质量源项是描述气液相变过程质量传递行为的核心。现已发展出多种质量传递模型，例如动力学模型[8, 9]、能量阶跃模型[10, 11] 和双流体模型[12, 13]。

动力学模型以温差为驱动力，利用流体温度与饱和温度的差值作为流动过程中相变是否发生和相变类型的判据，其中典型代表为 Lee 模型[9]。Lee 模型的前提假设是相变速率与界面温度及饱和温度 T_{sat} 的偏差成正比，且质量传递在恒压准热平衡状态下进行，因而发生蒸发相变时的传质速率为

$$S_g = -S_l = r_i \alpha_l \rho_l \frac{T - T_{sat}}{T_{sat}} \tag{5-3}$$

式中，下标 g 和 l 分别代表气相和液相。

将传质速率代入两相流连续性方程即可描述两相的质量传递。注意到式（5-3）中还有一个取值变化很大的经验参数 r_i 控制传质速率，即使是相似的实验工况也有不同的学者推荐不同的 r_i 值。r_i 取值基本靠经验选取，也成为 Lee 模型在应用

时的最大挑战。

能量阶跃模型认为气液两相之间由处于饱和温度的相界面隔开，相界面两侧流动参数不连续，且两侧的能量将发生阶跃，从而有

$$q_{\mathrm{i}} = \left(-\lambda_{\mathrm{l}} \frac{\partial T}{\partial n}\bigg|_{\mathrm{l}}\right) - \left(\lambda_{\mathrm{g}} \frac{\partial T}{\partial n}\bigg|_{\mathrm{g}}\right) = \dot{m} h_{\mathrm{fg}} \tag{5-4}$$

继而可获得界面的传质速率 $\dot{m}$。使用该模型可准确求解相界面两侧的热流密度，但是界面两侧的热流密度并不容易准确求得。

双流体模型针对每一相分别建立各自的控制方程，而两相之间的传质通量根据经验公式或理论模型进行处理。许多学者将沸腾过程中相间传质通量分为两部分，即主流区域液体的蒸发和壁面液膜的蒸发，对两者分别利用理论模型进行计算，最终求和得到总的传质通量。例如，Cao 等[13]利用 VOSET 法模拟了 135μm 间隔的微柱阵列中气泡成长脱离的过程，气泡因表面的液体蒸发和三相接触线处的薄液膜蒸发逐渐长大，这两部分的传质通量分别通过能量阶跃模型和 Son 等[14]提出的薄液膜蒸发传热模型求得。气泡长大后与微柱阵列发生接触，在微柱的限制下发生变形，以致不同部位产生曲率差异，从而产生了 Laplace 压差，促进气泡从微柱阵列的表面脱离。

5.2　介观方法

介观方法通过描述粒子分布函数的演化，从而描述流体的宏观状态。由于介观方法建立在大量分子的基础上，不受连续介质假设的限制，其适用范围也大于以 Navier-Stokes(N-S)方程为基础的传统宏观方法。介观流体模型虽然不受连续性介质假设的限制，但是其基于统计学且方程非常复杂，很难直接对其求解，因此，介观模拟方法的发展较宏观方法晚。格子玻尔兹曼（Lattice Boltzmann，LB）法因并行效率高、边界处理简单等优势成为一个非常具有吸引力的介观数值模拟方法。经过近 30 年的发展，LB 法已经发展出了多种用于各种复杂流体的数学模型，其中用于气液相变研究的模型主要有伪势模型和相场模型。

5.2.1　伪势模型

伪势模型最早由 Shan 和 Chen[15]在 1993 年提出，因此也被称作 Shan-Chen（SC）模型。国内李庆、龚帅等在将伪势模型推广到研究气液相变传热问题上做了许多工作[16~20]，使伪势模型成为在气液相变传热领域使用最为广泛的 LB 模型。该模型的主要思想是通过粒子间的作用力来实现两相的自动分离，流场的演化过

程分为碰撞和迁移两个步骤。

$$碰撞: f_i^*(x,t) = f_i(x,t) - \frac{1}{\tau}\Big[f_i(x,t) - f_i^{eq}(x,t)\Big] + F_i(x,t)$$

$$迁移: f_i(x,t+\Delta t) = f_i^*(x - e_i\Delta t, t) \tag{5-5}$$

式中，$f_i(x, t)$ 表示 t 时刻 x 位置上 i 方向的密度分布函数；τ 是松弛时间；$f_i^{eq}(x, t)$ 和 $f_i^*(x, t)$ 分别为平衡态分布函数和碰撞过程后的分布函数；$F_i(x, t)$ 是作用力项，与流体粒子间的作用力 F_f 相关。

F_f 是实现气液两相分离的关键所在，该作用力具有如下形式。

$$F_f(x) = -G_f\psi(x)\sum_i w\big(|e_i|^2\big)\psi(x + e_i\delta t)e_i \tag{5-6}$$

式中，$\psi(x) = \sqrt{\dfrac{2(p_{EOS} - \rho c_s^2)}{G_f c^2}}$ 是人为构造的粒子势，又称伪势；p_{EOS} 是非理想气体状态方程。

通过设置合适的离散速度模型 e_i 和平衡态分布函数 f_i^{eq}，式（5-5）可通过 Chapman-Enskog 展开恢复到宏观 N-S 方程。除了调用上述的流场求解器为模拟气液相变传热过程外，还需设置另一套分布函数或使用有限差分、有限体积等方法求解如下基于局部熵平衡的能量方程。

$$\rho c_v\left(\frac{\partial T}{\partial t} + u\nabla T\right) = \nabla(\lambda\nabla T) - T\left(\frac{\partial p_{EOS}}{\partial T}\right)_\rho \nabla u \tag{5-7}$$

式中，λ 是热导率；c_v 是比定压热容。

式（5-7）右侧的最后一项为相变源项，包含非理想气体状态方程 p_{EOS}。

伪势模型通过构造粒子势耦合流场和温度场，具有实施方法简单、物理图像明确的优点。更为重要的是，伪势模型可随着能量演化自发成核，利用该方法获得的表面润湿特性对成核行为的影响也与实验结果相吻合。但是，目前的伪势模型在模拟气液相变传热方面依旧存在一些问题，譬如在相变传热的研究中无法进行大密度比模拟、无法从根本上满足热力学一致性等。

5.2.2   相场模型

非理想流体的热力学性质可通过朗道自由能来描述。

$$F(\phi) = \int\left[\Psi(\phi) + \frac{1}{2}\kappa|\nabla\phi|^2\right]dV \tag{5-8}$$

式（5-8）中等号右侧第一项为自由能密度，第二项代表与表面张力相关的表面能密度。定义化学势 μ 为自由能 F 对序参数 ϕ 的导数，即 $\mu = dF / d\phi$。当自由能取极小值时，也就是化学势 $\mu = 0$ 时，就可以得到当前的平衡界面，从而可以得到界面的演化方程，即相场 Cahn-Hilliard（C-H）方程。

$$\frac{\partial \phi}{\partial t} + \nabla(\phi u) = M\nabla^2 \mu \qquad (5-9)$$

在相场模型中，采用两套分布函数 f_i 和 g_i 来分别描述流体的流动和界面的演变，即分别求解 N-S 方程和 C-H 方程[21]。

$$f_i(x + e_i\Delta t, t + \Delta t) - f_i(x,t) = -\frac{1}{\tau_f}\left[f_i(x,t) - f_i^{eq}(x,t)\right] +$$

$$(1 - \frac{1}{2\tau_f})w_i\left(\frac{e_i - u}{c_s^2} + \frac{e_i u}{c_s^2}e_i\right)\mu\nabla\phi\Delta t \qquad (5-10)$$

$$g_i(x + e_i\Delta t, t + \Delta t) - g_i(x,t) = -\frac{1}{\tau_g}\left[g_i(x,t) - g_i^{eq}(x,t)\right] \qquad (5-11)$$

式中，τ_f 和 τ_g 分别是与黏度及气液界面迁移率相关的松弛时间。

流体密度 ρ、速度 u 和标记不同相的序参数 ϕ 可通过式（5-12）求出。

$$\phi = \sum_i g_i \qquad \rho = \sum_i f_i \qquad \rho u = \sum_i f_i e_i + \frac{1}{2}\mu\nabla\phi \qquad (5-12)$$

国内华中科技大学施保昌、柴振华课题组在相场 LB 模型精确描述两相流运动上做了很多原创性工作[22, 23]。相场模型还可通过在控制方程中加入与温度相关的相变源项模拟相变过程[24]，并在两相蒸发、核态和膜态沸腾模拟方面得到不少应用，但是该模型对相变机理进行了大量简化，并且无法自动生成相变核心，因此尚不能完全反映复杂气液相变传热行为。

5.3 应用实例

目前数值模拟方法在揭示沸腾相变传热机理方面已显示出重要应用前景。本书给出了作者所在课题组基于上述沸腾两相流传热模型开展的有关气液相变传热的三个典型实例。

5.3.1 实例一：微通道流动沸腾传热

本小节介绍 VOF 法在模拟微通道流动沸腾传热方面的应用。

5.3.1.1 物理模型

本实例重点关注单个微通道内的流动沸腾传热行为，取微通道长度为

240mm，管道截面为 2mm×4mm，矩形微通道模型如图 5-1 所示。工质从微通道左侧流入，右侧流出。某一恒定热流持续施加在微通道下壁面上，其余壁面均绝热。工质选择 R134a，其饱和温度为 10℃。本实例选取 VOF 法进行模拟，其中采用 Lee 模型描述气液两相间的质量传递行为。

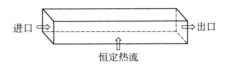

图 5-1　矩形微通道模型

5.3.1.2　微通道流动沸腾过程两相流型演化

如图 5-2 所示为微通道流动沸腾典型流型，其工况条件：加热功率为 3W，进口流量为 0.008kg/s，制冷剂 R134a 在矩形微通道内沸腾。从图 5-2 中可以看出，制冷剂 R134a 在管道内沿流动方向依次出现了单相流、泡状流、受限泡状流以及弹状流。工质刚进入管道内有一段单相流过程，随后不断吸热并达到成核条件，气泡在壁面不断生成。沿流动方向，工质不断发生气液相变，气泡随之长大，并与其他气泡合并成大气泡，流入通道下游，此时气泡合并成为气泡长大的主要方式，气泡分散在连续液相中，称为泡状流。由于管道截面较小，气泡在长大的过程中受阻，气泡逐渐贴近两侧壁面，形状受限，形成受限泡状流。受限泡状流不断长大，气泡之间继续合并，气泡与气泡之间的间隙不断减小，且各气泡间隙中间还会有小气泡生成，小气泡与大气泡继续合并，形成弹状流。从图 5-2 的 A 处可以看出，小气泡在不断地长大，壁面也会生成气泡进入管道内部流体中。从图 5-2 的 B 处可以看出，气泡也在不断地移动合并。上壁面产生的小气泡不断长大，在刚刚脱离壁面时接触到下表面的气泡，由于表面张力的作用，两个气泡合并成一个较大的气泡，大气泡在移动过程中遇到其他气泡，随后左右两个气泡再次合并。

图 5-2　微通道流动沸腾典型流型

5.3.2　实例二：受限窄空间池沸腾传热

本小节介绍格子玻尔兹曼法在揭示微型平板重力热管这个受限空间内的池沸

腾传热机理方面的应用。

5.3.2.1　物理模型

　　本小节基于二维格子玻尔兹曼法给出平板受限空间内的气液相变传热行为。如图 5-3 所示，气液两相流体被限制在两个平行的壁面（即上下平板）和两个平行的侧壁（即左右壁）构成的封闭的狭窄空间内，上下壁面分别对应冷凝段和蒸发段，受限空间内的深灰色区域为饱和液体，浅灰色区域对应饱和蒸气。局部热源施加在底部基底下表面中间位置，上表面则维持恒定温度。利用格子玻尔兹曼法，本小节复现了受限空间内包含蒸发/沸腾和冷凝相变传热的气液两相流体动力学行为，具体实施方案详见 5.2.1 小节和文献[17, 25, 26]。

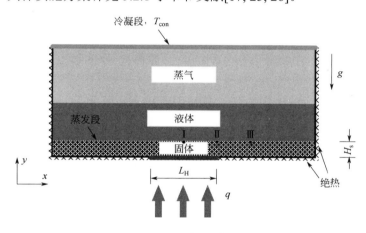

图 5-3　二维受限空间示意

5.3.2.2　蒸发/沸腾相变传热行为

　　基于上述格子玻尔兹曼模型，通过改变热负荷、受限高度等，受限窄空间内蒸发段表面将依序经历池表面蒸发、核态沸腾（可细分为间歇性核态沸腾、充分发展核态沸腾）和膜态沸腾等沸腾流型，同时受限高度小于某一临界值时窄空间内还可能出现薄液膜蒸发这种独特的气化机理。受限窄空间内蒸发/沸腾相变流型概述见表 5-1。

表 5-1　受限窄空间内蒸发/沸腾相变流型概述

蒸发/沸腾流型		气液两相界面分布
蒸发	池表面蒸发	
	液桥蒸发	

续表

蒸发/沸腾流型		气液两相界面分布
沸腾	间歇性核态沸腾	
	充分发展核态沸腾	
	过渡沸腾	
	膜态沸腾	

（1）池表面蒸发　池表面蒸发是平板受限窄空间处于低负荷工况下出现的液池表面蒸发现象。在水平状态下，当无热流输入时，由于重力作用，腔体内液层在下（其形状像液池），而气相在上，呈现气液分层状态。当小热流输入蒸发段，壁面过热度尚未达到气泡核化条件时，受限窄空间内形成典型的液池蒸发行为。此时，由局部热源产生的热量将通过自然对流方式传递给液池，促使液池表面液体发生蒸发相变形成气体而将热量传递到气相空间。

（2）液桥蒸发　一旦受限窄空间蒸发段和冷凝段间距减小到一定程度，蒸发段表面上的气液相变作用将受到严重限制，覆盖的液膜厚度将无法保证伴有气泡成核生长、脱离过程的剧烈沸腾相变传热行为。由于冷凝段与蒸发段靠得很近，蒸发形成的蒸气在冷凝段迅速液化积聚并悬垂至蒸发段，此时整个腔室被连接蒸发段和冷凝段的液桥分割成几个大小不均的气腔。当蒸发和冷凝传热行为达到动态平衡时，蒸发段和冷凝段被液桥连接的行为则被定义为液桥蒸发。可以看出受限窄空间内气腔底部与蒸发段直接接触，顶部与冷凝段间隔一层薄液膜。与液池蒸发不同，发生液桥蒸发时腔内蒸气由三相接触线附近发生剧烈的蒸发作用产生，并在冷凝段液膜上凝结放热。由于各气腔大小不一，且伴随着蒸发段和冷凝段上的相变行为及液滴动力学作用，气腔将左右震荡运动，并可能出现合并现象，也可能因冷凝液的滴落发生断裂。

（3）间歇性核态沸腾　当过热度超过某临界值时，蒸发段壁面达到了气化核心形成条件，蒸发段传热机理由池表面蒸发过渡到间歇性核态沸腾。发生间歇性核态沸腾时，蒸发段表面只能间歇产生单个气泡并经历长大脱离过程。由于热负荷尚不够大，蒸发段热量依次经历积累-释放-再积累-再释放的过程。具体而言，蒸发段会在上一个气泡脱离壁面后进入热量积累的等待期,这一阶段腔内液面逐渐趋于平静状态。当热量积聚到一定程度后,较高的过热度激发蒸发段上形成气化核心,气泡瞬间产生并在局部薄液膜蒸发作用下快速成长。当气泡达到一定尺寸后,冲破液面发生破裂,此后蒸发段重新被液体占据,热量重新积累,腔内气液两相流动继续重复上述过程。需要注意的是,由于间歇性核态沸腾能量积累等待的时间通常较长,这种低频率的成核过程导致了蒸发段壁面较为明显的温度波动,并且生成的气泡往往过大而导致其破裂时液面波动剧烈,这些都不利于蒸气腔的稳定运行。

(4)充分发展核态沸腾　随着热流密度的升高,壁面过热度也相应增加,蒸发段的热量积累等待时间逐渐减少,蒸发段传热机理由间歇性核态沸腾过渡到充分发展核态沸腾。发生充分发展核态沸腾时,蒸发段壁面上不再只生成单个核化泡,而是维持多个核化泡的连续生成、长大及脱离,并且由于激活的气化核心数目明显增多,气泡之间很容易相互作用而发生聚并,从而使生成的小气泡快速长大并脱离壁面,此时脱离壁面的气泡直径也较间歇性核态沸腾工况下明显减小。在充分发展核态沸腾工况下,外界输入蒸发段的热量与蒸发段通过沸腾向液池释放的热量在各个时间点基本维持在平衡状态,受限窄空间内发生最为高效的气液相变热量扩散输运,腔内温度较间歇性核态沸腾工况时的温度也更均匀。

(5)过渡沸腾　热流密度继续增加后,蒸发段气泡不断生成并快速生长聚并,并可能在水平方向聚并铺展形成蒸气膜,或在垂直壁面方向迅速脱离,与其上方气泡聚并形成气柱。这一阶段,蒸发段壁面上大部分区域已被快速形成的气泡占据,蒸发段的传热机理也从核态沸腾转变为过渡沸腾。由于所覆盖的蒸气层传热能力有限,此时受限窄空间的传热性能已显著下降。

(6)膜态沸腾　当热负荷继续提升至超过临界值,受限窄空间内蒸发段将形成一个稳定的蒸气膜,此时膜态沸腾主导了蒸发段的传热机理。对于膜态沸腾,由于蒸气膜的热导率极低,沸腾液体和加热面间存在极大的热阻,热量无法有效地经气化相变传热行为传递出去,这使得蒸发段传热行为极度恶化。此时,蒸发段出现所谓的"烧干"现象,壁面温度也提升到极高的水平,远远超出了受限窄空间的正常温度范围。因此,例如平板热管、两相热虹吸管等受限窄空间内的沸腾相变模式应极力避免出现膜态沸腾。

5.3.2.3　蒸发/沸腾流型图

由 5.3.2.2 小节分析可知,局部热流密度和腔室高度(即蒸发段相变作用受限程度)对受限窄空间内的气液相变传热行为尤其是沸腾作用影响十分明显。此外,由于相变空间受限,蒸发/沸腾过程还受冷凝段冷凝相变影响,冷凝段凝结液滴与蒸发段气泡及沸腾液的相互作用共同导致了腔内复杂的显-潜热耦合传热行为。本小节选取 Bond 数（Bo）和 Jakob 数（Ja）两个无量纲参数定量描述受限窄空间内的复杂相变传热行为，以认识其内的池沸腾形态演化机理。

Bo 表征受限窄空间内蒸发段相变作用受限程度，Bo 定义为

$$Bo = \frac{H}{l_0}$$（5-13）

式中，H 为受限窄空间高度；l_0 为受限窄空间特征长度。

通过改变腔室高度 H 便能体现出空间受限程度，即 Bo 对平板蒸气腔内沸腾相变流型的影响。

Ja 体现受限蒸发段过热程度（即热负荷 q）对空间内带有冷凝作用条件下的沸腾相变过程的影响[27]。Ja 表达为

$$Ja = \frac{\varphi c_{p,1}(T_{eva} - T_{con})}{(1-\varphi)h_{fg}}$$（5-14）

式中，T_{eva}、T_{con} 分别为蒸发段、冷凝段的壁面平均温度；$c_{p,1}$、h_{fg} 分别为腔内工质的显热和潜热；φ 为蒸气腔内充液率。

图 5-4 展示了受限窄空间内蒸发/沸腾相变流型。伴随着 Ja 的增大，即腔体蒸发段过热度的升高，腔内工质依次经历自由液面蒸发、核态沸腾、过渡沸腾和膜态沸腾四种沸腾相变模式。低负荷阶段，工质以显热方式吸收热量，蒸发段壁面温度逐渐升高至蒸发段、冷凝段间热量交换达到稳态。随着负荷逐渐增大，蒸发段气泡开始成核，核态沸腾相变（即潜热传热）模式逐渐占据主导。负荷进一步增大，蒸发段气泡成核和脱离速率明显加快，气泡聚并概率也大大增加，蒸发段壁面主要被气泡占据，腔内传热机理逐渐过渡至过渡沸腾和膜态沸腾。一旦气膜在蒸发段完全铺展，腔内工质与蒸发段的传热将被蒸气膜阻隔，沸腾相变这种潜热传热模式便被弱化，并且由于气膜导热能力十分有限，蒸气腔传热能力将急剧恶化。同时，还对比了依据数值模拟总结的相图与实验结果[28]，发现实验和理论预测吻合良好。

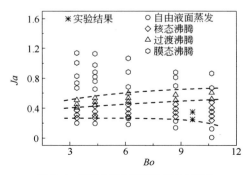

图 5-4   受限空间内蒸发/沸腾相变流型

由图 5-4 还可以看出，Bo 越小，受限窄空间内越容易发生过渡沸腾和膜态沸腾，对应的最佳传热区间（即发生核态沸腾）也越小。Bo 表征了腔体的受限程度，小 Bo 情况下，腔内液面高度接近气泡特征直径，伴随 Ja 的增大，气泡成核并脱离壁面的频率加快，蒸发段极易形成气柱，从而进一步抑制蒸发段能量的有效传递，因此腔内小 Bo 情况下更易发生膜态沸腾。

5.3.3　实例三：双热导率结构表面池沸腾传热

本小节进一步介绍格子玻尔兹曼法在揭示双热导率结构表面池沸腾相变传热机理方面的应用。

5.3.3.1　物理模型

为理论研究热导率异质结构表面上的沸腾相变传热行为，构建了如图 5-5 所示的双热导率异质结构表面，其中一列具有低热导率的环氧树脂以间距 S 嵌入铜质基底中，嵌入物宽度为 l，高度为 h，该表面上的核态池沸腾行为受基底底部局部热源的加热而发生。本实例仍以 5.3.2.1 小节所述的格子玻尔兹曼模型为基本求解框架，同时综合考虑具有显著热导率对比的基底材料导热的行为及其热导率差异材料间和固体基底与流体间的耦合传热行为。

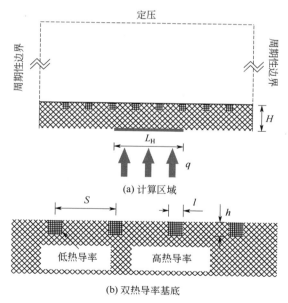

(a) 计算区域

(b) 双热导率基底

图 5-5　双热导率异质结构表面示意

5.3.3.2　双热导率结构表面池沸腾相变传热

沸腾是包含气泡成核、生长、脱离等动力学行为和显热、潜热传递耦合的复杂传热传质过程，为揭示双热导率异质结构表面上的沸腾相变传热行为，本实例以嵌入物结构参数为 $S=30$、$l=15$、$h=18$ 的双热导率结构表面为对象，复现了热流不断提升过程中该表面上的沸腾现象。图 5-6 给出了不同热流条件下双热导率异质结构表面蒸发/沸腾过程两相界面分布及温度演化行为，需要注意的是，其中的灰色区域对应低热导率嵌入物。由图 5-6 中温度轮廓可以看出，由于表面材料热导率的不同，施加局部热流后该双热导率异质结构表面呈现出不均匀的温度分布。低热流密度条件下表面受热形成的过热度不足以形成气化核心，但壁面的局部过热仍导致了 Rayleigh-Bénard 对流流动，如图 5-6(a)所示。随着热流的提高，双热导率异质结构表面上不同材料对应区域的温度差异逐渐明显，高热导率基底区域的过热度足以促使气泡成核，此时零星有气泡在高热导率基底区域形成，如图 5-6（b）所示。并且，此时由于气泡的成核、生长、脱离等行为，加热面上的对流换热行为逐渐旺盛。对比图 5-6(a)和(b)的温度轮廓图可以看出，原本加热面上致密且相对稳定的温度分布逐渐稀疏且开始紊乱，这表明加热面和流体进入强烈热量交换阶段。

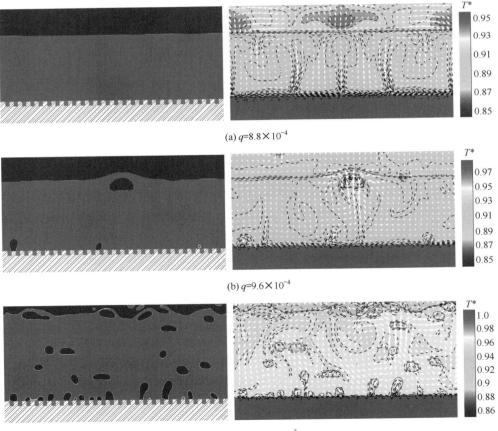

(a) $q=8.8\times10^{-4}$

(b) $q=9.6\times10^{-4}$

(c) $q=1.18\times10^{-3}$

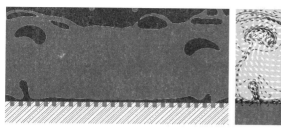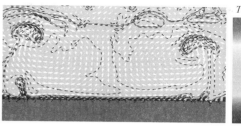

(d) $q=1.4×10^{-3}$

图 5-6　不同热流条件下双热导率异质结构表面蒸发/沸腾过程两相界面分布及温度演化行为

　　进一步提升热流可以看到加热面上已形成多个气泡，如图 5-6(c)所示。此时，加热面上沸腾过程已进入充分发展阶段，气泡连续地成核、长大及脱离加热面，复杂的两相流动行为使得加热面上无法保持稳定的温度梯度，加热面始终能与温度较低的流体接触，这由图 5-6(c)中的温度轮廓也可以看出，因此，这一阶段加热面和流体换热性能达到最佳。此外，注意到一个有趣现象，大部分气泡主要存在于高热导率基底区域表面上，并呈现相互独立状态，这也导致了基底区域的热流显著提高。

　　一旦热流超过沸腾传热极限，热导率异质结构表面上将铺展一层蒸气膜，此时，因蒸气膜的热导率极低，加热面上的热量无法及时传递，温度随之急剧上升。此外，由于膜态沸腾过程中蒸气膜相对比较稳定，加热面上再次出现相对平整且致密的温度梯度层，此时覆盖的蒸气膜削弱了异质结构热导率对传热的影响。

参考文献

[1] Hirt C W, Nichols B D. Volume of fluid (VOF) method for the dynamics of free boundaries. Journal of Computational Physics, 1981, 39(1): 201-225.

[2] Sussman M, Smereka P, Osher S. A level set approach for computing solutions to incompressible two-phase flow. Journal of Computational Physics, 1994, 114(1): 146-159.

[3] Sun D L, Tao W Q. A coupled volume-of-fluid and level set (VOSET) method for computing incompressible two-phase flows. International Journal of Heat and Mass Transfer, 2010, 53(4): 645-655.

[4] Guo D Z, Sun D L, Li Z Y, et al. Phase change heat transfer simulation for boiling bubbles arising from a vapor film by the VOSET method. Numerical Heat Transfer, Part A: Applications, 2011, 59(11): 857-881.

[5] 凌空, 陶文铨. VOSET 方法计算膜态沸腾的不同流态. 工程热物理学报, 2014, 35: 2240-2243.

[6] Cao Z, Sun D, Wei J, et al. A coupled volume-of-fluid and level set method based on general curvilinear grids with accurate surface tension calculation. Journal of Computational Physics,

2019, 396: 799-818.

[7] 曹志柱, 孙东亮, 魏进家, 等. 基于非结构化 VOSET 方法的沸腾传热. 科学通报, 2020, 65(17):1723-1733.

[8] Knudsen M. The kinetic theory of gases: some modern aspects. London: Methuen & Company Limited, 1934.

[9] Lee W H. Pressure iteration scheme for two-phase flow modeling. Multiphase Transport: Fundamentals, Reactor Safety, Applications, 1980: 407-432.

[10] Shin S, Juric D. Modeling three-dimensional multiphase flow using a level contour reconstruction method for front tracking without connectivity. Journal of Computational Physics, 2002, 180(2): 427-470.

[11] Sun D L, Xu J L, Wang L. Development of a vapor-liquid phase change model for volume-of-fluid method in FLUENT. International Communications in Heat and Mass Transfer, 2012, 39(8): 1101-1106.

[12] Wang C, Cong T, Qiu S, et al. Numerical prediction of subcooled wall boiling in the secondary side of SG tubes coupled with primary coolant. Annals of Nuclear Energy, 2014, 63: 633-645.

[13] Cao Z, Zhou J, Wei J, et al. Direct numerical simulation of bubble dynamics and heat transfer during nucleate boiling on the micro-pin-finned surfaces. International Journal of Heat and Mass Transfer, 2020, 163: 120504.

[14] Son G. Numerical study on a sliding bubble during nucleate boiling. KSME International Journal, 2001, 15(7): 931-940.

[15] Shan X, Chen H. Lattice Boltzmann model for simulating flows with multiple phases and components. Physical Review E, 1993, 47(3): 1815.

[16] Li Q, Luo K H, Li X J. Forcing scheme in pseudopotential lattice Boltzmann model for multiphase flows. Physical Review E, 2012, 86(1): 016709.

[17] Li Q, Kang Q J, Francois M M, et al. Lattice Boltzmann modeling of boiling heat transfer: The boiling curve and the effects of wettability. International Journal of Heat and Mass Transfer, 2015, 85: 787-796.

[18] Li Q, Luo K H, Kang Q J, et al. Lattice Boltzmann methods for multiphase flow and phase-change heat transfer. Progress in Energy and Combustion Science, 2016, 52: 62-105.

[19] Gong S, Cheng P. A lattice Boltzmann method for simulation of liquid-vapor phase-change heat transfer. International Journal of Heat and Mass Transfer, 2012, 55(17-18): 4923-4927.

[20] Gong S, Cheng P. Lattice Boltzmann simulation of periodic bubble nucleation, growth and departure from a heated surface in pool boiling. International Journal of Heat and Mass Transfer, 2013, 64: 122-132.

[21] Liu H, Zhang Y. Droplet formation in a T-shaped microfluidic junction. Journal of Applied Physics, 2009, 106(3): 034906.

[22] Chai Z, Sun D, Wang H, et al. A comparative study of local and nonlocal Allen-Cahn equations with mass conservation. International Journal of Heat and Mass Transfer, 2018, 122: 631-642.

[23] Liang H, Xu J, Chen J, et al. Phase-field-based lattice Boltzmann modeling of large-density-ratio two-phase flows. Physical Review E, 2018, 97(3): 033309.

[24] Safari H, Rahimian M H, Krafczyk M. Extended lattice Boltzmann method for numerical simulation of thermal phase change in two-phase fluid flow. Physical Review E, 2013, 88(1): 013304.

[25] Wu S, Yu C, Yu F, et al. Lattice Boltzmann simulation of co-existing boiling and condensation phase changes in a confined micro-space. International Journal of Heat and Mass Transfer, 2018, 126: 773-782.

[26] Zhang C, Wu S, Yao F. Evaporation regimes in an enclosed narrow space. International Journal of Heat and Mass Transfer, 2019, 138: 1042-1053.

[27] Qu J, Wang Q. Experimental study on the thermal performance of vertical closed-loop oscillating heat pipes and correlation modeling. Applied Energy, 2013, 112: 1154-1160.

[28] Zhang G, Liu Z, Wang C. An experimental study of boiling and condensation co-existing phase change heat transfer in small confined space. International Journal of Heat and Mass Transfer, 2013, 64: 1082-1090.

第6章
沸腾传热的强化

6.1 概述

　　传热强化是工程热物理学科中正处于蓬勃发展中的一个重要领域。早在1931年传热学先驱者雅各布就发现，对沸腾表面进行喷砂处理后，可以使核态沸腾传热系数增大15%以上，但强化效果仅能维持一天。1935年索尔（Sauer）也报道了类似的实验结果，但当时工业上对沸腾传热强化还没有迫切的要求，所以在随后的20年内几乎没有新的研究工作报道。20世纪50年代，随着人们对核态沸腾机理的深入研究，关于粗糙表面能够强化核态沸腾传热的实验和分析研究逐步见诸文献中，为研制各种强化沸腾表面提供了理论依据，使沸腾传热强化技术进入了一个新的发展阶段。工程上绝大部分液体的沸腾是核态沸腾，沸腾强化也主要是指提高核态沸腾传热系数。已经发展起来的各种强化沸腾表面，能够使核态沸腾的过热度大大降低，使整个沸腾曲线向左侧小温差方向移动，从而使沸腾传热系数成倍甚至成十倍地增大。但是，近年来发现，有很多强化沸腾表面都或多或少地存在着沸腾热滞后现象，对于像电子元件这类热敏感设备的冷却将会产生严重的危害。为此，在强调提高沸腾传热系数的同时，还应注意尽量减小沸腾热滞后。

　　通常，沸腾传热强化包含池沸腾传热强化和流动沸腾传热强化。作为最高效的传热方式，沸腾传热强化目前得到了广泛的探索研究[1~3]，并已涌现出系列创新性沸腾传热强化方法。表6-1概括了代表性流动沸腾传热强化方法。这些沸腾传热强化方法大多通过促进成核、对流和蒸发来增强沸腾传热性能。尤其值得一提的是，由于兼具高比表面积和高对流传热系数的独特优势，微通道流动沸腾传热已成为近年来高热流电子器件高效冷却的优选方案。微通道流动沸腾传热强化手段包括修改表面特性、改善热平衡、强化混合或扰动、集成微/纳米结构来增强核位点以提高流动沸腾传热的性能和稳定性。

表 6-1 代表性流动沸腾传热强化方法

方法	Pros*	Cons*
入口限制	CHF +和 HTC+	$\Delta P+$
凹腔	CHF+	$\Delta P\sim$和 HTC$\sim$
锥形歧管	CHF+, HTC+和$\Delta P-$	
微型/小喷嘴	CHF+, HTC+和$\Delta P-$	
微混合器	CHF+和 HTC+	$\Delta P+$
纳米流体	CHF+	$\Delta P+$和 HTC$\sim$
表面活性剂	CHF+和 HTC+	$\Delta P\sim$
溶液	CHF+和 HTC+	$\Delta P\sim$
表面改性		
纳米/微米涂层	CHF+	$\Delta P+$和 HTC$\sim$
表面粗糙度	CHF+和 HTC+	$\Delta P+$

注:"+"表示增加;"−"表示降低;"$\sim$"表示影响不大,或不详。

沸腾传热强化技术所涉及的过程甚为错综复杂,目前对各种强化表面还很难做出严格的定量分析,通常通过实验研究手段开展沸腾传热强化特性研究。

6.2 池沸腾传热的强化

为从机理上认识池沸腾传热强化机制,首先回顾一下沸腾曲线(即热通量和壁面过热度的关系曲线)。从沸腾曲线可知,临界热流密度(CHF)是核态沸腾机制中的上限,对流传热系数(HTC)决定了加热表面的散热能力。结构化表面的强化传热程度取决于其沸腾曲线向左平移的程度。沸腾曲线向左平移表明,与光滑表面相比,结构化表面的 CHF 和 HTC 较高。沸腾冷却以相变潜热为主要传递方式,虽然潜热传递比显热传递(如空气或液体)更有效,但沸腾传热涉及气液两相流动,其工作范围受到 CHF 的限制。

池沸腾传热强化技术通常可分为有源强化方法和无源强化方法两大类,也分别称为主动式强化传热和被动式强化传热。有源方法是在外力或能量场的作用下达到强化传热目的,如气体介入、电场强化传热、超声强化传热等。无源方法顾名思义,即无需外加能量的强化传热手段,典型代表有纳米流体和表面改性技术。发展新型表面几何形状和结构是强化池沸腾传热的重要途径。除了微机械表面、微/纳米结构和纳米流体外,多孔结构表面是主要的强化手段之一。表面积增加和额外的成核位点,形成高蒸发速率并减少壁过热度,是多孔结构表面强化池沸腾传热的主要机制。

6.2.1　纳米流体强化池沸腾传热

在流体工质内添加纳米颗粒（1～100nm），如金属、氧化物、碳化物或碳纳米管（Carbon Nanotube，CNT），可显著提升 CHF。有研究表明，纳米流体应用于压水堆的优势尤其显著，其 CHF 提高幅度超过 32%[4]。尽管近几十年来关于纳米流体对 CHF 影响的研究越来越深入，但其基本物理机制仍不清楚。现有研究表明，影响 CHF 的主要因素有纳米颗粒的尺寸、表面微孔结构、润湿性和粗糙度等。

Amiri 等[5]制备了 CNT-Ag /水、CNT-cys /水和 CNT/水三种纳米流体并实验测试了 4 种不同尺寸（≤10nm、10～20nm、20～40nm 和 40～60nm）的纳米颗粒对 CHF 的增强程度。结果表明，CNT 的尺寸越小，其破泡能力越强，使较小的气泡可以在长大前脱离，从而降低热阻。Quan 等[6]提出，具备中度润湿性的纳米颗粒能够抑制气泡聚并，并在换热面沉积出粗糙形貌，从而导致较高的 HTC 和 CHF。而加入强润湿性纳米颗粒制成的流体的对照试验表明，纳米颗粒对气泡聚并没有影响，且纳米颗粒的沉积形貌是光滑、有序且有一定厚度的。光滑的形貌意味着少量的活跃形核位点，增加的厚度增加了热阻，这会导致 HTC 和 CHF 降低。由此得出结论，CHF 不仅受润湿性的单调影响，还受粗糙表面等其他重要因素的影响。表面越粗糙，产生气泡的活性成核位点密度越高，气泡一旦形成，就会有更多的热量从基板转移到液体中，从而延缓 CHF 的产生。

纳米颗粒在实际应用中也存在许多缺点，如压力下降、在完全发展的流动区域的热性能恶化、浓度增加时黏度增大等。这正是很多实验将纳米流体的浓度设置为等于或低于 0.1%（体积分数）的主要原因。此外，纳米流体的长期稳定性以及表面活性剂是纳米流体强化池沸腾传热研究的关注点；建立纳米流体数据库以及缩小研究与工程之间的差距，也是目前需要进一步研究的内容。

6.2.2　表面结构改性强化池沸腾传热

表面结构改性可以在多种尺度上实现：宏观尺度、微观尺度和纳米尺度。其主要目的在于增加传热面积、增加成核位点密度和改变润湿性。也有"混合尺度"的方法，结合不同表面结构改性尺度的冷却优点，追求高效沸腾传热性能。

6.2.2.1　宏观尺度

在传热面上制作多个矩形或方形翅片以增加传热面积是提高池沸腾传热的常用方法。为追求最佳的传热性能，翅片的尺寸和间距需要优化设计，目前仍需进一步研究以提供关于不同冷却剂类型的最佳翅片尺寸、几何形状和配置的肋片设计指南。

除了增加传热面积外，还有一种宏观上分离气液通道以强化传热的方法。Rahman 等[7]在高导热性铜基板上镶嵌间隔排列的低导热性环氧树脂，使环氧树脂表面的冷却液能够及时补充到铜基板上的沸腾传热区域，如图 6-1 所示。与翅片强化传热类似，若要追求最佳的传热性能，环氧树脂的排列方式需要进行优化设计。这种技术在沸腾过程中产生了表面温度的空间变化。通过调整这些变化的波长使其与毛细长度一致，可实现 5 倍于纯铜表面的 HTC 和 2 倍以上的 CHF 提升。

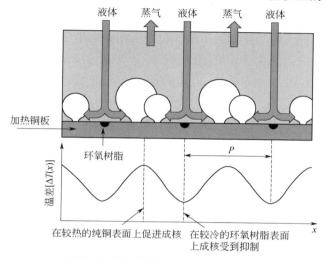

图 6-1　铜-环氧树脂复合传热强化表面

P 表示一个周期

　　另外一种强化沸腾传热的宏观方法是在表面上配置金属丝网或多孔泡沫，如图 6-2 所示。这种方法操作简单，既增加了活跃的气泡成核面积，也分离了气液通道以促进液体补充到沸腾处。除此之外，这种多孔骨架还可以挤压气泡，促进其破裂和合并，以降低蒸气压力释放的阻力，从而延缓 CHF 的产生和提高 HTC。但是，多孔结构一旦因腐蚀、磨损、断裂而堵塞，工质的连通性即被破坏，从而造成局部热点，显著降低传热效果。

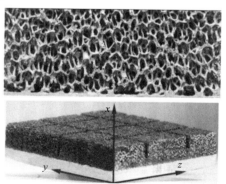

(a) 金属丝网　　　　　　　　(b) 多孔泡沫

图 6-2　金属丝网和多孔泡沫传热强化表面

6.2.2.2 微观尺度

微观尺度强化沸腾传热方法主要有表面粗化和微翅片表面。总体而言，除了增加液固接触面积外，微尺度表面改性的主要目的是通过增加主动成核位点密度来提高核沸腾传热系数，这也导致在长时间的沸腾传热后改性的表面容易失效。

（1）表面粗化　表面粗糙度对沸腾传热性能有重要影响。通过喷砂、化学腐蚀、机械粗加工或形成大量的人工腔以增加散热表面的粗糙度是提高核态沸腾传热性能的常用手段。早期沸腾传热研究已经表明，这种增强背后的一个关键原因是表面活性成核位点数量的增加，核态沸腾传热系数提升高达600%[8]。除此之外，Raghupathi等[9]在有10~20μm深的微沟槽的表面上实现了水的CHF增强。如图6-3所示，由于在微沟槽附近产生了液体半月板，从而使成核气泡底部的接触线区域扩大。Dong等[10]使用热力学分析来评估微观结构对水中气泡成核的影响。通过观察吉布斯自由能的变化，他们指出，只有当微结构的曲率半径小于气泡半径的5~100倍时，才有可能实现明显的增强，而超过这个曲率半径范围的上限可能会损害微结构的增强效果。

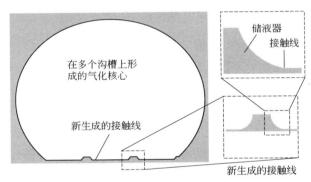

在多个沟槽上形成的气化核心

储液器

接触线

新生成的接触线

新生成的接触线

图6-3　微沟槽强化传热机理

尽管许多已发表的研究证实了表面粗化的好处，但这种形式的增强在工业上并没有得到广泛采用。粗糙表面缺乏商业应用的一个关键原因是表面特征的快速"老化"，通常只能持续几个小时。在此期间，池沸腾传热性能逐渐减弱到平面的性能。例如Chaudhri和McDougall[11]测量了带有宽度小于0.025mm平行划痕的表面在长期沸腾下的传热性能，发现这种表面在沸腾数百小时后，传热性能退化回未处理的表面。因此，未来的传热强化研究包括通过机械加工或化学蚀刻实现的所有形式的表面粗化（例如，凹槽、三维离散腔、矩形或三角形截面的开槽），非常有必要进行全面和系统的老化效果评估。

（2）微翅片表面　微翅片表面有多种形状，如矩形截面的平行垂直翅片、平行倾斜翅片、方形翅片和圆柱翅片。在受热面上设计微翅片不仅增加了传热面积，还诱导了毛细流动，有助于分离蒸气和补充液体的路径。例如如图 6-4 所示的 Kandlikar[12]开发的微翅片表面，采用尖角对翅片的基部进行了修饰，以促进局部成核。成核气泡会沿翅片基底移动，从而促使液体从翅片上方流向成核点，发生新一轮的沸腾传热。在高热流下，气泡离开翅片的速度更快，反而更利于液体的补充，因此这种表面在使用水作为冷却剂时的 CHF 和 HTC 与光滑铜表面相比分别提高了 2.5 倍和 8 倍。与宏观翅片一样，微翅片布局、宽度、高度和间距也需要优化配置。根据可视化研究，气泡脱离鳍顶时的微对流机制引起通道内强烈的液体环流，导致 CHF 增加。

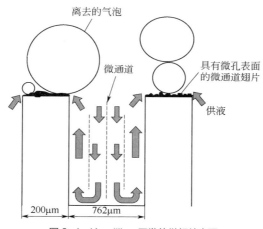

图 6-4　Kandlikar 开发的微翅片表面

图 6-5 给出了三种不同的烧结表面方式，气泡在通道和鳍顶部成核，在该区域增强的成核活性在气泡附近产生了混乱的液体运动。与烧结鳍片顶部和烧结通道相比，整个烧结表面的气泡活性增加。通过对气泡逃逸路径、供液路径和强化传热的研究，可以更好地理解其机理。

6.2.2.3　纳米尺度

纳米尺度的改性方法主要包括在传热表面构造纳米结构（如纳米线、纳米管和纳米纤维）和包覆纳米涂层。这两种方法均可大幅提升 HTC 和 CHF，但是纳米尺度的改进技术一直面临耐久度差的问题。

（1）纳米结构　在各种纳米结构中，纳米线是强化沸腾传热的研究热点。纳米线是指直径为几十纳米、长径比较大的纳米尺度的棒材。目前纳米线的研究主要集中在硅表面 [图 6-6（a）] 和金属（铜）表面 [图 6-6（b）]。硅纳米线主要用干法和湿法两种蚀刻方法制作，金属纳米线主要用电化学沉积法制作。

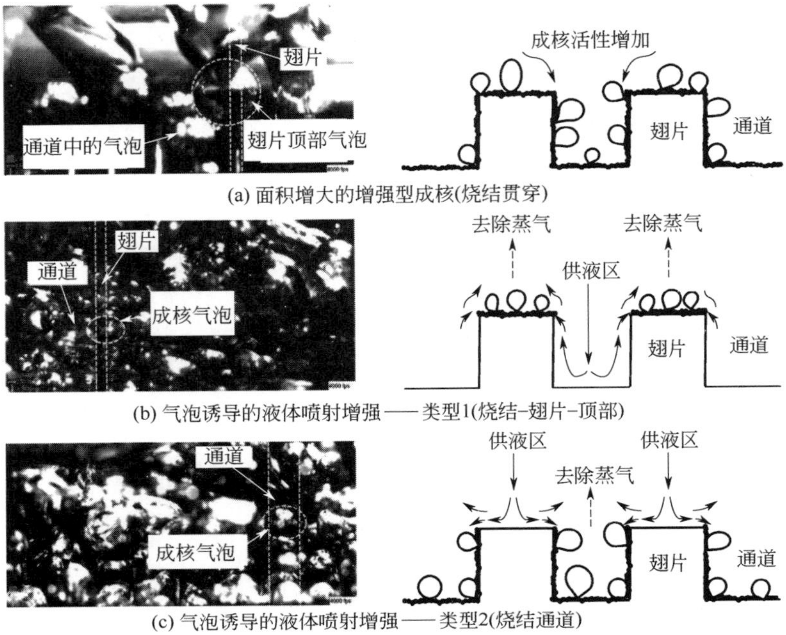
翅片
通道中的气泡
翅片顶部气泡
成核活性增加
翅片
通道
(a) 面积增大的增强型成核(烧结贯穿)
翅片
通道
成核气泡
去除蒸气
去除蒸气
供液区
翅片
通道
(b) 气泡诱导的液体喷射增强——类型1(烧结-翅片-顶部)
通道
成核气泡
供液区
供液区
去除蒸气
翅片
通道
(c) 气泡诱导的液体喷射增强——类型2(烧结通道)

图 6-5 三种不同的烧结表面方式[13]

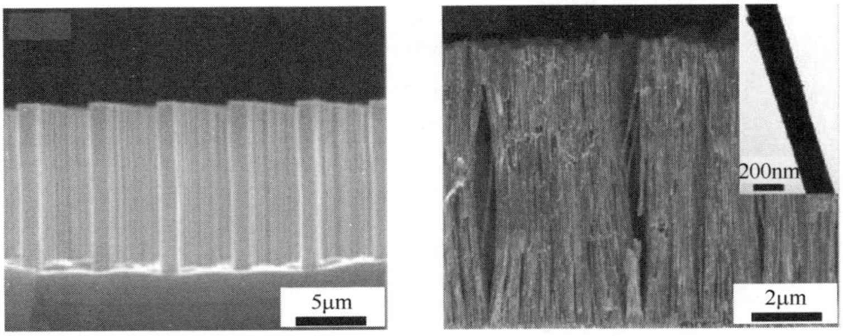
5μm
200nm
2μm

(a) 硅纳米线　　(b) 铜纳米线

图 6-6 两种材料的纳米线

纳米线对沸腾传热性能的改进归因于更大的有效换热面积、高密度成核位点和增强的冷却剂毛细泵送能力。如图 6-7 所示，纳米线具有纵横比高、比表面积大的性质，其有效传热面积显著高于平面和其他微/纳米结构表面；纳米线在制造过程中自然聚集而形成的微缺陷可以作为高密度的气泡形核位点，这促进了纳米线表面的气泡形成；纳米线之间微小的间隔提供了强大的毛细泵送能力，这可以作为有效的吸液芯结构，为活性成核位点源源不断提供冷却剂。有研究表明，构造纳米线可给核态沸腾传热系数和 CHF 带来 100%以上的提升。

（2）纳米涂层　纳米涂层是利用氧化、溅射、超音速喷涂、气相沉积和纳米

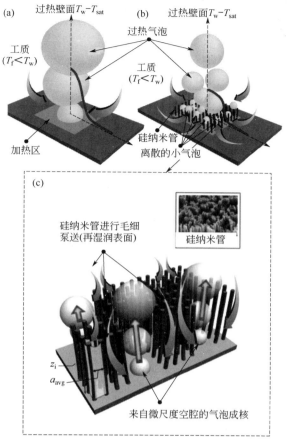

图 6-7　单级纳米线强化沸腾传热机理

颗粒沉积等技术在传热表面制造出纳米级别厚度的涂层，从而改善表面的润湿性和粗糙度，可实现水的核沸腾传热系数和 CHF 超过 100% 的提高。

6.2.2.4　混合尺度

在沸腾过程中，气泡从成核到脱离的一系列动力学行为发生在不同尺度上。为优化气泡在不同尺度的动力学行为，有学者设计出了多级纳米线结构表面，如图 6-8（a）所示。图 6-8（b）显示了多级纳米线表面的气泡动力学示意。最初气泡在短纳米线簇的微空腔中成核，最后生长到气泡从长纳米线阵列之间的微谷中离开。高密度微空腔显著增加了气泡形成的潜在成核位点，短纳米线之间的间隔为液体气化提供了一个大的固-液传热区。长纳米线阵列之间的微谷减缓了相邻气泡之间的结合，避免形成高热阻的大气泡。尽管气泡进一步的生长和合并会填充微谷，但长纳米线阵列的强毛细管泵浦仍然可以有效地重新浸湿成核位点（微空腔）。当气泡从微谷中生长出来时，来自液体气化的蒸气压力推动液-气界面向上，而由长纳米线阵列钉扎的三相接触线限制了气泡底部的膨胀，这导致了接触角的不断减小，直到气泡离开。后退接触角的降低可以显著减小气泡脱离直径[14]，而气泡脱离频率与气泡脱离直径成反比[15]，也就是说，气泡脱离频率也得到提升，这也大大提高了沸腾传热性能。

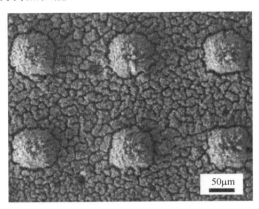

(a) 一种多级纳米线表面[16]

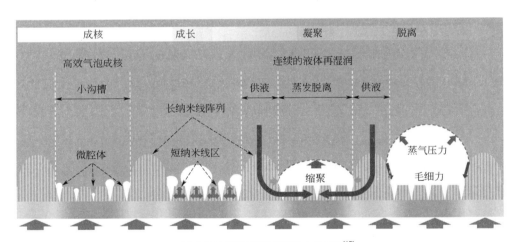

(b) 多级纳米线表面的气泡动力学行为[17]

图 6-8   多级纳米线表面及其传热强化机理示意

类似地，也有学者在微尺度翅片或者微通道内构造纳米尺度的结构。例如 Rahman 等[18]在铜基微通道表面上构造了 CuO 纳米结构涂层，在硅基微柱表面上涂覆了镍纳米结构（图 6-9）。

除了上述微纳尺度结合的强化方法外，也可将宏观尺度和微观尺度的强化方法结合起来，例如在宏观强化结构（翅片、沟槽等）上添加微观结构（微翅片、

图 6-9 微纳尺度结合传热强化硅-镍表面

多孔结构等），图 6-10 展示了一种多级翅片传热强化表面。

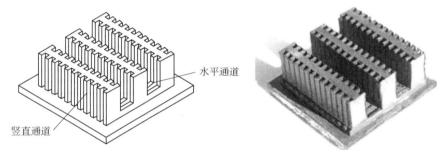

图 6-10 一种多级翅片传热强化表面

通过调节表面润湿性来强化核态沸腾相变传热是目前比较流行的沸腾传热强化又一个重要手段。关于表面润湿性对沸腾过程成核机制和气泡动力学行为的影响已经形成了如下共识：疏水表面有助于以较低的过热度形成 ONB，但其能达到的 CHF 很小；亲水表面不利于气泡成核，但能实现较高 CHF。

充分考虑将亲水表面和疏水表面对沸腾传热的强化作用优势耦合到一起利用的成功探索开始于 Betz 等[19]，他们通过在亲水氧化硅晶片上覆盖疏水涂层制备了具有润湿异质结构的沸腾表面，如图 6-11（a）所示，实验测试结果显示，在亲水表面设置疏水点能显著提高核态沸腾 CHF 和 HTC，而构造的含亲水点的疏水表面仅能提高 HTC，且可能降低 CHF。随后，他们进一步制造了超亲水-超疏水混合的润湿性异质结构表面，并成功实验获得了超过 $100W/cm^2$ 的 CHF 和高达 $100kW/(m^2 \cdot K)$ 的 HTC。Jo 等[20]继 Betz 等之后开展了润湿异质结构表面上的核态沸腾相变传热研究，他们将聚四氟乙烯涂在亲水氧化硅片表面设计出疏水点阵，如图 6-11（b）所示，并测试了这类润湿性异质结构表面上的核态沸腾相变传热性能，结果显示传热能力得到增强即 HTC 升高，但 CHF 并未显著提升。

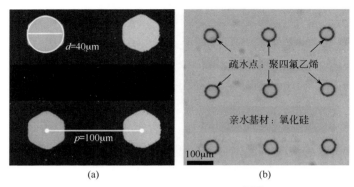

图 6-11　润湿异质结构沸腾表面[19, 20]

6.2.3　多孔表面强化池沸腾传热

多孔强化表面是核态沸腾传热强化技术中应用最广、效果最好的一种。由于所采用的加工工艺不同，多孔强化表面可分成以下四类。

（1）烧结型多孔强化表面　它是利用高温烧结的方法，使金属小颗粒附着在金属基底上形成多孔层。

（2）机加工型多孔强化表面　它是通过车削、碾压等机械加工工艺在金属表面上形成多孔结构。典型的如 GEWA-T 管、Thermoexcel-E 管等，其特点是小孔之间形成连续的通道。

（3）喷涂型多孔强化表面　它是以火焰喷涂的方法将金属颗粒加热并黏附在金属基底上。北京化工研究所采用有机高分子材料粉末为造孔剂，与金属粉按一定比例混合后，通过氧-乙炔火焰喷涂在经过预处理的金属管表面形成金属多孔层。多孔层的孔隙率为 35%～45%，平均孔径为 20～150μm，沸腾传热系数比光滑管提高 6～8 倍。

（4）电化学方法形成的多孔强化表面　它利用电镀或电化学腐蚀的方法在金属表面上形成多孔层[21, 22]。

目前，不同结构多孔表面沸腾传热及气液两相流动力学还没有形成统一的认识，更缺乏有说服力的实验依据。与光表面相比，多孔表面沸腾特性的主要表现如下。

① 多孔表面具有较多的能够稳定活化的贮气凹坑。根据气化成核理论，多孔表面上气化核心数将比光表面多，因此使沸腾传热得到强化。

② 多孔表面具有较大的比表面积。一方面，它增强了液体与固体壁面之间的传热，使液体的蒸发能力提高；另一方面，气泡在颗粒间的空隙中成长，通常，

由于固体导热性超过液体，因此气泡成长过程中有一部分热量来自固体颗粒，从而使气泡成长速度加大。这也可以称为多孔表面的肋化效应，它使核态沸腾传热强化。

③ 多孔表面可以为蒸气和液体在加热面上的往返流动提供更多通道，改善了表面沸腾时的气液两相交换，从而使沸腾传热强化。

④ 气泡在多孔层中的运动受到多孔骨架的阻力，将对气泡的运动和脱离产生不利影响。

多孔表面虽然能够较大幅度地提高核态沸腾传热强度，但大多存在从自然对流到核态沸腾过渡时的严重热滞后现象。通常认为，热滞后是由于液体部分淹没含气凹坑所引起的，因此润湿性好的液体常表现出较大的热滞后。文献[23～25]中比较系统地分析了热滞后产生的机理。文献的试验研究表明，采用在加热表面上布置金属小球或在液体中存在流化的固体颗粒时，可以不同程度地减小沸腾热滞后。由于沸腾热滞后与加热面的微观结构和凹坑形状有关，也和操作条件有关，目前很难定量地从理论上予以预测。鉴于消除沸腾热滞后现象对采用液体沸腾相变冷却的电子设备运行安全的重要性，目前已越来越引起国内外学者的重视。研制一种既能强化沸腾传热，又可消除热滞后的新型强化沸腾表面，可能是强化沸腾传热研究的一个主要任务。

6.3 流动沸腾传热的强化

6.3.1 沸腾传热系数的强化

流动沸腾传热具有显著提高系统效率和降低冷却系统成本的潜力。在实践中，利用气液相变的高气化潜热，可以在很小的壁面温升下提升传热能力。流动沸腾受气液两相流动的影响大，故在池沸腾中采用的强化技术在流动沸腾时不一定能产生同样的强化效果。此外，也有些强化技术，如移置式机械强化装置、纽带和入口涡流发生器等，更适用于流动沸腾。原则上，前面讨论的各种池沸腾强化表面都能在流动沸腾传热强化中采用。但在管壁内表面上形成各种强化传热结构困难很多，成本很高，至今工业应用实例仍然不多，而电化学腐蚀多孔管有可能在工厂中低成本地批量生产，可望获得一定的推广应用。

针对管内流动沸腾传热的强化，国内外都正在发展各种车床轧制的内螺纹槽管和采用特殊模具挤压形成的内肋管或内部具有锯齿形的强化沸腾传热管。其强化沸腾传热的机理可从以下四个方面进行分析。

① 内表面上有细小螺旋槽，从而提供了大量的气化核心，有利于气泡生成。同时，螺旋形的沟槽使液体沿管壁产生旋转流动，有利于气泡脱离。这些都导致沸腾传热的强化。

② 液体沿壁面的旋转流动，增加了液体与壁面之间的相对速度和对边界层的扰动，有效地减小了边界层热阻，强化了液体的对流传热。

③ 大量的细小螺旋槽增加了管内侧的换热面积，与光管相比，约增加换热面积 25%。

④ 在环状流区域内，沿管内壁面的液体旋转产生离心力，液体易分布均匀，减少了出现局部干涸的可能性，使管子的平均传热系数增大。

从强化的机理来说，核态沸腾传热强化的主要途径是强化气泡在沸腾表面上的形成和脱离能力以及缩短气泡在加热面上的停留时间。为了实现这一点，已经采用的强化技术如下。

（1）降低液体对固体壁面的润湿能力　由于润湿能力较差的液体沸腾时，在同样的条件下形成气泡所需要的功较小，气泡易于形成，从而使沸腾得到强化。为达到这一目的，可以在加热面上，特别是加热面上的凹坑中，喷涂少量的非润湿材料，如聚四氟乙烯，以形成某些非润湿的斑点，在这些斑点上气泡容易形成。

（2）增强沸腾表面的贮气能力　加热面上的贮气凹坑是形成活化气泡核心的最有利地点。加热面上贮气凹坑越多，或者凹坑中气体聚集得越多，液体淹没凹坑的能力越小，加热面上的气泡核心就越多，形成气泡所需的功越小，沸腾传热的强度也越大。因此，加热壁面越粗糙，含气凹坑数也越多，可以使沸腾得到强化。对于具有再次入口型凹坑（或称贮气型凹坑），由于具有不被液体淹没的特性，将是一种十分稳定的贮气凹坑。这些沸腾传热强化表面都具有很好的沸腾传热强化特性，在很低的过热温差下即可实现稳定的沸腾传热。

总体来说，流动沸腾传热强化的机理比较复杂，沸腾传热系数受两相流体动力学的影响很大，如流型、含气量等都对传热强化效果有明显的影响，需要进一步开展理论和实验研究工作。

6.3.2　临界热流密度的强化

在流动沸腾系统中，以壁温急剧上升为标志的临界现象定义了沸腾传热能达到的最大热流。超过临界热流密度（CHF），会对换热设备造成永久性和严重的损害。因此，强化两相流动沸腾冷却系统的 CHF 对提高换热设备安全裕度有重要的意义。当受热面上形成稳定的蒸气膜时，由于单位时间内难以通过沸腾从壁面带走足够多的热量，使得壁面温度急剧上升，进而触发 CHF 条件，从而导致传热速率的大幅降低和表面温度的急剧上升。在流动沸腾传热过程中，CHF 的发生是流体工质两相流动、相变传热及热力学特性等复杂过程相互耦合作用的结果，其触发机制主要有核态沸腾偏离、烧干和过早临界热流三种。核态沸腾偏离机制源于气泡急剧聚并从而形成连续蒸气膜，烧干机制源于通道下游薄液膜连续蒸发而使得壁面直接接触蒸气，过早临界热流机制则是源于微通道内蒸气逆流和复杂热力脉动。

在过去的几十年里，人们提出了多种提高 CHF 的技术方法，其途径主要通过调控两相流动和提高表面润湿性，这主要包括抑制流动不稳定性、工质全域高效补充、改变表面性质等。

基于对流动沸腾不稳定性产生机理的认识，研究者们目前已发展出上游限流、下游扩张和增加辅助喷射通道等多种微通道流动沸腾不稳定性抑制方法，进而强化沸腾临界热流密度。例如，进口节流器是改善 CHF 非常有效的方法之一，但这种方法是以压降为代价的，即需要消耗额外的泵功率[11]。最近，研究人员开发了一种锥形微通道结构，由于提升了液体惯力和蒸气去除能力，其 CHF 高达 $1070W/cm^2$。此外，纳米/微米尺度涂层技术可以在降低压降的同时显著提高 CHF。

对于给定的通道结构，高质量通量意味着通道全域能有效得到工质的补充，也能抑制流动沸腾不稳定性，故工质全域高效补充是提高 CHF 的重要途径。临界热流密度现象的发生可认为是通道内出现供液危机，传热表面未能得到及时的再湿润，从而烧干。在通道中，气泡急剧膨胀以及两相流动沸腾不稳定性是影响工质的全域供应的主要因素。因此，促进气泡的破碎来强化液体工质供应，也是提高 CHF 的研究着眼点。目前已提出的方法主要有：①通过增强泵送效应，使得气泡/气塞发生高频周期性增长和坍塌，促进液体供给；②利用高频射流破碎流道中的气泡，使得当主通道被气泡堵塞时工质液体可以通过高频射流进入主通道；③布置喷嘴和辅助流道来改善通道全域液体供应，这主要是由辅助通道和多喷嘴结构形成的旁路使液体能够供应到整个主通道。

CHF 和压降是评价流动沸腾传热性能的两个指标。通常在不提高两相压降的情况下，期待 CHF 越高越好。在目前已有的流动沸腾传热应用场景中，实现这种看似矛盾的目标仍是挑战性难题。

6.4　液态金属强化沸腾传热

液态金属，即熔融状态的金属，在某些核电站中被用作冷却介质。由于液态金属的热导率远大于其他非金属液态工质，因此采用液态金属是强化沸腾传热的重要手段。开展液态金属的沸腾传热特性研究，对于核电站冷却、高温热管等涉及极端高温传热领域具有重要意义。在许多有实用价值的液态金属中，碱金属用得最多，其中包括钠、钾、钠-钾混合物（NaK）、铷、铯和锂等，而钠又用得最多，特别是用于热中子反应堆。

液态金属具有比较低的熔点和较高的沸点，因此在一个相当宽的温度范围内都能保持液态，而使工作系统的运行压力较低。液态金属具有特别好的传热特性和流动特性。表6-2列出了一些主要液态金属的热物性。

大多数材料在受到液态金属作用时，都会发生侵蚀或腐蚀。侵蚀和腐蚀发生的主要原因是液态金属溶解氧的能力强，例如钠与氧起反应形成腐蚀性强的 Na_2O。极少量的 Na_2O 也会成为一个腐蚀核心，Na_2O 和 Na 的混合晶体围绕这个核心成长而使冷却剂的通道堵塞。高温下通过液态金属的管道或容器常用镍、因科镍合金、镍铬钢等制造。

腐蚀中最麻烦的是"自焊"和"温度梯度传递"。所谓自焊，是指当钠在两个相接触的表面之间扩散时，由于它的氧化能力，会使表面上的原有氧化物还原，引起两个表面如焊接一样接合在一起，从而使泵和阀门部件不能动作。所谓温度梯度传递，是指材料在溶解度高的高温区内被液态金属所溶解，而在低温区内析出、沉积，结果造成材料通过液态金属时发生质量迁移，使高温区出现明显的腐蚀。为了防止液态金属的吸氧，常在钠的自由表面上加惰性气体保护层。

表6-2   一些主要液态金属的热物性

金属名称	T /℃	ρ /(kg/m³)	λ /[W/(m·℃)]	c_p /[kJ/(kg·℃)]	α /(10^{-6}m²/s)	v /(10^{-8}m²/s)	$Pr\times10^2$
水银 熔点-38.9℃ 沸点357℃	20	13550	7.90	1.3900	4.36	11.40	2.72
	100	13350	8.95	0.1373	4.89	9.40	1.92
	150	13230	9.65	0.1373	5.30	8.60	1.62
	200	13120	10.30	0.1373	5.72	8.00	1.40
	300	12880	11.70	0.1373	6.64	7.10	1.07
锡 熔点239℃ 沸点2270℃	250	6980	34.10	0.2550	19.20	27.00	1.41
	300	6940	33.70	0.2550	19.00	24.00	1.26
	400	6865	33.10	0.2550	18.90	20.00	1.06
	500	6790	32.60	0.2550	18.80	17.30	0.92
铋 熔点271℃ 沸点1477℃	300	10030	13.00	0.1510	8.61	17.10	1.98
	400	9910	14.40	0.1510	9.72	14.20	1.46
	500	9785	15.80	0.1510	10.80	12.20	1.13
	600	9660	17.20	0.1510	11.90	10.80	0.91
锂 熔点179℃ 沸点1317℃	200	515	37.20	4.1870	17.20	111.00	6.43
	300	505	39.00	4.1870	18.30	92.70	5.03
	400	495	41.90	4.1870	20.30	81.70	4.04
	500	484	45.30	4.1870	22.30	73.40	3.28

续表

金属名称	T /℃	ρ /(kg/m³)	λ /[W/(m·℃)]	c_p /[kJ/(kg·℃)]	α /(10⁻⁶m²/s)	ν /(10⁻⁸m²/s)	$Pr\times10^2$
铋铅（56.5%Bi）熔点 123.5℃ 沸点 1670℃	150	10550	9.80	0.1460	6.39	26.90	4.50
	200	10490	10.30	0.1460	6.67	24.30	3.64
	300	10360	11.40	0.1460	7.50	18.70	2.50
	400	10240	12.60	0.1460	8.33	15.70	1.87
	500	10120	14.00	0.1460	9.44	13.60	1.44
钠钾（25%Na）熔点 -11℃ 沸点 784℃	100	852	23.20	1.1430	23.90	60.70	2.51
	200	828	24.50	1.0720	27.60	45.20	1.64
	300	808	25.80	1.0380	31.00	36.60	1.18
	400	778	27.10	1.0050	34.70	30.80	0.89
	500	753	28.40	0.9670	39.00	26.70	0.69
	600	729	29.60	0.9340	43.60	23.70	0.54
	700	704	30.90	0.9000	48.80	21.40	0.44
钠 熔点 97.8℃ 沸点 883℃	150	916	84.90	1.3560	68.30	59.40	0.87
	200	903	81.40	1.3270	67.80	50.60	0.75
	300	878	70.90	1.2810	63.00	39.40	0.63
	400	854	63.90	1.2730	58.90	33.00	0.56
	500	829	57.00	1.2730	54.20	28.90	0.53
钾 熔点 64℃ 沸点 760℃	100	819	46.60	0.8050	70.70	55.00	0.78
	250	783	44.80	0.7830	73.10	38.50	0.53
	400	747	39.40	0.7800	68.60	29.60	0.43
	750	678	28.40	0.7750	54.20	20.20	0.37

　　液态金属的比热容和黏度低，热导率大，因而普朗特数（Pr）远远小于 1。液态金属导热性好的主要原因是存在着自由电子的热传导过程。

　　与非金属液体相比，液态金属在加热面上的沸腾具有它自身的特点。首先，由于液态金属导热性好，使得在加热面附近过热液体中的温度分布比较平坦，温度梯度接近于零。其次，液态金属一般都具有良好的对壁面的润湿特性，接触角小于 10°，使得加热壁面上的凹坑易被液体所淹没，从而使有效气化核心数减少。这些特点，使液态金属开始沸腾所需的壁面过热度要比非金属液体所需的壁面过热度高得多。例如，在压力为 0.056～0.17MPa 的范围内，钠沸腾的壁面起始过热度变化范围为 9.5～65℃，大大超过水沸腾时的壁面起始过热度。

　　液态金属沸腾时，气泡在加热面上成长的过程中，由于气泡与表面的接触面积较小，气泡容易跃离加热壁面，但下一个气泡出现所需的等待时间也较长。一般来说，液态金属沸腾时，将有数量较多而直径较小的气泡产生并跃离表面。气泡的脱离频率很低。气泡成长时间很短，液体微层大约只有 5%气化。气泡脱离以后，由于液体的$(\lambda\rho c)_t$和壁面的$(\lambda\rho c)_w$具有相同的数量级，所以壁温会有突降，此后需要有较长的等待时间第二个气泡才会出现。因此，对液态金属而言，核态沸腾传热的机理主要是气泡脱离后壁面和流入的冷液体之间的热量交换。由于液态金属导热性能好，使得在沸腾过程中壁面温度的变化比水沸腾时要小得多。

各种因素对液态金属池内核态沸腾的影响与非金属液体具有相同的趋势。液态金属核态沸腾时常发生不稳定沸腾现象。这是由于加热面上活化核心失去活性和重新活化的结果，从而导致换热工况在核态沸腾与自然对流之间反复变换而出现壁面温度的急剧振荡。

参考文献

[1] Li W M, Ma J X, Alam T, et al. Flow boiling of HFE-7100 in silicon microchannels integrated with multiple micro-nozzles and reentry micro-cavities. Int J Heat Mass Transfer, 2018, 123:354-366.

[2] Li W M, Qu X P, Alam T, et al. Enhanced flow boiling in microchannels through integrating multiple micro-nozzles and reentry microcavities. Appl Phys Lett, 2017, 110(1): 014104.

[3] Li W M, Yang F H, Alam T, et al. Enhanced flow boiling in microchannels using auxiliary channels and multiple micronozzles (I): Characterizations of flow boiling heat transfer. Int J Heat Mass Transfer, 2018, 116: 208-217.

[4] Bang I C, Kim J H. Rod-type quench performance of nanofluids towards developments of advanced PWR nanofluids-engineered safety features. International Conference on Opportunities and Challenges for water Cooled Reactors in the 21 Century, Vienna (Austria), Oct 27-30, 2009.

[5] Amiri A A, Shanbedi M B, Amiri H C, et al. Pool boiling heat transfer of CNT/water nanofluids. Appl Therm Eng, 2014, 71(1): 450-459.

[6] Quan X J, Wang D M, Cheng P. An experimental investigation on wettability effects of nanoparticles in pool boiling of a nanofluid. Int J Heat Mass Transfer, 2017, 108: 32-40.

[7] Rahman M M, Pollack J, McCarthy M. Increasing boiling heat transfer using low conductivity materials. Sci Rep, 2015, 5(1): 1-11.

[8] Berenson P J. Experiments on pool-boiling heat transfer. Int J Heat Mass Transfer, 1962, 5(10): 985-999.

[9] Raghupathi P A, Kandlikar S G. Pool boiling enhancement through contact line augmentation. Appl Phys Lett, 2017, 110(20): 204101.

[10] Dong L, Quan X, Cheng P. An analysis of surface-microstructures effects on heterogeneous nucleation in pool boiling. Int J Heat Mass Transfer, 2012, 55(15-16): 4376-4384.

[11] Chaudhri I H, McDougall I R. Ageing studies in nucleate pool boiling of isopropyl acetate and perchloroethylene. Int J Heat Mass Transfer, 1969, 12(6): 681-688.

[12] Kandlikar S G. Controlling bubble motion over heated surface through evaporation momentum force to enhance pool boiling heat transfer. Appl Phys Lett, 2013, 102(5): 051611.

[13] Jaikumar A, Kandlikar S G. Enhanced pool boiling heat transfer mechanisms for selectively

sintered open microchannels. Int J Heat Mass Transfer, 2015, 88: 652-661.

[14] Cole R. Bubble frequencies and departure volumes at subatmospheric pressures. AIChE J, 1967, 13(4): 779-783.

[15] Zuber N. Nucleate boiling. The region of isolated bubbles and the similarity with natural convection. Int J Heat Mass Transfer, 1963, 6(1): 53-78.

[16] Wen R F, Li Q, Wang W, et al. Enhanced bubble nucleation and liquid rewetting for highly efficient boiling heat transfer on two-level hierarchical surfaces with patterned copper nanowire arrays. Nano Energy, 2017, 38: 59-65.

[17] Wen R F, Ma X H, Lee Y C, et al. Liquid-vapor phase-change heat transfer on functionalized nanowired surfaces and beyond. Joule, 2018, 2(11): 2307-2347.

[18] Rahman M M, McCarthy M. Effect of length scales on the boiling enhancement of structured copper surfaces. Int J Heat Mass Transfer, 2017, 139(11): 115508.

[19] Betz A R, Xu J, Qiu H H, et al. Do surfaces with mixed hydrophilic and hydrophobic areas enhance pool boiling? Appl Phys Lett, 2010, 97(14):141909.

[20] Jo H J, Kim S H, Park H S, et al. Critical heat flux and nucleate boiling on several heterogeneous wetting surfaces: controlled hydrophobic patterns on a hydrophilic substrate. Int J Multiphase Flow, 2014, 62: 101-109.

[21] Fujii M, Nishiyama E, Yamanaka G. Nucleate pool boiling heat transfer from micro-porous heating surface. Advances in Enhanced Heat Transfer: the 18th National Heat Transfer Conference, San Diego, Califonia, August 6-8, 1979.

[22] 陈嘉宾, 蔡振业, 林纪方. 带有多孔覆盖层表面的沸腾换热实验研究//传热传质学文集编辑组. 传热传质学文集. 北京: 科学出版社, 1986.

[23] 施明恒, 马骥. 池内沸腾热滞后机理研究. 中国工程热物理学会传热传质学术会议, 1994.

[24] Zhang H, Zhang Y. Hysteresis characteristic of boiling heat transfer from powder-porous surface. Advanced in Phase Change Heat Transfer, 1988: 98-103.

[25] 刘波, 姚永庆, 葛绍岩. 热滞后现象机理探讨及实验研究. 中国工程热物理学会传热传质学术会议, 1986.

第7章
小通道重力热管的沸腾传热特性

7.1 重力热管简介

重力热管结构简单、造价低廉、性能稳定、传热能力强，在能源、动力、化工、冶金等领域得到了广泛应用。例如，高热流电子器件的散热、地热资源的获取利用、太阳能的高效收集、青藏铁路路基下的高原冻土保温以及蒸气锅炉中的余热回收等。

重力热管又称两相闭式热虹吸管，可为单管或闭合回路形式。与标准热管相比，重力热管最大的特点是内部没有吸液芯结构，仅利用重力实现冷凝液体的回流。图 7-1 给出了重力热管的基本工作原理。在静止状态下，管内工作介质受重力作用积聚在蒸发段底部并形成液块。工作时，蒸发段液态工质受热发生蒸发或者沸腾相变，相变生成蒸气并向上往冷凝段流动；到达冷凝段后蒸气遇冷放热并在冷凝段内壁面上形成液体，热量通过管壁释放给外界环境，冷凝相变生成的液体则在重力驱动下回流至热管蒸发段。如此循环往复，将外界传递给蒸发段的热量不停地输送至冷凝段并传递给外界环境。可以看到，为保证冷凝液回流实现重力热管正常运行，重力热管在应用时必须呈垂直或倾斜状态放置，即保证重力热管蒸发段高度低于冷凝段。

一般而言，重力热管的通道尺寸大于 3mm。此时，重力对热管内的气液两相流动与相变传热起主导作用。随着通道尺寸的减小，通道表面积与体积比值急剧增加，则对于重力热管而言，毛细力作用增强，并且重力的作用依旧存在，即毛细力和重力耦合作用对管内两相流和沸腾/冷凝相变传热起作用，这使得小通道重力热管出现了不同于常规重力热管的传热传质特性[1]。本书所提的小通道重力热

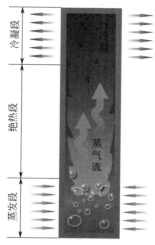

图 7-1　重力热管的基本工作原理

管，从本质机理上讲，是指毛细力和重力共同对两相流动传热起作用的重力热管，其通道尺寸（d）通常为 1mm$\leqslant d \leqslant$3mm。小通道重力热管内发生复杂的气液两相流动相变传热现象，涉及尺度效应、界面演化、流动不稳定性和热动力学耦合作用等。

7.2　常规小通道重力热管的沸腾传热特性

7.2.1　可视化实验介绍

图 7-2 给出了常规小通道重力热管的可视化实验[2]。如图 7-2 所示，实验系统主要由小通道重力热管、电加热单元、制冷单元和显微观测单元组成。小通道重力热管由铝金属板（厚度为 3mm）铣出平行小通道而制成，并覆盖一层透明玻璃板，对通道内的两相流动模式实现可视化。为分析通道尺寸对重力热管热动力学行为的影响，实验中选用的 7 种不同通道的尺度分别为 $W \times \delta$ = 0.5mm×1mm、1mm×1mm、1.5mm×1mm、2mm×1mm、2.5mm×1mm、3mm×1mm 和 4mm×1mm，相应的平行矩形通道数分别为 N = 39、23、18、15、13、11 和 9。7 种矩形截面通道的横截面尺寸不同，但通道的总长度 L、蒸发段长度 L_e、绝热段长度 L_a 及冷凝段长度 L_c 的长度相同，分别为 L = 42mm、L_e = 20mm、L_a = 7mm 和 L_c = 15mm。

实验前选用真空泵对小通道重力热管进行抽真空排气，并充入适量的工质。实验中，工作流体选用乙醇和甲醇，无特殊说明则实验数据是基于乙醇工质。实验中，蒸发段由直接附着在两相热管外壁表面上的电加热单元加热。通过调节直流电压实现对加热器输入功率的调节。冷凝段通过恒温循环水将热管释放的热量带走。在金属板表面铣出窄缝并嵌入热电偶对热管轴向温度进行测量，相应的 7 个热电偶布置位置如图 7-2（c）所示，温度信号由数据采集仪记录。为监测小通道内气液两相运动状态，采用高速摄像机捕获热管蒸发段、绝热段和冷凝段内气液两相流型。

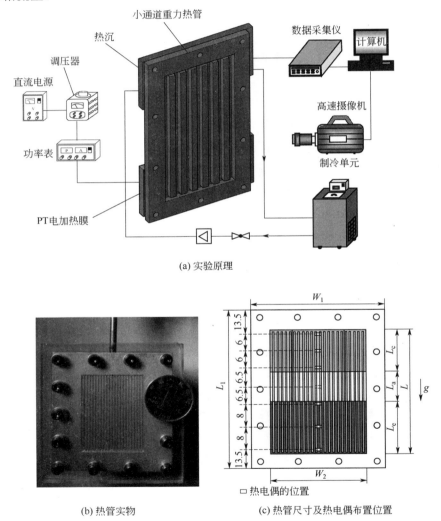

(a) 实验原理

(b) 热管实物   (c) 热管尺寸及热电偶布置位置

图 7-2   常规小通道重力热管的可视化实验

7.2.2   气液两相流动特性

基于上述实验装置开展了小通道重力热管处于垂直状态下的流型分布和传热

特性的实验研究。热管充液后，液相工质在重力作用下聚集在通道的底部，通道内部的其余空间则充满气相工质。在蒸发段热负荷作用下，小通道重力热管内会出现复杂的气液两相流动及转化。可视化实验表明，随着热负荷的增大，矩形截面尺寸为 $W×\delta = 0.5mm×1mm$、$1mm×1mm$、$1.5mm×1mm$ 和 $2mm×1mm$ 的小通道内液相工质经历了池状流、脉动流和环状流三种流型。但对于尺寸为 $W×\delta = 2.5mm×1mm$、$3mm×1mm$ 和 $4mm×1mm$ 的通道，实验仅观测到池状流和环状流。以上实验现象表明，通道尺度的小型化突出了表面张力的作用，当表面张力与重力的数值相当时，气液两相流动的脉动工作模式被激发产生。脉动工作模式是小通道重力热管的典型工作模式，脉动过程中液塞的随机形成和不平衡压差作用下液塞的随机脉动是脉动工作模式的典型特征。总之，与常规尺度重力热管不同，小通道重力热管中工质的状态不仅包括池状流状态和环状流状态，还出现了两相脉动流状态。

（1）池状流状态　两相流动的池状流状态对应着小通道重力热管较低的热负荷工况，其典型特征为通道底部存在类似池状的较长液块，如图 7-3 所示。在该状态下，液体块表面的蒸发相变传热能力较弱，液体块内部没有气泡产生，且在液体块的气液两相界面处也没有观测到明显的界面变化。池状流状态下，由于表面张力的作用，从液体块上方直到冷凝段存在薄的液膜。蒸发段的过热壁面通过蒸发段液池上方的液膜层实现与饱和蒸气的蒸发相变传热，冷凝段的过冷壁面通过液膜层与冷凝段的饱和蒸气进行冷凝相变传热。由于通道的壁面厚度与通道截面尺度相近，所以仍然有一定比例的热量通过热管壁面的导热由蒸发段传递到冷凝段。因此，池状流状态下，小通道重力热管主要通过壁面的热传导和液膜的蒸发及冷凝实现热量的传递，其中热传导不可忽略。换言之，池状流状态下，小通道重力热管的热传递形式是膜蒸发和冷凝与壁面热传导的结合。

（2）两相脉动流状态　随着热负荷的增加，微通道内液体工质的状态从池状流状态转变为脉动流状态，池状流状态的液体块变为脉动流状态的液塞。蒸发段底部液体块的消失归因于在较高热负荷时对应于较大的蒸发率。小尺度通道中重力和表面张力的平衡诱导了液塞的形成。

在热管蒸发段施加中等强度的热负荷时，热管会在重力和毛细泵效应作用下进入两相脉动流状态。脉动流状态是小通道重力热管的典型两相流动状态，热管内工质脉动过程中液塞的随机形成和不平衡压差作用下液塞的随机脉动是脉动工作模式的典型特征，如图 7-4 所示。液塞的脉动主要归因于液塞所受力（包括重力、毛细力和惯性力）的动态变化。液塞在平行通道中呈现出不同位置、不同长度的随机脉动（图 7-5）。液塞的脉动增强了蒸发段和冷凝段的传热能力。在重力作用下，冷凝液沿矩形通道的尖角由冷凝段回流到蒸发段，该过程中通道尖角附近冷凝液的积累导致了液塞的随机形成。此外，长蒸气塞在冷凝段的冷凝也是液塞形成的一种重要形式。在冷凝段，向上运动的液塞由于蒸气冷凝作用而快速增长。该过程中液塞所受的重力逐渐增加，液塞在重力和压力差的合力作用下减速直到速度为零。随着重力的进一步增加，液塞改变运动方向并向蒸发段运动。液塞运动方向的交替变化导致了热管内气液两相脉动流型的出现。在脉动流模式下，热管主要通过液塞的快速脉动实现热量由蒸发段向冷凝段的传递。

图 7-3   池状流状态气液两相分布

图 7-4   脉动流状态气液两相分布

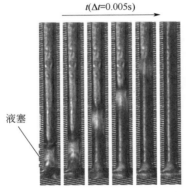

(a) 蒸发段液塞脉动消失

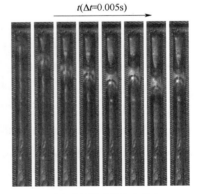

(b) 冷凝段新的冷凝液塞形成

图 7-5   液塞脉动变化

（3）环状流状态   随着热负荷的进一步增加，脉动流状态下液塞容易被足够大流速的蒸气冲破，此时小通道重力热管由脉动流状态转化为环状流状态。环状流状态是小通道重力热管的另一种典型流态，通道壁面被较薄的液膜层覆盖，蒸气通过通道中间区域向上运动，见图 7-6。在这种情况下，液相以液膜的形式（而不是液体塞或液体块）存在于通道表面，尤其是通道尖角处。蒸发段的热负荷主要以薄液膜蒸发方式实现热量传递。冷凝段通过壁面附近的薄液膜实现壁面与蒸气工质之间的冷凝相变传热，进而实现热量传递。

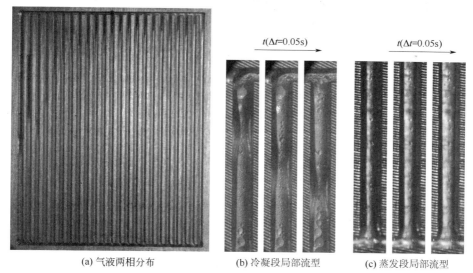

$t(\Delta t=0.05\text{s})$

$t(\Delta t=0.05\text{s})$

(a) 气液两相分布　　　　(b) 冷凝段局部流型　　　(c) 蒸发段局部流型

图 7-6　环状流状态小通道重力热管内的气液两相分布

7.2.3　两相流机理图

基于可视化实验图像，选用乙醇、甲醇两种工质，图 7-7 给出了小通道热管内气液两相流型[2]。图 7-7 在一定程度上反映了小通道重力热管的热动力学行为的一般特性。池状流型对应较小的 We，而当 We 较大时，环状流是主要的流型。脉动流状态是介于池状流和环状流之间的流型。图 7-7 表明，当 $Bo \leqslant 0.6$ 时，脉动流动区域（即流型图中脉动流型出现时对应的 We）随着 Bo 增大而增加。但对于 $Bo > 0.6$ 的情况，脉动流动区域减小，直到 $Bo \approx 0.7$ 时脉动流动消失。脉动流动区域随着 We 和 Bo 的变化趋势可通过分析冷凝液的积累以及表面张力、重力和惯性力的相对大小来解释。由小通道中冷凝液的积聚所引起的液塞的形成对于实现毛细泵作用是必不可少的，这是脉动流型形成的诱因。随着通道尺度的增大（即 Bo 增大），需要更多冷凝液积聚以填充形成小通道横截面的足够长的液桥。同时，较大的 We 意味着通道中的气相具有更大的速度。较大的气相速度增强了冷凝段的冷凝速率，且在气相由蒸发端向冷凝端运动过程中气液界面处气相对液相的逆向剪切力有利于冷凝段液塞的形成。随着 Bo 的增大，脉动流型对应的 We 的范围增大。但随着 Bo 的进一步增大（$Bo > 0.6$），与表面张力相比，重力占明显的优势，这最终导致脉动流液塞被速度较高的气相冲破形成环状流。因此，需要更小的气相流速（即更小的 We）来冲破液塞，这降低了从脉动流型到环状流型转变所对应的 We 的上限，此时流型图上 We 对应的区域减小。若 $Bo \geqslant 0.7$，当重力的作用足够可以克服表面张力的影响时，小通道中很难形成液塞，这导致了脉动流动区域的消失。

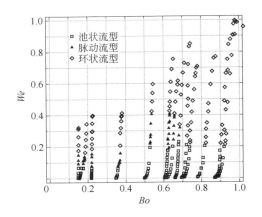

图 7-7   小通道热管内气液两相流型

7.2.4   热管传热性能

与常规尺度的两相热管毛细力占主导不同，槽道尺度的小型化突出了表面张力的作用，同时液相工质是在重力作用下聚集在通道底部的，小通道重力热管中表面张力与重力的数值相当。小通道重力热管中工质的状态与常规热管不同，包括池状流状态、两相脉动流状态和环状流状态。当热负荷作用于小通道重力热管的蒸发段时，蒸发段和冷凝段将会通过相变实现传热，且热管内气液两相流动状态取决于热负荷和槽道尺度。热负荷和槽道尺度对热管热阻的影响见图7-8。在池状流状态下，热负荷的微弱增加就可明显改变热管的传热性能，而脉动流和环状流的热阻几乎都与热负荷无关。与池状流不同，由于环状流状态下蒸发段底部局部干烧的出现，热负荷的小幅度增加可能造成热管传热性能的严重恶化。

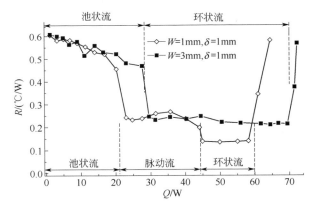

图 7-8   热负荷和槽道尺度对热管热阻的影响

7.3　分离式小通道重力热管的沸腾传热特性

　　分离式热管是一种闭合回路形式的热管。与单管型热管不同，蒸发段和冷凝段不再由单独的热管元件组成，而是分离成两个独立的换热器，即蒸发器和冷凝器。在分离式重力热管中，蒸发器在下部，冷凝器在上部，两者之间由蒸气通道（上升管）和冷凝液回流通道（下降管）连接，由重力驱动工质在蒸发器和冷凝器之间循环流动，完成热量从一处至另一处的转移。在外部热作用下，蒸发器内发生沸腾相变，产生的蒸气通过上升管，继而进入冷凝器内发生冷凝相变，将热量释放给外部环境。冷凝液在重力作用下通过下降管回流到蒸发器，再次发生沸腾相变传热。在重力驱动作用下，在分离式热管内工质发生蒸发-冷凝气液两相循环。从分离式重力热管的工作原理可知蒸发器和冷凝器是独立分开的，这意味着分离式热管可远距离传输热量，蒸发器和冷凝器相距几十米仍能正常工作。在一些受限空间结构中，例如 5G 基站、密闭通信机柜等，由于供热管理使用的空间非常有限，这就对蒸发器小型化提出了要求。目前采用小通道结构蒸发器是解决高热流器件冷却散热的一种优选手段。在本书中，采用小通道结构蒸发器的分离式重力热管即定义为分离式小通道重力热管。

7.3.1　分离式小通道重力热管实验系统介绍

　　分离式小通道重力热管原理如图 7-9 所示。原理样机由热源、小通道蒸发器、冷凝器等组成。蒸发器和冷凝器之间通过管路连接形成闭式循环回路。为更真实地模拟密闭机柜内分布式热源，设计了含有 3 个独立热源的小通道蒸发器。小通道蒸发器由进口管、出口管、缓冲槽、小通道等组成。蒸发器配置了 3 个小通道模块。单个小通道模块设计由 0.5mm（宽）×2mm（高）×50mm（长）的 20 条平行铝基矩形小通道构成，相邻两条小通道间隔为 0.5mm。为测量小通道壁面温度，在距离小通道模块底部 1mm 的位置均匀布置了 6 个直径为 1mm 的热电偶孔。冷凝器选用板

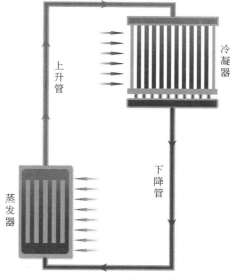

图 7-9　分离式小通道重力热管原理

翅式换热器，由扁管、百叶窗翅片、集管等组成。冷凝器长 459mm，宽 395mm。
在实验中，采用电加热棒模拟电子器件发热，在蒸发器的铝基体嵌入电加热棒，
通过调节电加热棒的工作电压来改变热负荷的大小，并在功率表上实时显示。电
加热棒用导热硅脂固定在蒸发器底部预留的开孔内。分离式小通道重力热管原理
样机的性能测试如图 7-10 所示。实验过程中，在冷凝器背部配置风扇对冷凝器进
行散热，通过调节风扇速度调控分离式热管的散热能力，避免蒸发器温度过高。

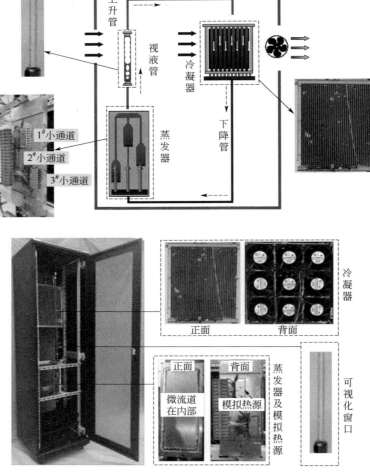

图 7-10   分离式小通道重力热管原理样机的性能测试

为监测分离式热管的工作性能，需要布置多个温度测点对热管温度进行监测。
在蒸发器的进出口安装嵌入式热电偶，直接测量蒸发器的进出口温度。在小通道
模块上均匀布置多个温度传感器以监测小通道蒸发性能，取多个温度传感器的平

均读数作为蒸发器的工作温度。分离式热管各测点信号通过数据采集仪读取并在无纸记录仪上显示与保存。此外，为观察热管的工作状态，在蒸发器出口设置可视化玻璃管道对两相流流型进行观察记录。

7.3.2　小通道蒸发器的沸腾传热特性

在分离式小通道重力热管中，蒸发器的传热性能可采用对流传热系数加以表征，其定义为

$$h = \frac{q_{\mathrm{w}}}{A_{\mathrm{w}}\left(T_{\mathrm{w}} - T_{\mathrm{s}}\right)} \tag{7-1}$$

式中，h 为传热系数；A 为换热面积；T 为温度；下标 w 为小通道壁面；下标 s 为工质。

T_{w} 为蒸发器壁面 6 个温度测点的平均值，工质温度取为蒸发器进出口平均温度，即 $T_{\mathrm{s}} = (T_{\mathrm{in}} + T_{\mathrm{out}})/2$。

图 7-11 给出了实验得到的小通道蒸发器传热性能曲线。由图 7-11 可知，在环境温度 17℃ 且冷却风扇全开的条件下，随着蒸发器热负荷增加（即热负荷从 150W 增加到 1200W 的过程中），蒸发器内两相工质沸腾相变传热依序经历了脉动传热、高效传热再到传热恶化的三个阶段转变。在脉动传热阶段，小通道内间歇性产生气泡，小通道壁面交替处于单相对流传热和核态沸腾传热，由于单相对流传热和核态沸腾传热性能差异大，导致壁面温度出现随机脉动。在高效传热阶段，小通道内持续稳定生成气泡，核态沸腾传热占主导作用，小通道内传热性能优越。在传热恶化阶段，小通道壁面局部可能被气膜间歇性覆盖，可能发生过渡沸腾传热，小通道内传热性能出现局部恶化。由图 7-11 还可看出，在热负荷为 1050W 时，蒸发器对流传热系数为 5231W/(m²·K)，蒸发器壁面平均温度稳定在 47℃ 以下，能确保电子器件在正常工作范围内。

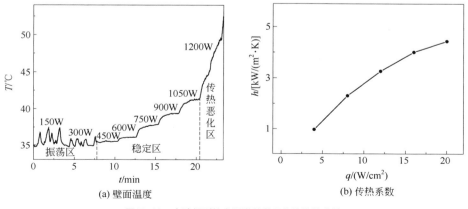

(a) 壁面温度　　　　　　　　　(b) 传热系数

图 7-11　实验得到的小通道蒸发器传热性能曲线

分离式小通道重力热管的沸腾传热特性不仅与热载荷相关，还与冷凝器的冷却条件紧密相关。对于如图 7-10 所示的分离式小通道重力热管，配置于冷凝器的风扇风量（功耗）直接决定了热管的冷却条件。图 7-12 给出了定热载荷条件下小通道蒸发器温度随风扇功率的变化。由热管的工作原理可知，随着冷却风量减少（即风扇功耗降低），冷凝器与冷却空气之间的对流换热性能减弱，导致空气温度和冷凝器内蒸气温度之间的传热温差增大。这使得热管的冷凝温度升高，从而回流到蒸发器的液体温度升高（即蒸发温度升高），那么蒸发器壁面温度也相应升高。如图 7-12(b)所示，当热载荷 450W（12W/cm^2）和环境温度为 15℃时，风扇功率从 240W 依次下降到 60W 的过程中，蒸发器温度缓慢升高但变化较小，但当风扇功率从 60W 下降到 6W 时，蒸发器温度大幅上升。从以上温度变化趋势可知，选用恰当风扇功率（能耗）能确保蒸发器处于合理的工作温度水平。基于蒸发器温度与风扇功耗（风量）间的定量关系，可对分离式热管系统的经济高效运行提供参考。

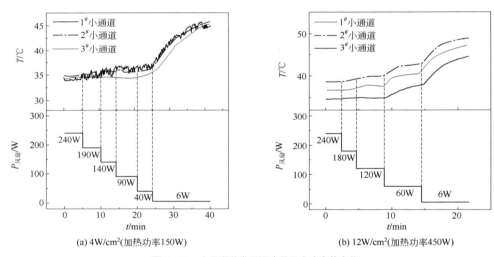

(a) 4W/cm^2(加热功率150W)   (b) 12W/cm^2(加热功率450W)

图 7-12   小通道蒸发器温度随风扇功率的变化

参考文献

[1] Ghiaasiaan S M. Two-phase flow, boiling and condensation: In conventional and miniature systems. Cambridge University Press, 2008.

[2] Chen Y P, Yu F W, Zhang C B, et al. Experimental study on thermo-hydrodynamic behaviors in miniaturized two-phase thermosyphons. International Journal of Heat and Mass Transfer, 2016,100: 550-558.

第8章
泵驱两相回路中小通道沸腾传热特性及主动控制

8.1 泵驱两相回路

伴随微机械技术的日益发展，电子器件设备朝着小型化、集成化方向发展，这使得冷却散热成为一个挑战性难题。特别是在航空电子设备、激光和微波系统等中的电子器件，热流密度已达到 $500W/cm^2$[1~3]。此外，新一代军用高集成、高功率电子元器件，其热流密度可能超过 $1kW/cm^2$。然而，电子器件可靠性对温度非常敏感，当器件温度在 70~80℃水平上每增加 1℃，可靠性就会下降 5%[4]。为满足高热流密度、高功率电子器件的冷却散热需求，现有主流的冷却方式已从传统的单相风/液冷和被动式两相冷却方式（如毛细泵热管回路、环路热管）等[5]，逐渐发展出具有更高散热潜力、更强自动控制能力的泵驱小通道两相回路冷却技术[6]。

作为一种强化换热的主动式两相回路冷却技术，泵驱小通道两相回路是一种以机械泵为驱动力的闭式相变传热装置，克服了传统毛细力驱动、重力驱动等回路系统驱动力的不足，能满足长距离、多热源、高热流密度、高功率电子器件设备的冷却散热需求。典型的泵驱两相回路主要包括机械泵、预热器、小通道蒸发器、冷凝器、储液罐等部件。机械泵是两相回路装置的动力部件，其循环工质流量由机械泵调控。如图 8-1 所示，处于过冷状态的工质经机械泵输送至预热器，由预热器的加热作用调节工质进入小通道的过冷状态，之后工质在小通道蒸发器内发生沸腾相变，由工质的沸腾气液相变作用带走施加在蒸发器上的热量。由沸腾相变生成的蒸气在冷凝器中发生冷凝相变，冷凝相变释放的热量排向外界环境。在冷凝器的出口处工质一般处于饱和或者过冷液体状态。冷凝生成的液体在泵驱动下进入蒸发器，继而开始一个新的工作循环，源源不断地将热量从蒸发器传递到冷凝器并释放到外部环境。储液罐上配有独立的温度调节单元，用于调节储液罐内的压力，由于整个回路是压力连通体，因此通过改变储液罐的压力可以调节两相回路的蒸发温度。

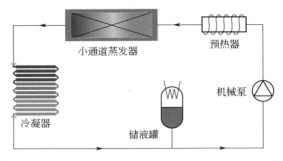

图 8-1　泵驱小通道两相回路示意

8.2　小通道蒸发器流动沸腾传热特性

8.2.1　泵驱两相回路实验介绍

　　图 8-2 给出了泵驱两相回路的可视化实验装置。实验装置由加热及功率控制单元、泵驱两相回路和数据采集传输单元组成。在泵驱两相回路中，工质流量通过机械泵变频调节，并在齿轮流量计上实时显示；冷凝器采用板式换热器，冷源由恒温水浴提供；通过调节恒温水浴的温度和预热器的预热量可使蒸发器入口的工质处于不同过冷度状态。蒸发器采用小通道结构，对小通道配置透明玻璃实现对通道内气液两相流型可视化。小通道进出口布置有温度/压力测点以监测工质状态，并在蒸发器表面布置有温度测点以测量壁面温度。各测点的温度、压力及流量信号均连接到数据采集仪，并在 Labview 上实时显示。引入通信模块连接上位机和执行器，通过上位机对热负荷、机械泵转速以及预热器预热量进行调节。此外，通过通信模块将工质流量、蒸发器进出口工质温度/压力以及蒸发表面温度实时传输至上位机进行处理和监测。

　　实验段主要由蒸发器和加热装置构成，如图 8-3 所示。蒸发器由 1mm（宽）×0.5mm（高）×50mm（长）的 11 条平行铝基小通道构成，相邻通道之间距离 1mm，通道上方用 6mm 厚的石英玻璃进行可视化封装，进出口分别设置均流缓冲槽。距离通道底部 1mm 的位置均匀布置 5 个 1mm 直径的热电偶孔，小通道进出口采用热电偶测量工质温度。实验中，蒸发器热负荷由电加热棒提供，通过调节交流调压器来改变热负荷大小。实验段由多层玻璃纤维保温棉包裹。热源与蒸发器接触的长方形区域长 45mm、宽 20mm。预热器采用绝缘加热丝直接缠绕在管道壁面。

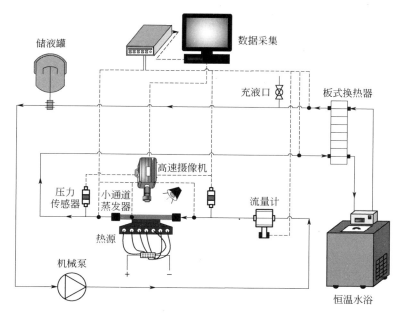

图 8-2　泵驱两相回路的可视化实验装置

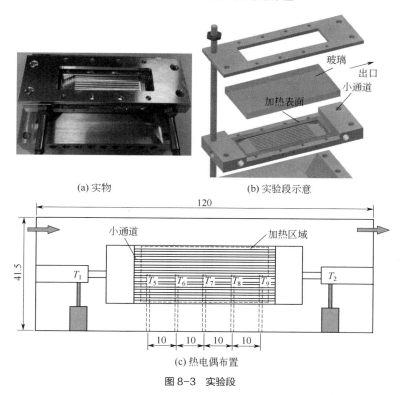

(a) 实物　　　　　　(b) 实验段示意

(c) 热电偶布置

图 8-3　实验段

8.2.2 小通道流动沸腾流型

采用高速显微摄像技术对蒸发器内气液两相流动状态进行实时观测。实验观测表明：小通道内主要出现过泡状流、弹状流、搅拌流、环状流和反环状流，相应的流型如图 8-4 所示。由于尺度效应，小通道内的液体表面张力作用得到强化，气泡生长受到小通道四周壁面的抑制而出现塞状流现象。在高热流密度作用下，小通道内沿程流型变化剧烈，因此大多情况下易呈现混合流状态。由于影响流型的因素很多，诸如流量、热负荷、通道尺寸及运行工况等，目前还难以对沸腾流型进行定量分析。

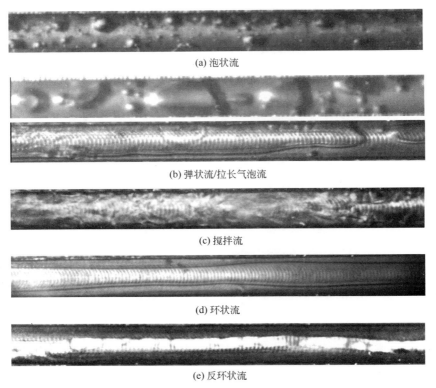

(a) 泡状流

(b) 弹状流/拉长气泡流

(c) 搅拌流

(d) 环状流

(e) 反环状流

图 8-4 小通道内主要沸腾流型

如图 8-4（a）所示，在泡状流阶段，壁面成核点生长出很多小气泡，小气泡吸收热量后不断长大，到达临界半径后脱离核化点进入主流液体区。一开始主流液体区的温度比较低，所以气泡会不断减小甚至消亡，这使得主流液体区内有很多流动的小气泡。该阶段小通道内的传热机理为单相对流和核态沸腾复合传热机理，由于核态沸腾的出现强化了小通道内热量传递。如图 8-5 所示，气泡与壁面接触部位存在一层液体微层，热量通过该液体微层进行蒸发，蒸发产生的部分蒸气在气泡的另一侧以冷凝方式进行热量传递。同时气泡脱离核化点后对周围液体还有扰动混合作用，从而增强工质的换热效果。根据沸腾的基本原理，随着热通量增加，气泡产生的频率增大，核态沸腾传热在小通道传热中占据的份额逐渐提升。

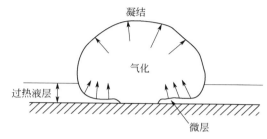

图 8-5　核态沸腾过程中液体微层示意

　　弹状流/拉长气泡流是泡状流的发展流型。小气泡汇聚成的大气泡堵塞整个通道，大气泡的边缘与壁面也形成了液体微层，通过液体微层的气化相变进行传热。在热激励作用下，部分大气泡会出现向通道两侧快速生长扩张的现象，对小通道形成较大的冲刷振荡。搅拌流则是弹状流/拉长气泡流进一步吸热蒸发相变的结果，气泡生成速率进一步加快，挤压周围的大气泡，造成剧烈的搅拌混合，该流型下气液界面较为模糊，气泡的生成和搅拌作用更加剧烈，使得小通道内传热效果进一步得到强化。

　　在环状流阶段，壁面附着一层液体薄膜，该阶段气泡成核受到抑制，主要的传热机制是液体薄膜的对流蒸发。随着热量的不断输入，液体薄膜不断变薄直至蒸干，并由上游的来流液体不断补充，若热负荷大，则环状流冲刷周期短。在部分工况下观察到薄液膜中也存在着气泡蒸发的现象。对流蒸发的强弱与蒸气质量通量有关，若小幅增加蒸气质量通量就能使得传热效果明显提升，说明此时对流蒸发占主导地位。相关研究表明，随着通道尺寸的减小，对流蒸发传热机制所占比例增大。

　　在高热负荷条件下，在小通道的出口附近可能出现反环状流。在反环状流阶段，壁面被气膜覆盖，中心区域出现液线，此时，对流传热效果大幅度降低。在该流型条件下，输入壁面的热量主要通过热辐射及蒸气单相对流传递给流体工质，实际应用中应该尽量避免这种现象的发生。

8.2.3　小通道蒸发器的启动模式

　　快速热响应是泵驱两相流回路正常工作的必要条件。与被动式两相流相比，泵驱两相回路由于机械泵的强制驱动流体循环作用使得蒸发器具有良好的启动性能。泵驱两相回路中小通道蒸发器的热启动是一个复杂的气液两相热动力学过程，涉及了气液两相流动、流型演化、相变传质、核态沸腾和强制对流等。为此，深入认识泵驱两相回路中小通道蒸发器的热启动特性，尤其是从小通道流型演变和温度响应可视化实验视角认识动态热响应，将为泵驱两相回路的设计与应用提供可靠的数据支撑。

基于如图 8-2 所示的实验台，实验研究了较大范围的工质循环流量、过冷度和热负荷的变工况条件下泵驱两相回路中小通道蒸发器热启动特性，重点关注阶跃热负荷下小通道内工质流型演变和壁温动态变化情况。启动模式是基于小通道蒸发器在阶跃热负荷作用下壁温的动态变化来确定的。实验研究表明，随着阶跃热负荷的增加，小通道蒸发器的壁温依序经历渐进式向超调式转变，相应的启动模式则从渐进式启动转变为超调启动[7]。根据超调启动时壁温的动态变化，超调启动也可分为一次上升式超调启动和二次上升式超调启动。阶跃热负荷下蒸发器启动模式曲线如图 8-6 所示。

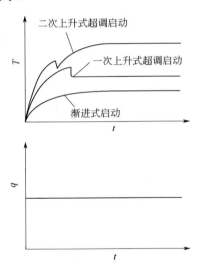

图 8-6　阶跃热负荷下蒸发器启动模式曲线

8.2.3.1　渐进式启动

渐进式启动一般发生于热负荷较低的工况。在渐进式启动过程中，壁温上升速率较小，微通道内单相流的持续时间较长（即单相流向沸腾两相流过渡较晚），尚未检测到壁温超调现象。这主要是由于在渐进式启动过程中，小通道内流体流型是一个逐渐演化的过程，于是传热机理也是缓慢变化的，这样传热特性的变化对壁温影响是逐渐显现的。如图 8-7 所示，开始时整个通道处于单相流动状态，在外部热流作用后壁温开始缓慢升高。当壁温高于饱和温度并达到一定的过热度时，在固体表面产生核化泡，生成的核化泡首先出现在小通道的下游，随着时间的推移，核化泡的生成位置逐渐向小通道入口方向移动。由于热量的持续输入，气泡在成核点长大、脱离、分离、聚并并进入主流，壁面温度也相应升高。随着气泡从壁面分离并沿主流流动，小通道内流型由单相流转变为气泡流，相应的传热机理也由单相对流传热转变为核态沸腾传热。如果热负荷足够大，小通道内也可能出现塞状流/弹状流。因此，渐进式启动过程中通道内的流型可能有单相流、气泡流和段塞流/弹状流。

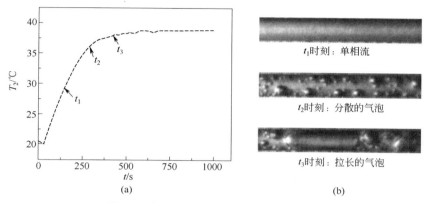

图 8-7　渐进式启动过程的温度和流型动态变化

8.2.3.2　一次上升式超调启动

一次上升式超调启动发生在中等负荷工况，其特点是当壁温单调上升到一定值时，温度突然下降，然后壁温维持在一定值附近变化，如图 8-8（a）所示。在该启动模式下，壁温超调发生后出现急速下降，并在短时间内迅速进入准稳态，这说明小通道内的流体迅速进入充分沸腾状态，且该传热方式能满足冷却需求。与渐进式启动相比，在相同的循环流量下，一次上升式超调启动过程的壁温上升速率更高，单相流在启动过程中的持续时间更短。

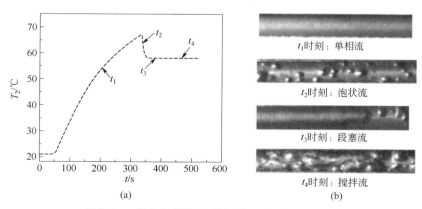

图 8-8　一次上升式超调启动过程的温度和流型动态变化

对于一次上升式超调启动模式，壁温经历了单调上升阶段、超调阶段和准稳态阶段。相应阶段的流型分别为单相流、气泡流、复合流，传热机理从单相对流传热转变为核态沸腾传热，如图 8-8（b）所示。需指出的是，在准稳态阶段，通道内的复合流主要是指剧烈的气泡流和拉长段塞流交替出现。从壁温动态变化特点可以看出，与渐进式启动相比，较高的阶跃热负荷使得一次上升式超调启动模式下小通道内单相流向两相流过渡的时间节点提前。可视化结果表明，小通道内出现某一流型的持续时间较短，分别缩短了传热流型从单相流到气泡流和复合流转变的持续时间。值得注意的是，在温度发生超调后，虽然流型有一定的改变，但壁温变化幅度很小，这主要是由于小通道内迅速进入充分发展的核态沸腾状态，传热性能变化不大。

8.2.3.3　二次上升式超调启动

随着阶跃热负荷的进一步增加，小通道蒸发器的壁温随着时间而迅速上升，到一定值后突然下降，随后壁面温度继续升高，然后逐渐趋于一定值进入准稳态阶段，这种启动模式的显著特点是在壁温超调后会出现二次上升的现象，如图 8-9（a）所示。将此种启动模式定义为二次上升式超调启动。与一次上升式超调启动模式一样，二次上升式超调启动模式在启动过程中壁温会出现超调。但与一次上升式超调启动方式不同之处在于，二次上升式超调启动的壁温不再直接趋于超调后的某一值，而是继续上升到另一个准稳态阶段。

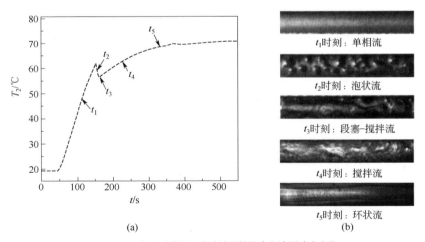

图 8-9　二次上升式超调启动过程的温度和流型动态变化

在高阶跃热负荷作用下，小通道蒸发器启动过程经历的初始温升阶段、温度超调阶段、第二次温升阶段和准稳态阶段对应的传热机理有所不同。在初始温升阶段（即温度超调之前），微通道内发生单相对流换热，输入的热负荷被流体工质和微通道固体壁以显热形式吸收。在温度超调阶段，小通道内发生核态沸腾传热，输入的热负荷转化为工质的显热和潜热，相应的流型由单相流迅速发展为泡状流。由于泡状流的相变传热效率远大于单相对流换热效率，因此小通道壁面温度迅速下降。在第二次温升阶段，小通道内的沸腾传热不能完全带走外界输入的全部热量，输入的热负荷大部分转化为潜热，其余的则以显热形式被固体壁吸收，因此壁面温度上升。随着温度的上升，小通道内传热机理从核态沸腾向对流蒸发转变，从流型上看为泡状/段塞流转变为搅拌流或环状流，流体的传热性能得到了提升，流型变化情况如图 8-9（b）所示。在准稳态阶段，因出口流体温度可能大于或者等于甚至低于入口流体温度，则外界输入热负荷完全转化为工质的显热和潜热，甚至在某些情况下仅转化为工质的潜热，该阶段流体的传热性能已经足够带走输入的热负荷，壁面温度则维持不变。在准稳态阶段，通道内的流型以搅拌流或环状流为主。

8.2.3.4 启动模式图

上述可视化实验结果表明，小通道蒸发器在阶跃热负荷作用下存在渐进式启动、一次上升式超调启动、二次上升式超调启动三种启动模式。为了定量描述小通道蒸发器的启动模式，引入无量纲韦伯（Weber）数 We 和雅各布（Jakob）数 Ja，其定义式为

$$We = \frac{\rho v^2 D}{\sigma} \tag{8-1}$$

$$Ja = \frac{c_p \Delta T}{h_{fg}} \tag{8-2}$$

式中，ρ 为密度；v 为流速；D 为通道水力直径；σ 为表面张力；c_p 为比热容；ΔT 为壁温与工质温度差（$\Delta T = T_f - T_w$）；h_{fg} 为气化潜热。

Weber 数是惯性力与表面张力的比值，与循环流量直接相关。对于小 Weber 数，蒸发器内气液两相流的惯性力远小于表面张力，因此两相流型受表面张力控制，流型以泡状流和段塞流为主。随着 Weber 数的增加，两相流体的惯性力足以克服气液界面张力，导致流型转变为搅拌流和环状流，影响小通道蒸发器内的传热机理。传热机理的转变必然影响小通道蒸发器在阶跃热负荷作用下的热响应特性。以上分析表明，Weber 数是影响小通道蒸发器启动性能的重要因素。Jakob 数是工质的显热与潜热之比，它与小通道蒸发器内两相流的蒸发沸腾机理密切相关。对于较大的 Jakob 数，小通道内发生沸腾/蒸发相变则更为剧烈。Jakob 数引起的蒸发和沸腾机理的变化必然影响小通道蒸发器的热响应特性。因此，Jakob 数也是影响蒸发器启动特性的重要因素。

实验中，通过调节工质流量和热负荷获得比较大范围内 Weber 数和 Jakob 数的改变，进而通过监测通道壁面温度响应曲线来确定小通道蒸发器启动模式图。图 8-10 给出了小通道蒸发器启动模式与 Weber 数和 Jakob 数的关系。阶跃热负荷直接决定了启动过程中蒸发器壁面与循环流体之间的动态温差，从而影响小通道沸腾机理的演变。阶跃热负荷对系统启动方式的影响可以用 Jakob 数来反映。从图 8-10 中可以看出，随着 Jakob 数的增加，小通道蒸发器的启动方式依序经历了渐进式启动、一次上升式超调启动和二次上升式超调启动。如上所述，Jakob 数增加导致传热机制从间歇核态沸腾向充分发展核态沸腾转变，最后演变为对流蒸发，传热机理的转变直接决定了小通道蒸发器启动模式的转变。流体的循环流量影响小通道内工质的传热能力，也反映了流体回路系统的热容和抗干扰能力。工质循环流量增加，则两相回路系统的热容和抗干扰能力增大。工质循环流量对启动模式的影响可以用 Weber 数来反映。从图 8-10 中可以看出，Weber 数主要影响小通道蒸发器启动模式的转换边界和各种启动模式的范围。随着 Weber 数的增加，启动模式转变对应的 Jakob 数临界值增大，并且一次上升式超调启动对应的 Jakob 数范围变大。换言之，随着工质流量增加，一次上升式超调启动方式对应的阶跃热负荷范围变大，即在 Weber 数较高条件下，在较大的 Jakob 数范围内都发生一次上升式超调启动。

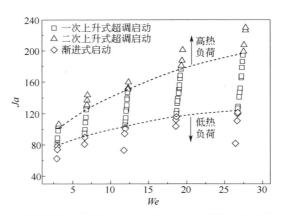

图 8-10 小通道蒸发器启动模式与 Weber 数和 Jakob 数的关系（过冷度为 9℃）

8.2.4 泵驱两相回路的动态热特性

泵驱两相回路是一个强耦合、非线性热力系统。一旦系统中的某个参数发生变化，将引起系统热力状态、气液相变状态、流动状态等变化。因此，开展泵驱两相回路热响应特性实验研究，掌握系统动态传热特性，对于泵驱两相回路工程化应用具有重要价值。

图 8-11 给出了定热负荷条件下蒸发器壁温随流量阶跃变化的动态响应。图 8-11 中，加热负荷 500W 不变，体积流量 5mL/min 为阶跃递减，5～9 依次为蒸发器入口壁面测点到蒸发器出口壁面测点。从图中可以看出，随着工质流量减小，壁温上升的速率逐渐变快，并且壁温加速上升的测点曲线从 9 变为 8，再变为 7，说明壁面恶化点从蒸发器出口处逐渐向蒸发器上游靠近。需指出的是，小通道内下游局部区域的传热恶化并不会引发整个蒸发器的烧干恶化。靠近蒸发器入口附近壁温在流量减小时反而出现小幅的下降，分析其原因主要是系统压力减小导致饱和温度下降，进而降低了壁面温度。从图中还可看到，循环流量从 50mL/min 降到 35mL/min 的过程中测点 5、6 的温度变化不大，说明蒸发器入口处的传热效果在小流量情况下依然较好，但同一时刻蒸发器出口附近壁温却出现较大幅度的上升，即在小流量情况下小通道下游出现局部区域传热恶化现象。因此，对于蒸发器换热效率的评价应该从整体效率角度加以考虑。

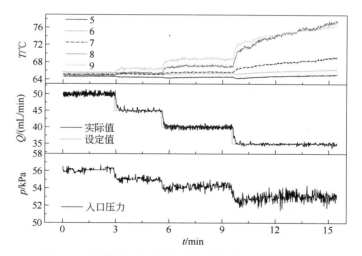

图 8-11　定热负荷条件下蒸发器壁温随流量阶跃变化的动态响应

图 8-12 给出了热负荷阶跃变化过程中蒸发器温度与压力的动态响应。图 8-12 中，以定泵功率的控制方式，初始工质循环流量 356kg/(m² · s) 为例，初始阶跃热负荷为 100W，热负荷步长 50W/次，蒸发器入口过冷度 4℃，该图旨在探究热负荷从零到传热恶化的全负荷区间内系统的动态响应特性。从壁温变化趋势可以看出，小通道蒸发器的换热性能良好，在未发生传热恶化之前，壁面最大温差小于 3℃，壁温均方差在 2℃ 以内，能满足大多数的应用场景需求。当加热负荷为 650W

时，蒸发器下游壁温开始快速上升，为了安全起见，此时停止加热，对应的临界热流密度为 73W/cm²。由于采用定泵功率的运行方式，随着热负荷增大，蒸发器内气液两相流动压损增大且其出口干度增加，循环流量随之降低，在达到临界热流密度时对应工质循环质量流量为 87.3kg/(m² · s)。蒸发器的壁温、进出口流体温度及压力皆随着热负荷增加而增加。压力升高使得蒸发器内工质的饱和温度也相应升高，导致蒸发器进出口流体温度也在逐渐升高，在此情况下壁温便相应上升。此外，从进出口流体温度变化可知，在蒸发器进入两相沸腾时，由于两相压降随干度逐渐增大，饱和压力也是在沿程变化的，因此，在某些情况下会使得入口工质温度高于出口工质温度，即呈现热流体进、冷流体出的现象。

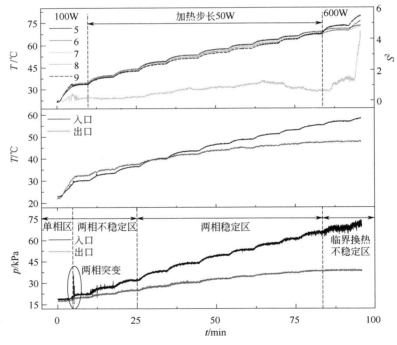

图 8-12　热负荷阶跃变化过程中蒸发器温度与压力的动态响应

8.3　泵驱小通道两相回路主动控制

8.3.1　两相流热控系统

　　泵驱小通道两相回路涉及多相、多自由度、多变量、强耦合的非线性热动态过程，热动态过程非常复杂且诸多热力学参数难以确定，并伴随复杂的不确定性特征。当外部冷却条件或器件功耗发生变化时，泵驱两相回路通常借助一定的主动控制手段自动调节机械泵、储液器和预热器等执行机构，以维持功耗部件处于安全稳定工作温度水平，为系统稳定运行提供保障。具体而言，调节机械泵工作频率/转速控制工质循环流量，调节预热器加热量控制进入蒸发器的工质过冷状态，调节储液器压力控制整个系统的工作压力。

泵驱两相回路为多自由度系统，存在诸多可调变量，如工质循环流量、蒸发器入口过冷度、储液罐温度等。因此，泵驱两相回路的控制系统设计需要综合考虑各个控制变量对蒸发器工作特性的影响。下面以工质循环流量和蒸发器入口过冷度为例，阐述工况调节优化泵驱两相回路冷却性能。

（1）工质循环流量　不同于单相液冷，泵驱两相回路冷却能力并不会随着流量的增大而不断加强，而是存在一个最佳运行流量，如图 8-13 所示。最佳流量下蒸发器的温度最小且温度均匀性最佳，不同热负荷各自对应了一个最佳流量。因此，可拟合函数确定不同热负荷工况下的最佳流量设定值。

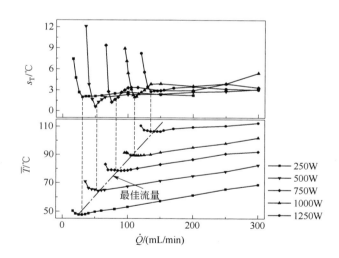

图 8-13　流量对壁面温度的影响

（2）蒸发器入口过冷度　蒸发器入口过冷度直接决定了小通道内气液相变的起点，是影响沸腾相变换热性能特别是蒸发器表面均匀性的重要因素。图 8-14 给出了泵驱两相回路主动控制实验结果。由图 8-14 可知，存在一个最佳的蒸发器入口过冷度使得蒸发器的均温性最好。当过冷度为 10℃左右时，壁面均温性为最优。

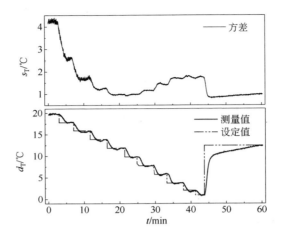

图 8-14　泵驱两相回路主动控制实验结果

8.3.2　泵驱两相回路的主动控制策略

　　基于上述工质循环流量和蒸发器入口过冷度的最佳参数设定，设计泵驱两相回路的主动控制策略。针对泵驱小通道两相回路，本书采用基于数据驱动在线辨识的动态模型来设计蒸发器温度控制器并提出主动热控方法。图 8-15 给出了泵驱两相回路的主动控制逻辑，其中，储液罐控温为主控制回路，流量和过冷度控制设为前馈调节辅助控制回路。

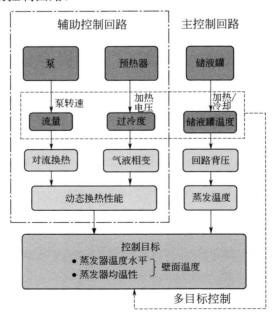

图 8-15　泵驱两相回路的主动控制逻辑

（1）储液罐主控制回路　储液罐主控制回路通过采用电加热或者制冷来调节储液罐内的工质温度。储液罐温度变化将引起储液罐内的工质与两相回路中工质发生交换，这将引起两相回路工作压力的改变，进而使得小通道蒸发器内工质蒸发温度/压力也发生相应变化。因此，通过调控储液罐温度可实现对功耗器件工作温度的调节。

（2）流量和过冷度辅助控制回路　工质循环流量影响蒸发器内对流换热强度，继而影响功耗器件的动态热特性。前文已得到了泵驱两相回路的流量最佳设定值。因此，流量调控采用前馈调节办法，即根据功耗器件热负荷实时计算得到最佳流量设定值，随后通过调节机械泵的转速/工作频率将流量控制在最优设定值。此外，过冷度也是影响蒸发器动态热特性的重要因素。前文已得到了泵驱两相回路的过冷度最佳设定值，因此，过冷度控制同样采用前馈调节办法，即通过调节预热量将过冷度控制在最佳设定值。

通过主、辅控制回路的配合，实现对多自由度泵驱两相回路的多目标调控，即同步调节流量、过冷度、储液罐温度以实现对蒸发器工作温度及均温性的主动控制。由于泵驱两相回路为多自由度系统，各个调控参数之间的耦合作用大，并且通过调节储液罐温度来控制蒸发器温度是一个大惯性、强非线性的过程。为此，辅助控制回路选择常规的比例-积分（PI）控制器，既能实现快速前馈调节，也能减少控制系统计算量。为有效应对大惯性和强非线性，主控温回路则选择自抗扰控制器（ADRC）来实现对蒸发器温度的控制。自抗扰控制器基于 PI 控制器改进而来，其控制器示意如图 8-16 所示。通过将控制系统遭受的干扰和不确定性集合为"总扰动"，基于扩张状态观测器（ESO）对"总扰动"进行估计并通过控制器设计对"总扰动"进行补偿，从而实现对各种不确定性的抑制。图 8-17 给出了泵驱两相回路的多自由度自抗扰控制策略。控制策略包含运行参数前馈控制、温度反馈控制、负荷自抗扰控制，各个控制策略相互配合以实现高精度、强稳定性的泵驱两相回路蒸发器温度以及均匀性的优化调控。

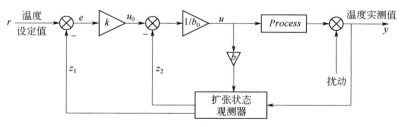

图 8-16　控制器示意

r—参考输入；e—状态偏差；k—控制器参数；u_0—控制变量；u—控制变量；z_1—状态变量估计；
z_2—状态变量估计；b_0—控制器参数；b—增益参数；*Process*—系统；y—系统输出

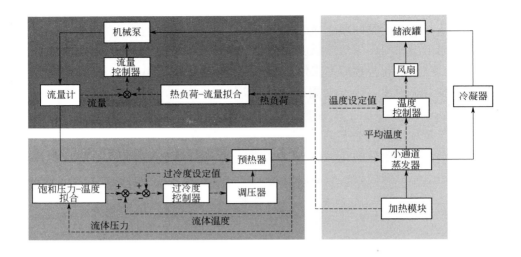

图 8-17　泵驱两相回路的多自由度自抗扰控制策略

　　基于上述控制策略对如图 8-17 所示的泵驱两相回路开展主动控制实验，既包含温度设定值阶跃跟踪实验，也包含热负荷扰动抑制实验。图 8-18 对比了主控温

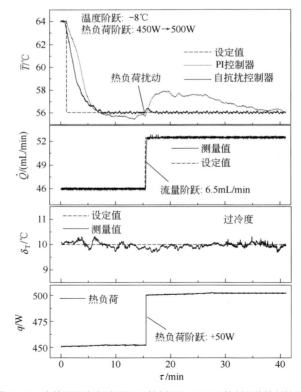

图 8-18　主控温回路分别采用 PI 控制器和 ADRC 控制器的控制效果

回路分别采用 PI 控制器和 ADRC 控制器的控制效果[6]。实验结果验证了上述控制策略的有效性。

（1）温度设定值阶跃跟踪　从设定值阶跃跟踪实验中可以看出，通过主控温回路调节储液罐温度，能够将蒸发器温度快速调节至设定值附近。从对比实验可以看出，当主控温回路采用 ADRC 控制器时，能取得比 PI 控制器更好的控制品质，能够将壁面温度更快、更稳定地调节至设定值。

（2）热负荷扰动抑制　当热负荷发生变化时，通过所设计的控制策略，能够将流量快速调节至最佳设定值。同时，调节储液罐温度可以平衡热负荷变化造成的温度波动。从图 8-18 中还可以看出，ADRC 在扰动抑制方面同样优于 PI 控制器，能够更好地应对热负荷波动，将壁面温度稳定在设定值附近。

通过上述主动控制实验可以看出，所提出的主动控制策略能够很好地实现对泵驱两相回路的动态调节，并且能够有效应对热负荷变化。此外，引入 ADRC 能够很好地应对两相流不确定性，提升小通道蒸发器的温控品质。因此，所提出的主动控制策略能保障泵驱两相回路的冷却品质，为泵驱两相回路的工程化应用提供控制技术支撑。

参考文献

[1] Thome J R. State-of-the-art overview of boiling and two-phase flows in microchannels. Heat Transfer Engineering, 2006, 27(9): 4-19.

[2] Wang J, Li Y, Liu X, et al. Recent active thermal management technologies for the development of energy-optimized aerospace vehicles in China. Chinese Journal of Aeronautics, 2021, 34(2): 1-27.

[3] Ling L, Zhang Q, Yu Y B, et al. A state-of-the-art review on the application of heat pipe system in data centers. Applied Thermal Engineering, 2021, 199: 117618.

[4] Meng Q, Yu F, Zhao Y, et al. On-orbit test and analyses of operating performances for mechanically pumped two-phase loop in microgravity environment. Microgravity Science and Technology, 2022, 34(3): 45.

[5] Sejarano R V, Park C. Active flow control for cold-start performance enhancement of a pump-assisted, capillary-driven, two-phase cooling loop. International Journal of Heat and Mass Transfer, 2014, 78: 408-415.

[6] Zhang C B, Li G R, Sun L, et al. Experimental study on active disturbance rejection temperature control of a mechanically pumped two-phase loop. International Journal of Refrigeration, 2021, 129: 1-10.

[7] Deng Z L, Zhang J, Lei Y J, et al. Startup regimes of minichannel evaporator in a mechanically pumped fluid loop. International Journal of Heat and Mass Transfer, 2021, 176: 121424.